U0814977

普通高等学校理工类“新形态”规划教材

大学物理学

（下）

主　编　谭默言　孔晋芳　王凤超

本书资源使用说明

北京邮电大学出版社
·北京·

内容简介

本书基于新工科建设需求和应用技术型高校实际教学要求编写而成，内容选择依据《理工科类大学物理课程教学基本要求》。本书分为上、下两册。上册包括力学、相对论基础和热学，下册包括电磁学、光学和量子物理。各章均配有思考题和练习题，供学生学习参考。

本书可作为高等学校理工科类各专业大学物理课程的教学用书，也可供其他专业选用。

图书在版编目(CIP)数据

大学物理学. 下 / 谭默言，孔晋芳，王凤超主编. 北京 ：北京邮电大学出版社，2024. -- ISBN 978-7-5635-7281-6

Ⅰ. O4

中国国家版本馆 CIP 数据核字第 2024YE7140 号

策划编辑：张　赞　　**责任编辑**：张保林　　**封面设计**：王晓武

Daxue Wulixue

出版发行：北京邮电大学出版社
社　　址：北京市海淀区西土城路 10 号(100876)
电话传真：010-82333010　62282185(发行部)　010-82333009　62283578(传真)
网　　址：www. buptpress3. com
电子信箱：buptpress3@163. com
经　　销：各地新华书店
印　　刷：三河市骏杰印刷有限公司
开　　本：787 mm×1 092 mm　1/16
印　　张：10
字　　数：249 千字
版　　次：2024 年 8 月第 1 版
印　　次：2024 年 8 月第 1 次印刷

ISBN 978-7-5635-7281-6　　定价：35.00 元

如有质量问题请与发行部联系

版权所有　侵权必究

前　言

教材作为教育目标、理念、内容、方法、规律的集中体现，是教育教学的基本载体，是教育核心竞争力的重要体现。同时，教材也是人才培养的重要支撑，是引领创新发展的重要基础。

大学物理作为人才培养的基础课程，其内容不仅包含自然科学的基础理论，还包含从事自然科学研究或工程技术研发所必需的世界观与方法论。大学物理教材必须紧跟国家发展需求，不断更新升级，以便更好地服务于国家人才培养。

基于国家战略发展需求所开展的新工科建设将我国高等工程教育带到了新的历史起点，也给以培养应用技术型人才为目的的高校带来新的机遇与挑战。作为培养未来的多元化、创新型卓越工程人才所必需的重要基础课程，为应对变化，大学物理迫切需要革新授课内容与模式。

本书基于新工科建设需求和应用技术型高校实际教学要求编写而成，内容选择依据教育部高等学校大学物理课程教学指导委员会编制的《理工科类大学物理课程教学基本要求》，融入物理学发展史，以培养学生的应用能力为导向，对标工程教育认证标准，梳理理论知识的主线，简化论证和推导过程，增加与工程相关的实例，突出理论知识的实用性和直观性。

在本书中，编者总结了自身所在教学团队多年的教学改革及课程思政建设的经验，通过提炼大学物理课程中蕴含的文化基因和价值范式，对学生潜移默化地进行理想信念的引导。

在本书的编写过程中，学院各级领导和前辈给予了大力支持并提出了宝贵的建议，编者在此一并表示诚挚的敬意和衷心的感谢。

由于编者学识有限，书中难免有错漏及不当之处，诚盼读者批评指正。

编　者
2022 年 8 月

目　录

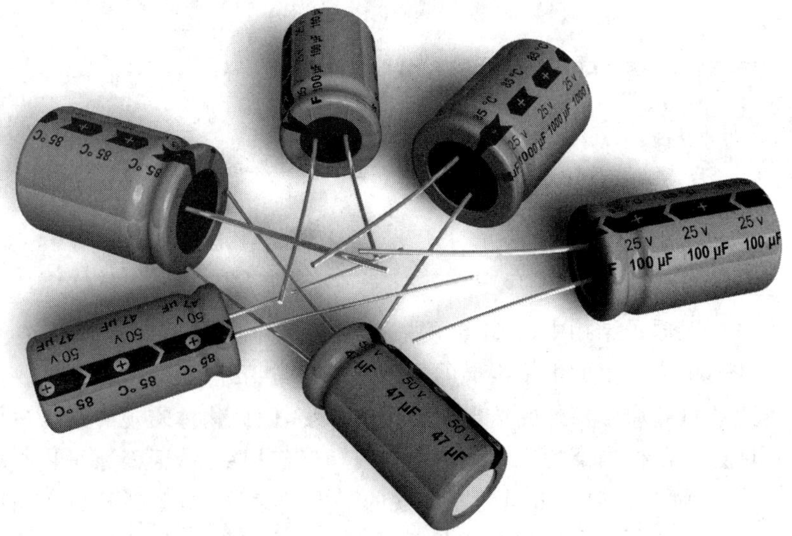

第7章

静电场

公元1世纪，我国学者王充在《论衡》中记载“顿牟掇芥”，描述了琥珀能够吸引轻小物体的现象。公元3世纪，张华在《博物志》中记载“今人梳头，脱著衣时，有随梳、解结有光者，亦有咤声”，描述了摩擦起电的现象。公元16世纪，W. 吉尔伯特(W. Gilbert)根据希腊文的“琥珀”创造了“电”的英文单词，并提出摩擦过的琥珀带有电荷。科学研究已经证实，电荷的周围存在着由其产生的电场。电场是物质存在的一种形式。相对于观察者静止的电荷所激发的电场称为静电场。本章主要研究静电场的基本性质。

7.1 静电场的基本知识

7.1.1 电荷

在原子结构中,带正电的质子和不带电的中子组成原子核,核外是由带负电的电子组成的电子云。正常情况下,原子核内的正电荷数量和原子核外的负电荷数量一样多,因此物体宏观表现为电中性。原子核内部的质子和中子被强相互作用束缚,因而原子核结构稳定;而核外电子云受到原子核的静电力束缚,易受到外界作用而脱离原子。原本呈现电中性的物体,会由于得到电子而呈现负电性,也会由于失去电子而呈现正电性。这时物体称为带电体,也可以说,物体带有**电荷**。

物体所带电荷的数量称为**电荷量**,简称**电量**,用符号 q 表示。在国际单位制中,电量的单位是库仑,符号为 C。1 C 等于当导线上的恒定电流等于 1 A 时,在 1 s 内流过导线横截面的电量,即 1 C=1 A·s。

20 世纪初,密立根从油滴实验中测出物体所带电量总是一个基本单元电量的整数倍,这个基本单元电量称为基元电荷,用 e 表示,$e=1.602\,176\,63\times10^{-19}$ C。物体的电量只能取分立值的性质称为**电荷的量子化**。

20 世纪下半叶,物理学家提出一种理论模型,认为质子和中子都有更深层次的内部结构,它们都是由夸克(在早期研究中,我国科学家称其为层子)组成的,这些更基本的粒子的电量是基元电荷的 $\pm\frac{1}{3}$或$\pm\frac{2}{3}$。这一模型已被普遍接受,但迄今为止尚未在实验中找到自由夸克。即便自由夸克被发现,它也遵循电荷量子化的结论。

大量实验表明,**在孤立系统内,正、负电荷的代数和在任何物理过程中始终保持不变**,这就是**电荷守恒定律**。例如,电子 e^- 和正电子 e^+ 碰撞湮没,会产生两个光子 γ,光子不带电,系统在该过程中电荷守恒。电荷守恒定律是物理学的基本定律之一。

7.1.2 点电荷之间的静电力

当带电体本身的线度与观察距离相比足够小时,可以忽略其大小和形状,认为所有电量都集中在一个点上,该带电体称为**点电荷**。

1785 年，法国物理学家库仑通过扭秤实验，得到了相对于惯性系静止的两个点电荷之间相互作用力(静电力)的基本规律：**两个静止点电荷之间的静电力的大小与二者距离的平方成反比，与二者的电量乘积成正比；静电力的方向沿着二者的连线；同号电荷相互排斥，异号电荷相互吸引**。这个规律称为**库仑定律**。

在国际单位制下，真空中两个点电荷 q_1、q_2 遵循的库仑定律的矢量表达式为

$$\boldsymbol{F}=\frac{1}{4\pi\varepsilon_0}\frac{q_1q_2}{r^2}\boldsymbol{e}_r \tag{7-1}$$

式中，r 为 q_1、q_2 之间的距离；ε_0 为**真空介电常量(真空电容率)**，$\varepsilon_0=8.85\times10^{-12}\ \mathrm{C^2/(N\cdot m^2)}$，则 $\frac{1}{4\pi\varepsilon_0}=9\times10^9\ \mathrm{N\cdot m^2/C^2}$。

两个点电荷之间的静电力互为作用力与反作用力，二者满足牛顿第三定律。如图 7-1 所示，$\boldsymbol{F}$ 为点电荷之间的静电力；$\boldsymbol{r}$ 为施力点电荷指向受力点电荷的径矢(r 为两个点电荷之间的距离)；$\boldsymbol{e}_r$ 是沿径矢 $\boldsymbol{r}$ 方向的单位矢量。

图 7-1　点电荷之间的静电力

当真空中存在两个以上点电荷时，作用于某一点电荷上的总静电力 $\boldsymbol{F}$ 等于其他点电荷单独存在时作用在该点电荷上的静电力 $\boldsymbol{F}_i$ 的矢量和，这称为**电场力的叠加原理**，即

$$\boldsymbol{F}=\sum_{i=1}^{n}\boldsymbol{F}_i \tag{7-2}$$

例 7-1　已知在氢原子内核外电子与质子的间距为 5.3×10^{-11} m，请比较二者之间的静电力大小和万有引力的大小。

解　质子带电量为 1.6×10^{-19} C，质量为 1.67×10^{-27} kg，电子带电量为 -1.6×10^{-19} C，质量为 9.1×10^{-31} kg，则

$$F_{电}=\frac{1}{4\pi\varepsilon_0}\frac{q_1q_2}{r^2}=9.0\times10^9\times\frac{(1.6\times10^{-19})^2}{(5.3\times10^{-11})^2}\ \mathrm{N}=8.2\times10^{-8}\ \mathrm{N}$$

$$F_{引}=G\frac{m_1m_2}{r^2}=6.7\times10^{-11}\times\frac{1.67\times10^{-27}\times9.1\times10^{-31}}{(5.3\times10^{-11})^2}\ \mathrm{N}=3.6\times10^{-47}\ \mathrm{N}$$

$$\frac{F_{电}}{F_{引}}=2.28\times10^{39}$$

可见，在微观领域中，带电粒子之间的万有引力比它们之间的静电力小得多。

7.1.3 电场强度

科学研究已经证实,电荷的周围存在着由其激发的**电场**。相对于观察者静止的电荷激发的电场称为**静电场**。产生静电场的电荷称为**场源电荷**,简称为**源电荷**。电场对处于其中的其他电荷有力的作用,这种力称为**电场力**。电荷之间的相互作用是通过电场来实现的。

将一个带电量很小(不致引起原电场分布改变)且线度很小(可以被视为点电荷)的检验电荷(带电量为 q_0)放置于电场中,它将受到电场力 $\boldsymbol{F}$ 的作用。研究表明,该电场力与检验电荷的带电量和电性有关,还与检验电荷所在位置的电场性质有关,但是比值 $\boldsymbol{F}/q_0$ 与检验电荷无关,仅与电场性质有关,因此可以用该比值来描述静电场中各场点的性质。

检验电荷在电场中某点所受的电场力与检验电荷的电量的比值称为电场中该场点的电场强度(**简称场强**),用 $\boldsymbol{E}$ 表示,即

$$\boldsymbol{E}=\frac{\boldsymbol{F}}{q_0} \tag{7-3}$$

在国际单位制中,电场强度的单位是 $\mathrm{N\cdot C^{-1}}$,也可记为 $\mathrm{V\cdot m^{-1}}$。

电场强度 $\boldsymbol{E}$ 是矢量,其大小等于单位检验电荷在该点所受电场力的大小,其方向与正电荷在该点所受电场力的方向一致。

若已知某点的电场强度为 $\boldsymbol{E}$,则检验电荷在该点所受的电场力为

$$\boldsymbol{F}=q_0\boldsymbol{E} \tag{7-4}$$

在真空中,当检验电荷(电量为 q_0)处于由源电荷(电量为 q)形成的静电场中时,其受到的电场力可以用库仑定律表示,代入电场强度定义式可以得到在距源电荷 r 的任意一点 P 处的电场强度为

$$\boldsymbol{E}=\frac{\boldsymbol{F}}{q_0}=\frac{1}{4\pi\varepsilon_0}\frac{qq_0}{r^2}\boldsymbol{e}_r\cdot\frac{1}{q_0}=\frac{q}{4\pi\varepsilon_0 r^2}\boldsymbol{e}_r \tag{7-5}$$

式中,$\boldsymbol{e}_r$ 是由源电荷指向场点 P 的单位矢量。可见,点电荷形成的电场,其电场强度大小与场点和源电荷之间距离的平方成反比,与源电荷距离相等的场点的电场强度的大小相同。电场强度方向沿着源电荷与场点的连线,对于带正电的源电荷,其电场方向以源电荷为中心向外辐射;对于带负电的源电荷,其电场方向从周围指向源电荷。因此,点电荷形成的电场以该点电荷为中心呈球对称分布。当场点无限接近源电荷时,源电荷将不能被视为点电荷,其电场强度分布不再满足式(7-3)。

对于由多个点电荷组成的系统(点电荷系)激发的电场,可以根据电场力的叠加原理来分析其电场强度,有

$$E=\frac{F}{q_0}=\frac{\sum_{i=1}^{n}F_i}{q_0}=\sum_{i=1}^{n}\frac{F_i}{q_0}=\sum_{i=1}^{n}E_i \tag{7-6}$$

式中，$\boldsymbol{F}_i$ 表示点电荷系中各点电荷对检验电荷的电场力；$\boldsymbol{E}_i$ 为各点电荷独立时在检验电荷所在处产生的电场强度。可见，**在点电荷系激发的电场中，任意场点的总电场强度等于各点电荷单独存在时在该点所产生的电场强度的矢量和**，这就是**电场的叠加原理**。

在研究电场对有极分子的作用等问题时，经常用到电偶极子模型。**电偶极子**是由两个相距较近、带等量异号电荷的点电荷组成的系统。两点电荷的连线称为电偶极子的轴线，规定从负点电荷指向正点电荷的有向线段 $\boldsymbol{l}$ 的方向为轴线的正方向。电偶极子中任意点电荷电量的绝对值 q 与矢量 $\boldsymbol{l}$ 的乘积称为**电偶极矩**，用 $\boldsymbol{p}_e$ 表示，即

$$\boldsymbol{p}_e=q\boldsymbol{l} \tag{7-7}$$

例 7-2　求电偶极子的轴线延长线及中垂线上的电场强度。

分析　电偶极子形成的电场是两个点电荷独立形成的电场的叠加。由于电场强度是矢量，故计算任意场点的电场强度时既要考虑距离，又要考虑方向。如图 7-2 所示，以电偶极子轴线的中点 O 为坐标原点建立坐标系，其中 x 轴正方向沿电偶极矩方向。

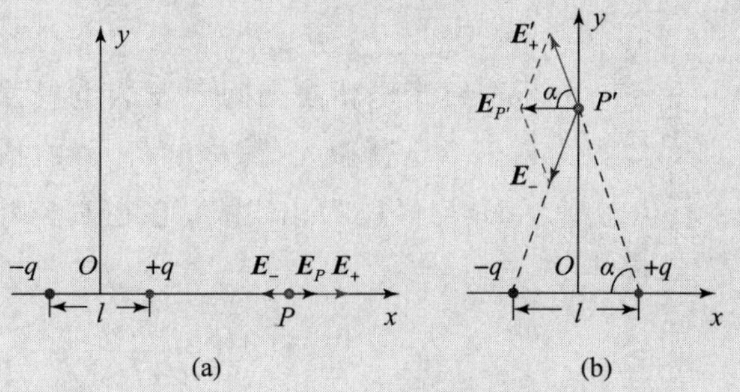

图 7-2　电偶极子的电场

解　(1)求电偶极子轴线延长线上某点 P 的电场强度。

设点 P 的坐标为$(x,0)(x\gg l)$，点电荷$+q$ 和$-q$ 在点 P 激发的电场强度分别为

$$\boldsymbol{E}_+=\frac{q}{4\pi\varepsilon_0\left(x-\frac{l}{2}\right)^2}\boldsymbol{i}$$

$$\boldsymbol{E}_-=-\frac{q}{4\pi\varepsilon_0\left(x+\frac{l}{2}\right)^2}\boldsymbol{i}$$

点 P 的总电场强度为

$$\boldsymbol{E}_P=\boldsymbol{E}_++\boldsymbol{E}_-=\left[\frac{q}{4\pi\varepsilon_0\left(x-\frac{l}{2}\right)^2}-\frac{q}{4\pi\varepsilon_0\left(x+\frac{l}{2}\right)^2}\right]\boldsymbol{i}=\frac{qxl}{2\pi\varepsilon_0\left[x^2-\left(\frac{l}{2}\right)^2\right]^2}\boldsymbol{i}$$

由于 $x \gg l$,故

$$\boldsymbol{E}_P = \frac{ql}{2\pi\varepsilon_0 x^3}\boldsymbol{i} = \frac{1}{2\pi\varepsilon_0}\frac{\boldsymbol{p}}{x^3}$$

可见,$\boldsymbol{E}_P$ 的方向与电偶极矩方向相同。

(2)求电偶极子中垂线上某点 P' 的电场强度。

设点 P' 的坐标为$(0,y)(y \gg l)$,点电荷$+q$ 和$-q$ 在点 P' 激发的电场强度分别为

$$\boldsymbol{E}'_+ = -\frac{q}{4\pi\varepsilon_0\left(y^2+\frac{l^2}{4}\right)^2}\cos\alpha\boldsymbol{i} + \frac{q}{4\pi\varepsilon_0\left(y^2+\frac{l^2}{4}\right)^2}\sin\alpha\boldsymbol{j}$$

$$\boldsymbol{E}'_- = -\frac{q}{4\pi\varepsilon_0\left(y^2+\frac{l^2}{4}\right)^2}\cos\alpha\boldsymbol{i} - \frac{q}{4\pi\varepsilon_0\left(y^2+\frac{l^2}{4}\right)^2}\sin\alpha\boldsymbol{j}$$

点 P' 的总电场强度为

$$\boldsymbol{E}_{P'} = \boldsymbol{E}'_+ + \boldsymbol{E}'_- = -2\frac{q}{4\pi\varepsilon_0\left(y^2+\frac{l^2}{4}\right)^2}\cos\alpha\boldsymbol{i} = -\frac{ql}{4\pi\varepsilon_0\left(y^2+\frac{l^2}{4}\right)^{\frac{3}{2}}}\boldsymbol{i}$$

由于 $y \gg l$,故

$$\boldsymbol{E}_{P'} = -\frac{ql}{4\pi\varepsilon_0 y^3}\boldsymbol{i} = -\frac{1}{4\pi\varepsilon_0}\frac{\boldsymbol{p}}{y^3}$$

可见,$\boldsymbol{E}_{P'}$ 的方向与电偶极矩方向相反。

分析连续带电体在空间激发的电场强度时,可以将连续带电体视为由多个电荷微元(简称电荷元)组成的系统,每一个电荷元(电量为 $\mathrm{d}q$)均可视为点电荷,它在真空中某场点产生的电场强度为

$$\mathrm{d}\boldsymbol{E} = \frac{\mathrm{d}q}{4\pi\varepsilon_0 r^2}\boldsymbol{e}_r \tag{7-8a}$$

式中,r 为电荷元到该场点的距离;$\boldsymbol{e}_r$ 为电荷元指向该场点的单位矢量。整个带电体在该场点激发的电场强度为

$$\boldsymbol{E} = \int \mathrm{d}\boldsymbol{E} = \int \frac{\boldsymbol{e}_r}{4\pi\varepsilon_0 r^2}\mathrm{d}q \tag{7-8b}$$

需要注意的是,由于电场强度是矢量,故在对其进行叠加计算时,要先按照坐标维度进行分解,在每一维度独立叠加,然后把各维度的分量进行矢量合成,得到总电场强度。

例 7-3 长为 l 的细棒均匀带电,总电量为 q。求:(1)在细棒的延长线上且距细棒的中心 r 的点 P 的电场强度;(2)在细棒的垂直平分线上且距细棒的中心 r'的点 P'的电场强度。

解 如图 7-3 所示,以细棒中心 O 为坐标原点建立坐标系。

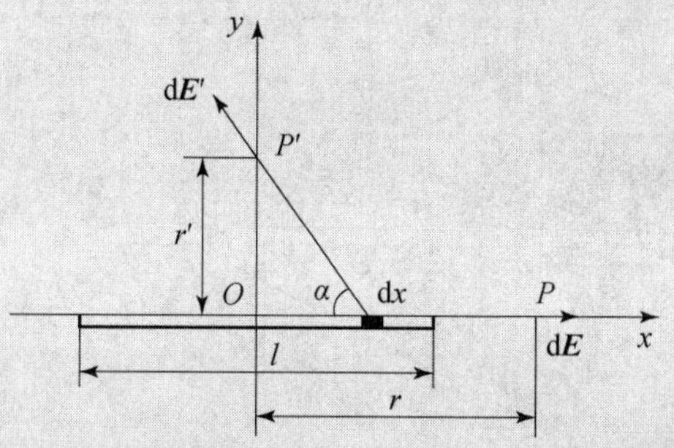

图 7-3　带电细棒的电场

由于细棒均匀带电，即电荷均匀分布在一维的直线上，故在细棒上任意取一线元 $\mathrm{d}x$，其带电量为 $\mathrm{d}q=q\mathrm{d}x/l$，激发的电场强度为

$$\mathrm{d}\boldsymbol{E}=\frac{1}{4\pi\varepsilon_0}\frac{\mathrm{d}q}{r^2}\boldsymbol{e}_r$$

(1)细棒上各电荷元在点 P 激发的电场强度方向相同，均沿 x 轴正方向，则点 P 的电场强度大小为

$$E=\int_{-l/2}^{l/2}\frac{1}{4\pi\varepsilon_0}\frac{q\mathrm{d}x}{l(r-x)^2}=\frac{q}{4\pi\varepsilon_0 l}\left(\frac{1}{r-\frac{l}{2}}-\frac{1}{r+\frac{l}{2}}\right)=\frac{1}{\pi\varepsilon_0}\frac{q}{4r^2-l^2}$$

电场强度的方向沿 x 轴正方向。

(2)根据对称性分析，细棒的垂直平分线上一点 P' 的电场强度 $\boldsymbol{E}$ 沿 x 轴方向的分量的矢量和为零，因此点 P' 的电场强度沿 y 轴正方向，即

$$\boldsymbol{E}'=\int\mathrm{d}E_y\boldsymbol{j}=\int\sin\alpha\mathrm{d}E\boldsymbol{j}$$

由几何关系得 $\sin\alpha=r'/\sqrt{r'^2+x^2}$，统一积分变量，则

$$E'=\int_{-l/2}^{l/2}\frac{1}{4\pi\varepsilon_0}\frac{r'q\mathrm{d}x}{l(x^2+r'^2)^{\frac{3}{2}}}=\frac{q}{2\pi\varepsilon_0 r'}\frac{1}{\sqrt{4r'^2+l^2}}$$

讨论：由于细棒均匀带电，设其单位长度所带电量为 $\lambda(\lambda=q/l)$，故当棒长 $l\to\infty$ 时，点 P' 的电场强度为

$$E'=\lim_{l\to\infty}\frac{1}{2\pi\varepsilon_0 r'}\frac{q/l}{\sqrt{4r'^2/l^2+1}}=\frac{\lambda}{2\pi\varepsilon_0 r'}$$

例 7-4　一半径为 R 的均匀带电细圆环所带电量为 q，求其轴线上任意一点 P 处的电场强度。

解　建立如图 7-4 所示的坐标系，根据对称性分析，首先在圆环上同一直径的两端取电荷元 $\mathrm{d}q$ 和 $\mathrm{d}q'$，两电荷元在点 P 激发的电场相对于 x 轴对称，电场强度在 yOz 平面上的投影相互抵消，只有沿 x 轴方向的电场强度。因此，整个圆环在轴线上任意一点 P 处的总电场强度沿 x 轴方向。

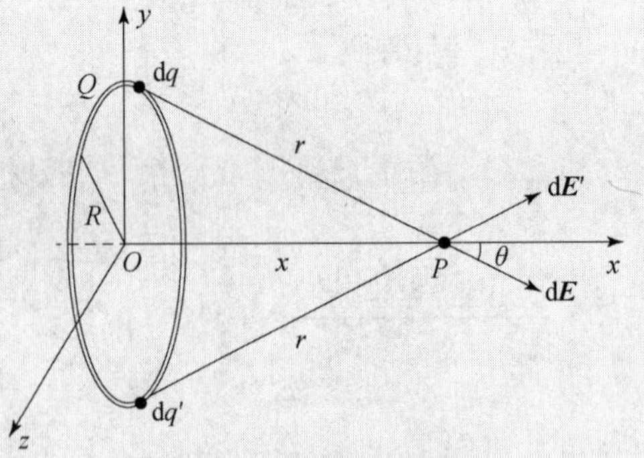

图 7-4 带电细圆环的电场

电荷元 $\mathrm{d}q$ 的电量为

$$\mathrm{d}q=\frac{q\mathrm{d}l}{2\pi R}$$

电荷元 $\mathrm{d}q$ 在点 P 激发的电场强度的大小为

$$\mathrm{d}E=\frac{\mathrm{d}q}{4\pi\varepsilon_0 r^2}=\frac{\frac{q}{2\pi R}}{4\pi\varepsilon_0(R^2+x^2)}\mathrm{d}l=\frac{q\mathrm{d}l}{8\pi^2\varepsilon_0 R(R^2+x^2)}$$

其沿 x 轴方向的分量为

$$\mathrm{d}E_x=\mathrm{d}E\cos\theta=\frac{qx\mathrm{d}l}{8\pi^2\varepsilon_0 R(R^2+x^2)^{\frac{3}{2}}}$$

则整个圆环在其轴线上点 P 激发的电场强度的大小为

$$E=E_x=\int_0^{2\pi R}\frac{qx\mathrm{d}l}{8\pi^2\varepsilon_0 R(R^2+x^2)^{\frac{3}{2}}}=\frac{qx}{4\pi\varepsilon_0(R^2+x^2)^{\frac{3}{2}}}$$

由此可知,当 $x=0$ 时,$E=0$,即圆环中心处电场强度的大小为 0。当 $x\gg R$ 时,$E\approx\frac{q}{4\pi\varepsilon_0 x^2}$,即当场点与场源带电体的距离远大于场源带电体自身尺寸时,可以将场源带电体视为点电荷。

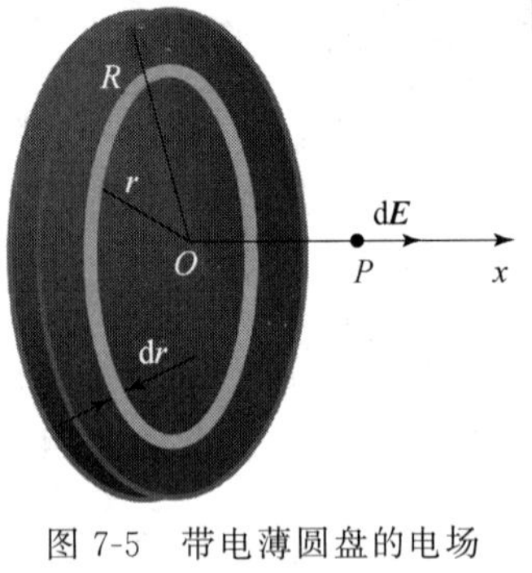

图 7-5 带电薄圆盘的电场

利用例 7-4 的结果可以进一步得到均匀带电薄圆盘轴线上的电场强度。如图 7-5 所示,将半径为 R、带电量为 q 的薄圆盘分割成一系列同心细圆环,对于半径为 r、宽度为 $\mathrm{d}r$ 的圆环,其面积为 $2\pi r\mathrm{d}r$,带电量 $\mathrm{d}q=\sigma 2\pi r\mathrm{d}r$,其中 $\sigma=q/\pi R^2$,则该带电圆环在轴线上某点 P 激发的电场强度大小为

$$\mathrm{d}E=\frac{x\mathrm{d}q}{4\pi\varepsilon_0(r^2+x^2)^{\frac{3}{2}}}=\frac{x\sigma\cdot 2\pi r\mathrm{d}r}{4\pi\varepsilon_0(r^2+x^2)^{\frac{3}{2}}}$$

由于该薄圆盘上所有同心圆环在该点激发的电场的方向一致,所以根据叠加原理,可得均匀带电薄圆盘轴线上与圆心相距 x 处的场点的电场强度大小为

$$E=\frac{\sigma x}{2\varepsilon_0}\left[\frac{1}{\sqrt{x^2}}-\frac{1}{(R^2+x^2)^{\frac{1}{2}}}\right]$$

若 $x\ll R$,则 $E=\frac{\sigma}{2\varepsilon_0}$,这个结果与无限大均匀带电平面的电场强度分布情况相同。

7.1.4 电位移

研究表明，电介质处于电场中时会产生极化现象，均匀电介质中的电场强度是自由电荷所激发的电场强度与极化电荷所激发的电场强度之和；若电介质为非均匀介质，则电场强度的表达式将更加复杂。为了便于分析电场的分布情况，引入一个新的物理量——**电位移 $\boldsymbol{D}$**，定义空间某点的电位移等于该点的电场强度与电介质在该点的介电常量 ε 的乘积，即

$$\boldsymbol{D}=\varepsilon\boldsymbol{E} \tag{7-9}$$

式中，ε 也称为电容率，由电介质本身性质决定。在国际单位制中，$\boldsymbol{D}$ 的单位是 $\mathrm{C\cdot m^{-2}}$。

电场的叠加原理对电位移也适用。**多个电荷共同激发的电场在任意一个场点的电位移等于各电荷单独存在时在该点所激发的电场的电位移的矢量和**，即

$$\boldsymbol{D}=\sum_{i=1}^{n}\boldsymbol{D}_i \tag{7-10}$$

$\boldsymbol{D}$ 是描述电场的辅助物理量，没有明显的物理意义。引入 $\boldsymbol{D}$ 便于分析有电介质时的电场的场强，通常先求电位移 $\boldsymbol{D}$，然后利用式(7-9)得到 $\boldsymbol{E}$。在研究电场性质及电荷在电场中的受力情况时，具有直接物理意义的仍是电场强度 $\boldsymbol{E}$。

7.2　静电场的有源性

7.2.1 电场线

为了直观、形象地描述电场在空间的分布，法拉第提出了电场的图示法，在电场中人为引入一系列带有方向的曲线，曲线上每点的正切线方向为该点的电场强度的方向，这样的曲线称为**电场线**。

图 7-6 为几种典型电荷形成的静电场的电场线示意图，在图中，电场线的疏密可以表示电场强度的大小。静电场的电场线不闭合，从正电荷出发，终止于无穷远处；或从无穷远处出发，终止于负电荷。由于任意时刻电场中各场点的电场强度的方向均具有确定的方向，因此电场线不相交。在电场中任意一点的正电荷的受力方向就是电场强度的方向，也是该点电场线的正切线方向。

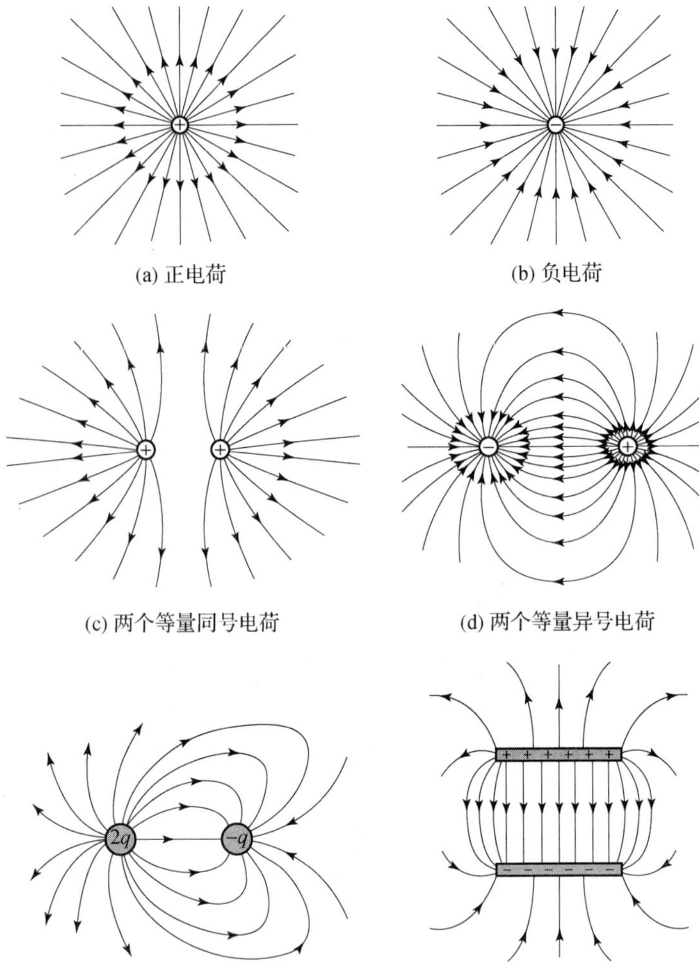

(a) 正电荷　(b) 负电荷

(c) 两个等量同号电荷　(d) 两个等量异号电荷

(e) 两个不等量异号电荷　(f) 带等量异号电荷的平行板

图 7-6　几种典型电荷形成的静电场的电场线示意图

7.2.2 电场强度通量

电场是矢量场,其相关性质可以利用连续体力学中通量的相关内容进行分析。在均匀电场(又称匀强电场)中选取一个面元 dS 进行研究,其法向单位矢量 $\boldsymbol{e}_n$ 表示该面元的方向,则该面元矢量为 $\mathrm{d}\boldsymbol{S}=\mathrm{d}S\boldsymbol{e}_n$。

设该面元处电场的电场强度为 $\boldsymbol{E}$,其方向与面元法线方向夹角为 θ,则该静电场从面元矢量 $\mathrm{d}\boldsymbol{S}$ 穿过的电场强度通量微元 $\mathrm{d}\Phi_e$ 为

$$\mathrm{d}\Phi_e=E\mathrm{d}S\cos\theta=\boldsymbol{E}\cdot\mathrm{d}\boldsymbol{S} \tag{7-11a}$$

电场强度通量(以下简称**电通量**)是标量,其正负由面元矢量方向与电场强度方向的夹角 θ 决定。当 $\theta<\pi/2$ 时,$\mathrm{d}\Phi_e>0$;当 $\theta>\pi/2$ 时,$\mathrm{d}\Phi_e<0$。

对于电场中任意的面积矢量 $\boldsymbol{S}$，通过该曲面的**电通量**为

$$\Phi_e = \int_S \boldsymbol{E} \cdot \mathrm{d}\boldsymbol{S} \tag{7-11b}$$

在国际单位制中，电通量的单位是 $\mathrm{N \cdot m^2 \cdot C^{-1}}$（牛顿·米^2·库仑$^{-1}$）。

例 7-5　有一立方体，如图 7-7 所示。已知空间的电场强度分布为 $E_x = bx^{1/2}$，$E_y = E_z = 0$，$b = 80\ \mathrm{N/(C \cdot m^{1/2})}$，$d = 0.1\ \mathrm{m}$，计算穿过立方体表面的总电通量。

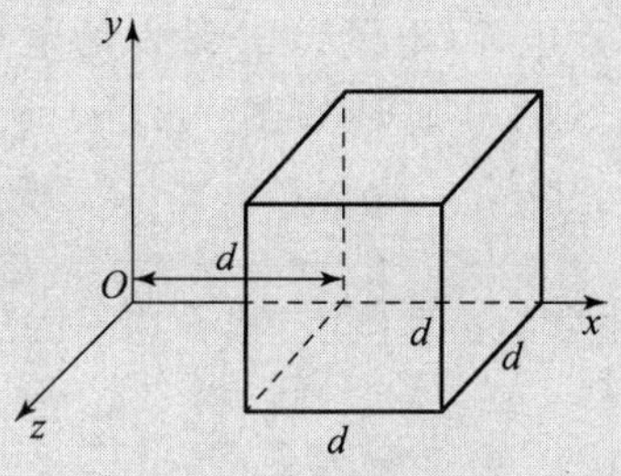

图 7-7　例 7-5 图

分析　本例中电场强度沿 x 轴正方向，该立方体的上下前后四个面的法线方向均与 x 轴垂直，即与电场强度方向垂直，因此这四个面的电通量为零，仅在立方体的左右两个面上有电通量，且电场强度在左侧面和右侧面上均为均匀分布。

解　根据电通量的定义式计算，得

$$\begin{aligned}
\Phi_{e总} &= \int_{S_总} \boldsymbol{E} \cdot \mathrm{d}\boldsymbol{S} = \int_{S_上} \boldsymbol{E} \cdot \mathrm{d}\boldsymbol{S} + \int_{S_下} \boldsymbol{E} \cdot \mathrm{d}\boldsymbol{S} + \int_{S_前} \boldsymbol{E} \cdot \mathrm{d}\boldsymbol{S} + \int_{S_后} \boldsymbol{E} \cdot \mathrm{d}\boldsymbol{S} + \int_{S_左} \boldsymbol{E} \cdot \mathrm{d}\boldsymbol{S} + \int_{S_右} \boldsymbol{E} \cdot \mathrm{d}\boldsymbol{S} \\
&= \boldsymbol{E}_{S_左} \cdot \boldsymbol{S}_左 + \boldsymbol{E}_{S_右} \cdot \boldsymbol{S}_右 \\
&= -E_{S_左} S_左 + E_{S_右} S_右 \\
&= -b\sqrt{d}d^2 + b\sqrt{2d}d^2 \\
&= 1.05\ \mathrm{N \cdot m^2/C}
\end{aligned}$$

7.2.3　静电场的高斯定理

对于闭合曲面，规定其向外的法线方向为正方向。可见，流入闭合曲面的电通量为负，流出闭合曲面的电通量为正。可以通过计算电场对闭合曲面的电通量，分析电场的分布。

例 7-6　真空中静止的点电荷（电量为 q）在空间形成电场。求该电场对以该点电荷为球心、半径为 r 的球面的电通量。

解　以电荷所在的位置为中心，作一半径为 r 的球面 S，在球面上任取一面元 $\mathrm{d}S$，由于球面为闭合曲面，其方向为向外的法线方向，如图 7-8(a)所示。由点电荷的电场强度公式(7-5)可知，闭合曲面内的点电荷（电量为 $q_内$）激发的电场的电场强度 $\boldsymbol{E}_内$ 呈球对称分布，与源电荷距离相等的各场点的电场强度的大小相等；若源电荷带正电，则其电场强度方向均沿径矢方向，

可见在该球面上的任意面元处 $\boldsymbol{E}_{(q_内)}$ 都与 d$\boldsymbol{S}$ 同向，因此闭合曲面内的点电荷激发的电场的电场强度 $\boldsymbol{E}_{(q_内)}$ 通过该球面的电通量 $\Phi_{e(q_内)}$ 为

$$\Phi_{e(q_内)} = \oint \mathrm{d}\Phi_{e(q_内)} = \oiint_S \boldsymbol{E}_{(q_内)} \cdot \mathrm{d}\boldsymbol{S} = \oiint_S \frac{q_内}{4\pi\varepsilon_0 r^2}\boldsymbol{e}_r \cdot \mathrm{d}\boldsymbol{S} = \frac{q_内}{4\pi\varepsilon_0 r^2} \cdot 4\pi r^2 = \frac{q_内}{\varepsilon_0} \quad (7\text{-}12\mathrm{a})$$

若闭合曲面内的点电荷带负电，虽然其激发的电场的电场强度的方向与面元的外法线方向处处相反，但 $\boldsymbol{e}_r$ 仍沿径矢方向，式(7-12a)仍然成立。

点电荷(电量为 q)激发的电场对于包围它的任意形状的闭合曲面 S 的电通量如图 7-8(b)所示，也可以用例 7-6 的方法进行分析：

$$\Phi_{e(q_内)} = \oiint_S \boldsymbol{E}_{(q_内)} \cdot \mathrm{d}\boldsymbol{S} = \oiint_S \frac{q_内}{4\pi\varepsilon_0 r^2}\boldsymbol{e}_r \cdot \mathrm{d}\boldsymbol{S} = \frac{q_内}{4\pi\varepsilon_0}\oint_\Omega \mathrm{d}\Omega$$

$$= \frac{q_内}{4\pi\varepsilon_0} \cdot 4\pi = \frac{q_内}{\varepsilon_0} \quad (7\text{-}12\mathrm{b})$$

式(7-12b)中的 dΩ 是包围源电荷的闭合曲面上的面元 d$\boldsymbol{S}$ 对源电荷所张的立体角，如图 7-8(c)所示，则

$$\mathrm{d}\Omega = \frac{\boldsymbol{e}_r \cdot \mathrm{d}\boldsymbol{S}}{r^2} = \frac{\boldsymbol{e}_r \cdot \mathrm{d}S\boldsymbol{e}_\mathrm{n}}{r^2} = \frac{\mathrm{d}S\cos\theta}{r^2} = \frac{\mathrm{d}S'}{r^2}$$

可见，立体角对闭合曲面的积分为

$$\oint_\Omega \mathrm{d}\Omega = 4\pi$$

通过上述分析可以得出结论：点电荷形成的静电场对于包围它的任意形状的闭合曲面的电通量均为 $q_内/\varepsilon_0$，与闭合曲面的形状无关，只与闭合曲面包围的电荷的电量有关。若闭合曲面 S 内的 $q_内$ 为正值，表明其激发的电场对包围它的闭合曲面的电通量为正值，即电通量从闭合曲面穿出；若闭合曲面 S 内的 $q_内$ 为负值，表明其激发的电场对包围它的闭合曲面的电通量为负值，即电通量穿入该闭合曲面。

若源电荷 q 在闭合曲面 S 外，如图 7-8(d)所示，该电荷激发的电场的电场强度 $\boldsymbol{E}_{(q_外)}$ 对闭合曲面 S 的电通量，穿入为负，穿出为正，对整个闭合曲面 S 的电通量的代数和 $\Phi_{e(q_外)}$ 为零，则

$$\Phi_{e(q_外)} = \oiint_S \boldsymbol{E}_{(q_外)} \cdot \mathrm{d}\boldsymbol{S} = 0 \quad (7\text{-}13)$$

即当闭合曲面内无电荷时，通过该曲面的电通量为零。

若真空中的静电场是由点电荷系激发的，结合电场强度的叠加原理 $\boldsymbol{E} = \sum\limits_i \boldsymbol{E}_i$ 和电通量的定义式，可以得到空间所有电荷激发的电场的总电场强度 $\boldsymbol{E}$ 对空间任意闭合曲面的电通量为

$$\oiint_S \sum_i \boldsymbol{E}_i \cdot \mathrm{d}\boldsymbol{S} = \sum_i \oiint_S \boldsymbol{E}_{i(q_内)} \cdot \mathrm{d}\boldsymbol{S} + \sum_i \oiint_S \boldsymbol{E}_{i(q_外)} \cdot \mathrm{d}\boldsymbol{S} = \frac{\sum\limits_i q_{i内}}{\varepsilon_0} + 0$$

$$(7\text{-}14\mathrm{a})$$

即

$$\oiint_S \boldsymbol{E}_{(q_{内}+q_{外})} \cdot \mathrm{d}\boldsymbol{S} = \frac{1}{\varepsilon_0}\sum_i q_{i内} \tag{7-14b}$$

式(7-14b)就是静电场中的高斯定理。式中，$\sum_i q_{i内}$ 为闭合曲面 S 内部电荷的代数和。闭合曲面 S 通常称为高斯面。静电场中的高斯定理可以表述如下：**真空中的静电场对任意一个闭合曲面的电通量，等于该闭合曲面内所有电荷的代数和除以真空介电常量** ε_0。它表明**静电场是有源场**。

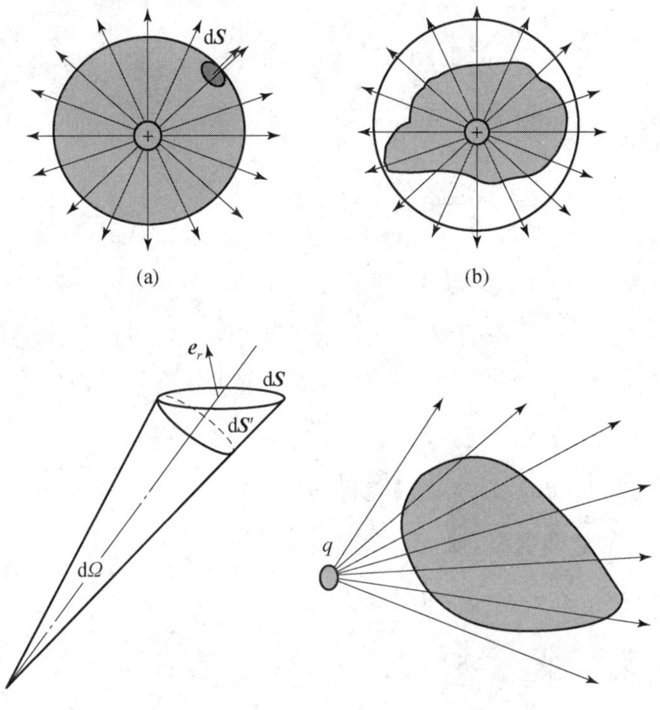

图 7-8 静电场对闭合曲面的通量

通过以上分析可以看出，空间任意一点的电场是空间所有电荷共同激发的，但仅闭合曲面内的电荷对穿过该闭合曲面的电通量有贡献，电通量与高斯面的形状和电荷在其中的分布情况无关。若闭合曲面内的电荷的代数和为零，只能说明此时通过该闭合曲面的电通量为零，不能说明闭合曲面上各点的电场强度均为零。

静电场的高斯定理常用于分析具有空间分布对称性的电场的电场强度。

例 7-7 求半径为 R、带电量为 q 的均匀带点球体所激发的电场的电场强度。

解 根据均匀带电球体所带电荷呈球对称分布的特点可知，其激发的电场呈球对称分布，与球心相等距离处各点的电场强度的大小相同且电场强度的方向沿半径方向。因此，过场点 P，以球心到点 P 的距离 r 为半径，作与带电球同心的闭合球面为高斯面，如图 7-9 所示。

若点 P 在均匀带电球体内部(区间Ⅰ,$0<r<R$),该带电球体激发的电场在该处的电场强度 $\boldsymbol{E}_{\mathrm{I}}$ 通过高斯面 S_1 的电通量为

$$\oiint_{S_1}\boldsymbol{E}_{\mathrm{I}}\cdot \mathrm{d}\boldsymbol{S}=\oint_{S_1}E_{\mathrm{I}}\,\mathrm{d}S\cos\theta_1=E_{\mathrm{I}}\oint_{S_1}\mathrm{d}S=4\pi r^2E_{\mathrm{I}}$$

高斯面 S_1 内部的电量为

$$\sum_i q_{i(S_1\text{内})}=\frac{q}{\frac{4}{3}\pi R^3}\times\frac{4}{3}\pi r^3=\frac{qr^3}{R^3}$$

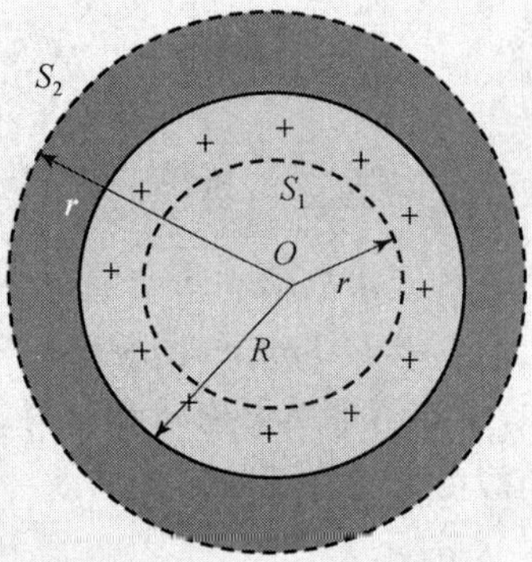

图 7-9 均匀带电薄球壳的电场分布

将以上两式代入式(7-14b),即 $\oiint_{S_1}\boldsymbol{E}_{\mathrm{I}}\cdot\mathrm{d}\boldsymbol{S}=\frac{1}{\varepsilon_0}\sum_i q_{i(S_1\text{内})}$,得

$$4\pi r^2E_{\mathrm{I}}=\frac{qr^3}{\varepsilon_0R^3}$$

解得,电场强度的大小为

$$E_{\mathrm{I}}=\frac{qr}{4\pi\varepsilon_0R^3}$$

即电场强度为

$$\boldsymbol{E}_{\mathrm{I}}=\frac{qr}{4\pi\varepsilon_0R^3}\boldsymbol{e}_r \tag{7-15a}$$

若点 P 在均匀带电球体外部(区间Ⅱ,$r>R$),该带电球体激发的电场在该处的电场强度 $\boldsymbol{E}_{\mathrm{II}}$ 通过高斯面 S_2 的电通量为

$$\oiint_{S_2}\boldsymbol{E}_{\mathrm{II}}\cdot\mathrm{d}\boldsymbol{S}=\oint_{S_2}E_{\mathrm{II}}\,\mathrm{d}S\cos\theta_2=E_{\mathrm{II}}\oint_{S_2}\mathrm{d}S=4\pi r^2E_{\mathrm{II}}$$

高斯面 S_2 内部包含了整个带电球体的全部电荷,则

$$\sum_i q_{i(S_2\text{内})}=q$$

将以上两式代入式(7-14b),即 $\oiint_{S_2}\boldsymbol{E}_{\mathrm{II}}\cdot\mathrm{d}\boldsymbol{S}=\frac{1}{\varepsilon_0}\sum_i q_{i(S_2\text{内})}$,得

$$4\pi r^2E_{\mathrm{II}}=\frac{q}{\varepsilon_0}$$

解得,电场强度的大小为

$$E_{\mathrm{II}}=\frac{q}{4\pi\varepsilon_0r^2}$$

即电场强度为

$$\boldsymbol{E}_{\mathrm{II}}=\frac{q}{4\pi\varepsilon_0r^2}\boldsymbol{e}_r \tag{7-15b}$$

由例 7-7 可知,均匀带电球体内的电场强度与场点到球心的距离 r 成正比;球外的电场强度与 r 的平方成反比。若球带正电,则其电场强度方向沿着径向向外;若球带负电,则其电场强度方向沿着径向指向球心。

对于均匀带电空心球面,同样可以利用上述方法进行分析,可得其内部各处的电场强度均为零,球面外各处电场强度与均匀带电球体外的电场强度的表达式一致。

例 7-8　求半径为 R 的无限长均匀带电圆柱体所激发的电场的电场强度(设该圆柱体沿轴线方向单位长度上的电量为 λ)。

解　根据无限长均匀带电圆柱体所带电荷呈轴对称分布的特点可知，其激发的电场分布也呈轴对称分布，与轴的垂直距离相等处各点的电场强度大小相等，方向为垂直于轴线呈辐射状。因此，过场点 P 作与带电圆柱体同轴的闭合圆柱面为高斯面，其高为 h，其底面半径为轴线到场点 P 的垂直距离 r，如图 7-10 所示。

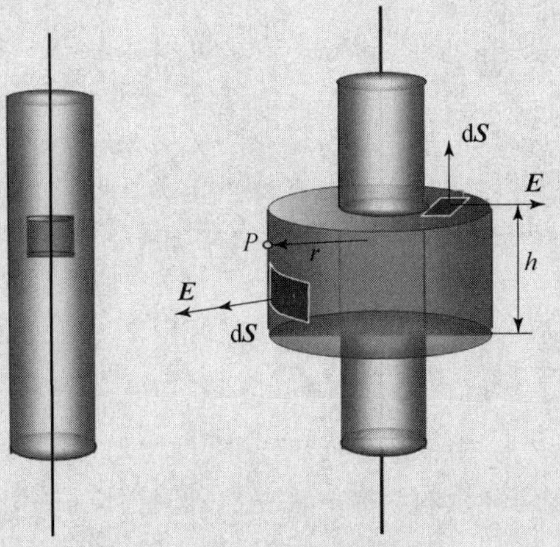

图 7-10　均匀带电圆柱面的电场分布

若点 P 在无限长均匀带电圆柱体内部(区间Ⅰ，$0<r<R$)，如图 7-10(a)所示，该无限长均匀带电圆柱体激发的电场在该处的电场强度 $\boldsymbol{E}_{\mathrm{I}}$ 通过高斯面 S_1 的电通量为

$$\oiint_{S_1} \boldsymbol{E}_{\mathrm{I}} \cdot \mathrm{d}\boldsymbol{S} = \int_{侧} \boldsymbol{E} \cdot \mathrm{d}\boldsymbol{S} + \int_{上底} \boldsymbol{E} \cdot \mathrm{d}\boldsymbol{S} + \int_{下底} \boldsymbol{E} \cdot \mathrm{d}\boldsymbol{S}$$

由无限长均匀带电圆柱体电场分布的特点可知，在高斯面 S_1 的上、下底面上各面元上的电场强度方向均与面元的法线方向垂直，则穿过上、下底面的电通量为零；侧面的各面元上的电场强度方向均与面元外法线方向一致，因此通过高斯面 S_1 的电通量为

$$\oiint_{S_1} \boldsymbol{E}_{\mathrm{I}} \cdot \mathrm{d}\boldsymbol{S} = \int_{侧} E_{\mathrm{I}}\, \mathrm{d}S = E_{\mathrm{I}} \int_{侧} \mathrm{d}S = 2\pi r h E_{\mathrm{I}}$$

高斯面 S_1 内部的电量为

$$\sum_i q_{i(S_1内)} = \frac{\lambda}{\pi R^2} \times \pi r^2 \times h = \frac{\lambda h r^2}{R^2}$$

将以上两式代入式(7-14b)，即 $\oiint_{S_2} \boldsymbol{E}_{\mathrm{I}} \cdot \mathrm{d}\boldsymbol{S} = \frac{1}{\varepsilon_0} \sum_i q_{i(S_1内)}$，得

$$2\pi r h E_{\mathrm{I}} = \frac{\lambda h r^2}{\varepsilon_0 R^2}$$

解得，电场强度的大小为

$$E_{\mathrm{I}} = \frac{\lambda r}{2\pi\varepsilon_0 R^2}$$

即电场强度为

$$\boldsymbol{E}_{\mathrm{I}} = \frac{\lambda r}{2\pi\varepsilon_0 R^2} \boldsymbol{e}_r \qquad (7\text{-}16\text{a})$$

若点 P 在无限长均匀带电圆柱体外部(区间Ⅱ,$r>R$),如图 7-10(b)所示,该无限长均匀带电圆柱体激发的电场在该处的电场强度 $\boldsymbol{E}_{\text{Ⅱ}}$ 通过高斯面 S_2 的电通量为

$$\oint\!\!\!\oint_{S_2} \boldsymbol{E}_{\text{Ⅱ}} \cdot \mathrm{d}\boldsymbol{S} = \int_{\text{侧}} E_{\text{Ⅱ}}\,\mathrm{d}S = E_{\text{Ⅱ}}\int_{\text{侧}} \mathrm{d}S = 2\pi r h E_{\text{Ⅱ}}$$

高斯面 S_2 内部的电量为

$$\sum_i q_{i(S_2\text{内})} = \lambda h$$

将以上两式代入式(7-14b),即 $\oint\!\!\!\oint_{S_2} \boldsymbol{E}_{\text{Ⅱ}} \cdot \mathrm{d}\boldsymbol{S} = \frac{1}{\varepsilon_0}\sum_i q_{i(S_2\text{内})}$,得

$$2\pi r h E_{\text{Ⅱ}} = \frac{1}{\varepsilon_0}\lambda h$$

解得,电场强度的大小为

$$E_{\text{Ⅱ}} = \frac{\lambda}{2\pi\varepsilon_0 r}$$

即电场强度为

$$\boldsymbol{E}_{\text{Ⅱ}} = \frac{\lambda}{2\pi\varepsilon_0 r}\boldsymbol{e}_r \tag{7-16b}$$

由例 7-8 可知,无限长均匀带电圆柱体内部的电场强度与场点到轴线的距离 r 成正比;圆柱体外的电场强度与 r 成反比。若圆柱体带正电,则其电场强度方向垂直于轴线向外辐射;若圆柱体带负电,则其电场强度方向垂直指向轴线。

对于无限长均匀带电圆柱面,同样可以利用上述方法进行分析,可得其内部各处的电场强度均为零,圆柱面外各处电场强度与无限长均匀带电圆柱体外的电场强度表达式一致。无限长均匀带电直线在空间激发的电场强度分布也与无限长均匀带电圆柱体外的电场强度表达式一致。

例 7-9 求无限大均匀带电平面的电场强度分布,设平面单位面积上的电量为 σ。

解 根据无限大均匀带电平面所带电荷分布特点可知,其激发的电场在平面两侧呈面对称分布,与带电平面距离相等的点的电场强度大小相同,方向均与平面垂直。因此,过场点 P,选取以带电平面为对称面且与带电平面垂直的闭合柱形高斯面,为便于分析计算,此处选取圆柱形高斯面,如图 7-11 所示。由于闭合圆柱面侧面的各面元处,电场强度的方向均与面元法线方向垂直,因此电场强度对该高斯面侧面的电通量为零,而左右两底面关于带电平面对称,两底面的面积均为 S,且两底面处的电场强度大小相等,方向均与底面的外法线方向一致,因此穿过圆柱形高斯面的电通量为

$$\oint\!\!\!\oint_S \boldsymbol{E} \cdot \mathrm{d}\boldsymbol{S} = \int_{\text{侧}} \boldsymbol{E} \cdot \mathrm{d}\boldsymbol{S} + \int_{\text{左底}} \boldsymbol{E} \cdot \mathrm{d}\boldsymbol{S} + \int_{\text{右底}} \boldsymbol{E} \cdot \mathrm{d}\boldsymbol{S} = 2ES$$

高斯面内部的电量为

$$\sum_i q_{i(\text{内})} = \sigma S$$

将以上两式代入式(7-14b),即 $\oint\!\!\!\oint_S \boldsymbol{E} \cdot \mathrm{d}\boldsymbol{S} = \frac{1}{\varepsilon_0}\sum_i q_{i(\text{内})}$,得

$$2ES=\frac{\sigma S}{\varepsilon_0}$$

解得，电场强度的大小为

$$E=\frac{\sigma}{2\varepsilon_0}$$

即电场强度为

$$\boldsymbol{E}=\frac{\sigma}{2\varepsilon_0}\boldsymbol{e}_n \tag{7-17}$$

式中，$\boldsymbol{e}_n$ 是无限大均匀带电平面的法向单位矢量。

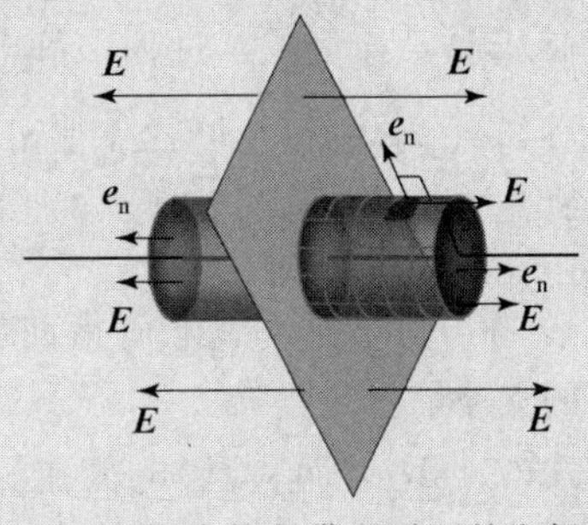

图 7-11　无限大均匀带电平面的电场分布

由例 7-9 可知，无限大均匀带电板两侧是均匀电场。若平面带正电，则电场强度沿平面向外的法线方向；若平面带负电，则电场强度沿指向平面的法线方向。

结合电场强度叠加原理可知，两个相互正对的带有等量异号电荷的无限大均匀带电平面之间的电场强度大小为 $E=\frac{\sigma}{\varepsilon_0}$，其方向从带正电的平面指向带负电的平面，而在两个平面以外的空间各点的电场强度为零。这正是平行板电容器的均匀电场的分布。

由以上例题可知，高斯定理可用于求解电荷分布具有对称性的电场的电场强度，求解过程为：先根据电荷分布特点分析电场的对称性，再根据该对称性适当选取通过待测场点的高斯面，然后利用电通量的定义式计算电场对于该高斯面的电通量表达式，同时根据电荷分布特点求得该高斯面内的电荷代数和，最后由高斯定理计算得到电场强度分布。

7.3　静电场的保守性

7.3.1　静电力是保守力

检验电荷（电量为 q_0）处于静止源电荷（电量为 q）产生的电场

中,从点 a 沿某一路径移至点 b,如图 7-12 所示,$\boldsymbol{r}$ 为源电荷指向检验电荷的位矢。利用库仑定律和功的定义式可以分析该过程中静电力做的功。

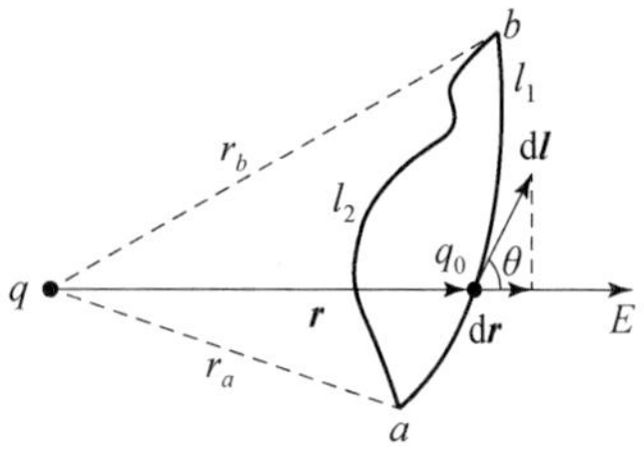

图 7 12　静电力做功

检验电荷在运动路径上任意位置受到的静电力为 $\boldsymbol{F}$,设检验电荷在该位置发生的微小位移为 d$\boldsymbol{l}$,则静电力所做的微元功为

$$\mathrm{d}W=\boldsymbol{F}\cdot\mathrm{d}\boldsymbol{l}=q_0\boldsymbol{E}\cdot\mathrm{d}\boldsymbol{l}=\frac{qq_0}{4\pi\varepsilon_0 r^2}\boldsymbol{e}_r\cdot\mathrm{d}\boldsymbol{l} \tag{7-18a}$$

$\boldsymbol{F}$ 与 d$\boldsymbol{l}$ 之间的夹角为 θ,由图 7-12 可知 $\boldsymbol{e}_r\cdot\mathrm{d}\boldsymbol{l}=\mathrm{d}l\cos\theta=\mathrm{d}r$,可得检验电荷从点 a 移至点 b 过程中静电力所做的总功为

$$W=\int_{r_a}^{r_b}\boldsymbol{F}\cdot\mathrm{d}\boldsymbol{l}=\int_{r_a}^{r_b}\frac{qq_0}{4\pi\varepsilon_0 r^2}\boldsymbol{e}_r\cdot\mathrm{d}\boldsymbol{l}=\frac{qq_0}{4\pi\varepsilon_0}\int_{r_a}^{r_b}\frac{\mathrm{d}r}{r^2}=\frac{qq_0}{4\pi\varepsilon_0}\left(\frac{1}{r_a}-\frac{1}{r_b}\right) \tag{7-18b}$$

式中,r_a 和 r_b 分别为源电荷指向检验电荷运动路径起点和终点的位矢的大小。

式(7-18b)表明,检验电荷在源电荷激发的静电场中运动时,静电力对其所做的功只与检验电荷的电量和其运动的始末位置有关,与其经过的路径无关。

若检验电荷从某场点出发,沿任意闭合路径回到起点,即 $a\to l_1\to b\to l_2\to a$,如图 7-12 所示,则静电力做的功为

$$\begin{aligned}W&=\oint_l\boldsymbol{F}\cdot\mathrm{d}\boldsymbol{l}=\int_{a(l_1)}^{b}\boldsymbol{F}\cdot\mathrm{d}\boldsymbol{l}+\int_{b(l_2)}^{a}\boldsymbol{F}\cdot\mathrm{d}\boldsymbol{l}\\&=\int_{a(l_1)}^{b}\boldsymbol{F}\cdot\mathrm{d}\boldsymbol{l}-\int_{a(l_2)}^{b}\boldsymbol{F}\cdot\mathrm{d}\boldsymbol{l}=0\end{aligned} \tag{7-18c}$$

可见,检验电荷在静电场中沿任意闭合路径运动回到起点时,静电力对其做的功为零。

点电荷系是由许多点电荷组成的系统,对于连续带电体,也可以将其视为许多电荷元的组合。每个点电荷(或电荷元)对检验电荷的静电力做的功都满足上述规律,再根据静电场的叠加原理可知,点电荷系(或连续带电体)的总静电力做的功也满足上述规律。因此可以得出结论:检验电荷在任意静电场中运动时,静电力对其所做的功只与检验电荷的电量和其运动的始末位置有关,与其经过的路径无关。当检验电荷沿闭合路径回到起点时,静电力对其做的功为零。这一结论说明了**静电力是保守力**。

7.3.2 静电场的环路定理

将检验电荷(电量为 q_0)在静电场中所受的静电力与该点电场强度之间的关系式 $\boldsymbol{F}=q_0\boldsymbol{E}$ 代入静电力做的功表达式(7-18c),可以得到

$$\oint_l\boldsymbol{E}\cdot\mathrm{d}\boldsymbol{l}=0 \tag{7-19}$$

$\oint_l \boldsymbol{E}\cdot \mathrm{d}\boldsymbol{l}$ 是电场强度对闭合曲线的环路积分，称为电场强度的环流。上式表明**在静电场中，电场强度的环流为零**，这称为**静电场的环路定理**。

具有场强的环流为零的特征的矢量场是**保守场**，也称为**势场**。静电场是保守场。因此，描述静电场的电场线是不闭合的。若环流不为零，则电场称为非势场或涡旋场。后续电磁感应部分将会介绍感生电场是涡旋场，涡旋场的场线是闭合的。

综合静电场的高斯定理和环路定理可知，**静电场是有源的保守场**。

7.3.3 电势

与重力相似，静电力也是保守力，因此检验电荷处于静电场中会具有**电势能**。当静电力对检验电荷做正功时，系统的电势能会减小；当静电力做负功时，系统的电势能会增大。

检验电荷 q_0 在静电场中从点 a 移动到点 b，此过程中静电力对其做的功 $W_{a\to b}$ 与系统的电势能 E_p 之间的关系为

$$W_{a\to b}=\int_a^b \boldsymbol{F}\cdot\mathrm{d}\boldsymbol{l}=\int_a^b q_0\boldsymbol{E}\cdot\mathrm{d}\boldsymbol{l}=-\Delta E_\mathrm{p}=E_{\mathrm{p}a}-E_{\mathrm{p}b} \tag{7-20}$$

式中，$E_{\mathrm{p}a}$、$E_{\mathrm{p}b}$ 分别为检验电荷在静电场中的点 a 和点 b 的电势能。电势能的国际单位为 J(焦耳)。

与重力势能相似，电势能是静电场与检验电荷组成的系统所共同具有的能量。电势能与检验电荷的电量、电性，静电场的性质，以及检验电荷与静电场的相对位置有关。若要确定检验电荷在某点的电势能的值，需要规定电势能零点。电势能零点的选取是任意的。对于有限的带电体，通常选取无穷远处为电势能零点。实际应用中往往选择大地为电势能零点。检验电荷 q_0 在静电场中任意一点 a 的电势能为

$$E_{\mathrm{p}a}=W_{a\to\text{电势能零点}}=\int_a^{\text{电势能零点}} q_0\boldsymbol{E}\cdot\mathrm{d}\boldsymbol{l} \tag{7-21}$$

可见，检验电荷在静电场中某点的电势能，在数值上等于把该检验电荷从该点移至电势能零点时静电力所做的功。由式(7-21)还可以看出，虽然电势能是检验电荷与静电场共有的，但电势能与检验电荷的比值却仅与该场点的电场性质有关。将该比值定义为**电势**，用符号 V 表示。静电场中任意一点 a 的电势定义为

$$V_a=\frac{E_{\mathrm{p}a}}{q_0}=\int_a^{V=0}\boldsymbol{E}\cdot\mathrm{d}\boldsymbol{l} \tag{7-22}$$

电势是标量，在国际单位制中，电势的单位是 V(伏特)，1 V=1 J·C^{-1}。

由式(7-22)可以看出,静电场中某场点电势的大小等于单位正电荷在该场点的电势能的大小,也等于把单位正电荷从该场点移动到电势零点时静电力所做的功。

尽管电场中某点的电势是相对量,但是电场中任意两点的电势差是绝对量,即

$$V_a - V_b = \int_a^b \boldsymbol{E} \cdot \mathrm{d}\boldsymbol{l} \tag{7-23}$$

因此,当检验电荷(电量为 q_0)从场点 a 移动到场点 b 时,静电力对其所做的功为

$$W_{a\to b} = q_0 (V_a - V_b) \tag{7-24}$$

若电场是由 n 个点电荷组成的系统形成的,则可以利用电势的定义式并联合电场强度叠加原理 $\boldsymbol{E} = \sum_{i=1}^{n} \boldsymbol{E}_i$ 得到任意一点 a 处的电势为

$$\begin{aligned} V_a &= \int_a^{\text{电势零点}} \boldsymbol{E} \cdot \mathrm{d}\boldsymbol{l} \\ &= \int_a^{\text{电势零点}} \sum_{i=1}^{n} \boldsymbol{E}_i \cdot \mathrm{d}\boldsymbol{l} \\ &= \int_a^{\text{电势零点}} (\boldsymbol{E}_1 + \boldsymbol{E}_2 + \cdots + \boldsymbol{E}_n) \cdot \mathrm{d}\boldsymbol{l} \\ &= \int_a^{\text{电势零点}} \boldsymbol{E}_1 \cdot \mathrm{d}\boldsymbol{l} + \int_a^{\text{电势零点}} \boldsymbol{E}_2 \cdot \mathrm{d}\boldsymbol{l} + \cdots + \int_a^{\text{电势零点}} \boldsymbol{E}_n \cdot \mathrm{d}\boldsymbol{l} \\ &= V_{a1} + V_{a2} + \cdots + V_{an} \\ &= \sum_{i=1}^{n} V_{ai} \end{aligned} \tag{7-25}$$

式中,V_{ai} 为第 i 个点电荷(电量为 q_i)独立存在时激发的电场在点 a 处的电势。若电场是由连续带电体激发的,上述结论仍然成立。可以将连续带电体视为一系列电荷元的组合,该系统在任意场点 a 处的总电势应为每个电荷元在点 a 处的电势微元的积分。

通过以上分析可以得出结论:由点电荷系或连续带电体形成的静电场,其任意一点的电势等于每个点电荷或电荷元独立存在时在该点产生的电势的代数和,这就是**电势叠加原理**。

例 7-10 求真空中点电荷(电量为 q)激发的电场的电势分布。

解 将点电荷的电场强度表达式 $\boldsymbol{E} = \dfrac{q}{4\pi\varepsilon_0 r^2}\boldsymbol{e}_r$ 代入电势定义式,考虑到点电荷是有限大的带电体,可以选取无穷远处作为电势零点,则与点电荷的距离为 r 的点 P 的电势为

$$V = \int_P^\infty \boldsymbol{E} \cdot \mathrm{d}\boldsymbol{l} = \int_r^\infty \frac{q}{4\pi\varepsilon_0 r^2}\boldsymbol{e}_r \cdot \mathrm{d}\boldsymbol{l} = \int_r^\infty \frac{q}{4\pi\varepsilon_0 r^2}\mathrm{d}r = \frac{q}{4\pi\varepsilon_0 r} \tag{7-26}$$

由式(7-22)可看出，点电荷的电势具有球对称性，与源电荷的距离相等处电势相等。电势有正负之分。若源电荷带正电，则其激发的电场的电势大于零，即当 $q>0$ 时，$V>0$；若源电荷带负电，则其激发的电场的电势小于零，即当 $q<0$ 时，$V<0$。

对于点电荷系激发的电场，可以根据电势叠加原理将每个点电荷独立存在时激发的电场的电势求和，得到点电荷系在空间任意一点 P 激发的电场的电势为

$$V=\sum_{i=1}^{n}\frac{q_i}{4\pi\varepsilon_0 r_i} \tag{7-27a}$$

对于有限大的连续带电体，可以将其视为多个电荷元(电量为 $\mathrm{d}q$)的组合，根据电势叠加原理，得到该连续带电体在空间任意一点 P 的电势为

$$V=\int_{q_{总}}\frac{\mathrm{d}q}{4\pi\varepsilon_0 r} \tag{7-27b}$$

例 7-11 半径为 R 的细圆环带正电，电量为 q，电荷均匀分布在环上，如图 7-13 所示。求其轴线上任意一点 P 的电势。

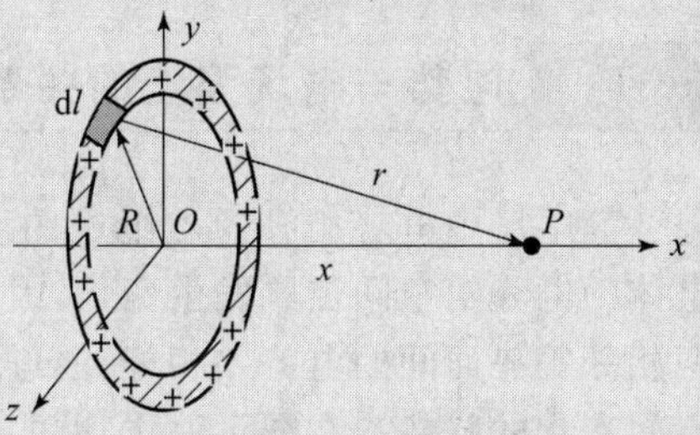

图 7-13 带电圆环的电势

解 在环上取长度为 $\mathrm{d}l$ 的微小圆弧为电荷元，其带电量为 $\mathrm{d}q$，则

$$\mathrm{d}q=\frac{q}{2\pi R}\mathrm{d}l$$

设轴线上点 P 与环心 O 的距离为 x，选取无穷远处作为电势零点，则电荷元在点 P 激发的微小电势为

$$\mathrm{d}V_P=\frac{\mathrm{d}q}{4\pi\varepsilon_0 r}$$

根据电势叠加原理，带电圆环在点 P 激发的总电势为

$$V_P=\int\mathrm{d}V_P=\int_0^{2\pi R}\frac{\frac{q\mathrm{d}l}{2\pi R}}{4\pi\varepsilon_0 r}=\frac{q}{4\pi\varepsilon_0 r}=\frac{q}{4\pi\varepsilon_0\sqrt{x^2+R^2}}$$

根据数学分析可知，当 $x=0$ 时，$V_0=\frac{q}{4\pi\varepsilon_0 R}$，当 $x\gg R$ 时，$V_P\approx\frac{q}{4\pi\varepsilon_0 x}$，即当场点与场源带电体的距离远大于场源带电体自身尺寸时，可以将场源带电体视为点电荷。

例 7-12 半径为 R 的薄球壳带正电，电量为 q，电荷均匀分布在球壳上，求其空间电势分布。

解 该带电体的电场强度已在前文通过高斯定理求出，为

$$E_{内}=0 \quad (r<R)$$

$$E_{外}=\frac{q}{4\pi\varepsilon_0 r^2} \quad (r>R)$$

选取无穷远处作为电势零点，将该薄球壳的电场强度表达式代入电势的定义式，得

$$V_P=\int_P^{\infty}\boldsymbol{E}\cdot \mathrm{d}\boldsymbol{l}$$

当 $r<R$ 时，$V_{内}=\int_P^{\infty}\boldsymbol{E}\cdot\mathrm{d}\boldsymbol{l}=\int_r^R\boldsymbol{E}_{内}\cdot\mathrm{d}\boldsymbol{l}+\int_R^{\infty}\boldsymbol{E}_{外}\cdot\mathrm{d}\boldsymbol{l}=\int_r^R 0\mathrm{d}r+\int_R^{\infty}\frac{q}{4\pi\varepsilon_0 r^2}\mathrm{d}r=\frac{q}{4\pi\varepsilon_0 R}$；

当 $r>R$ 时，$V_{外}=\int_P^{\infty}\boldsymbol{E}\cdot\mathrm{d}\boldsymbol{l}=\int_r^{\infty}\boldsymbol{E}_{外}\cdot\mathrm{d}\boldsymbol{l}=\int_r^{\infty}\frac{q}{4\pi\varepsilon_0 r^2}\mathrm{d}r=\frac{q}{4\pi\varepsilon_0 r}$。

通过以上分析可知，在均匀带电球面内部，电场强度处处为零，电势处处相等；在均匀带电球面外部，电场强度的大小与场点到球心的距离的平方成反比，电势与场点到球心的距离成反比。

7.3.4 电势与电场强度的关系

静电场中电势相等的点组成的面称为**等势面**。任意形状的带电体的电势随空间位置发生变化，因此等势面有很多个。规定任意两相邻等势面间的电势差相等，通过等势面的疏密可以表示电势在空间变化的趋势。在图示法中通过电场线和等势面可以形象地表示电场在空间的分布情况。图 7-14 为典型电场的示意图(图中实线表示电场线，虚线表示等势面)。

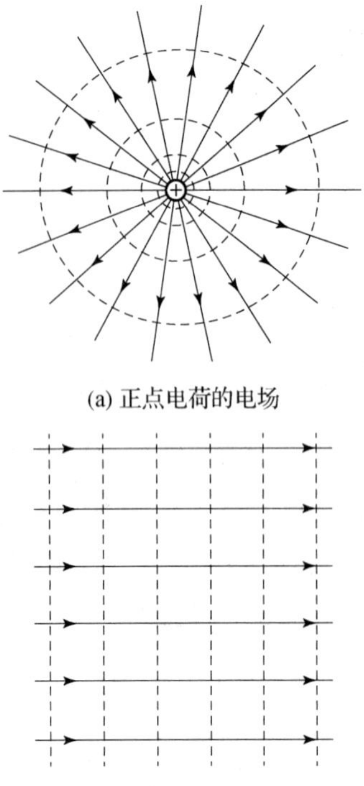

(a) 正点电荷的电场

(b) 均匀电场

图 7-14 典型电场的示意图

由点电荷的电场强度和电势的表达式可知，电场强度大的位置，等势面密集；电场强度小的位置，等势面稀疏。

由于任意时刻电场中任意一点的电场强度和电势都是确定值，因此任意两根电场线不相交，任意两个等势面也不相交。

由于任意一个等势面上各点的电势相等，因此在静电场中，电场线总是与等势面垂直。可以通过以下分析进行证明。

在某等势面上取任意两点 a 和 b，如图 7-15 所示，当检验电荷(电量为 q_0)沿着该等势面上的路径 $\boldsymbol{l}_1$ 从点 a 移动到点 b 时，根据静电力做的功的定义式，有

$$W_{a\to b}=\int_a^b q_0\boldsymbol{E}\cdot\mathrm{d}\boldsymbol{l}_1=\int_a^b q_0E\mathrm{d}l_1\cos\theta$$

由于 a 和 b 两点在同一个等势面上，故 $V_a=V_b$，根据电势的定义式，有

$$\int_a^b q_0\boldsymbol{E}\cdot\mathrm{d}\boldsymbol{l}_1=q_0(V_a-V_b)=0$$

因为 q_0、$\boldsymbol{E}$、$\mathrm{d}\boldsymbol{l}_1$ 均不为零，所以 $\cos\theta$ 必然为零，即 $\boldsymbol{E}$ 与 $\mathrm{d}\boldsymbol{l}_1$ 垂直，故静电场中电场线与等势面处处垂直。

在另一等势面上取一点 $c(V_c>V_a)$，将带正电的检验电荷（电量为 q_0）沿着路径 $\boldsymbol{l}$ 从点 a 移动到点 c，电场力做的功为

$$W_{a\to c}=\int_a^c q_0\boldsymbol{E}\cdot\mathrm{d}\boldsymbol{l}=q_0(V_a-V_c)=-q_0\Delta V$$

其微分表达式为

$$-q_0\mathrm{d}V=q_0\boldsymbol{E}\cdot\mathrm{d}\boldsymbol{l}=q_0E\mathrm{d}l\cos\theta=q_0E_l\mathrm{d}l$$

式中，θ 表示 $\boldsymbol{E}$ 和 $\mathrm{d}\boldsymbol{l}$ 之间的夹角；$E_l=E\cos\theta$ 表示电场强度在 $\mathrm{d}\boldsymbol{l}$ 方向上的分量。由上式可得

$$-\mathrm{d}V=\boldsymbol{E}\cdot\mathrm{d}\boldsymbol{l}=E_l\mathrm{d}l$$

整理得

$$E_l=-\frac{\mathrm{d}V}{\mathrm{d}l} \tag{7-28a}$$

式(7-28a)给出了静电场中各场点的电场强度与电势的关系。**电场中任意一点的电场强度沿某一方向的分量，等于该点的电势沿该方向变化率的负值**。可见，电场线总是指向电势降落的方向。

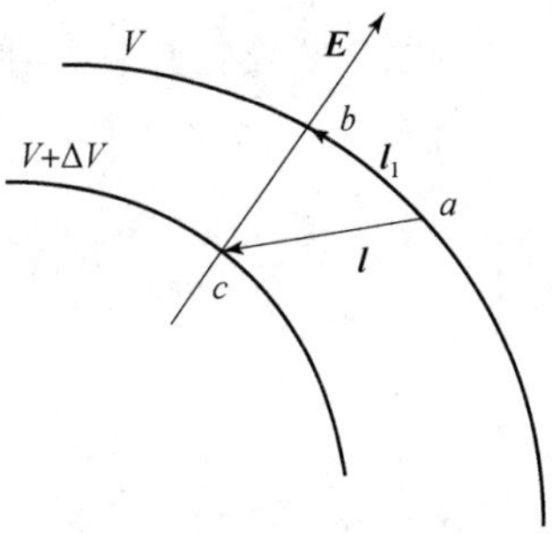

图 7-15 电场强度与电势的关系

式(7-28a)中的 l 可以沿任意方向。在三维直角坐标系中，式(7-28a)可以表示为

$$E_x=-\frac{\partial V}{\partial x},E_y=-\frac{\partial V}{\partial y},E_z=-\frac{\partial V}{\partial z}$$

因此，电场强度的矢量表达式可以写成

$$\boldsymbol{E}=E_x\boldsymbol{i}+E_y\boldsymbol{j}+E_z\boldsymbol{k}=-\left(\frac{\partial V}{\partial x}\boldsymbol{i}+\frac{\partial V}{\partial y}\boldsymbol{j}+\frac{\partial V}{\partial z}\boldsymbol{k}\right) \tag{7-28b}$$

可见，若已知电势的分布，则可以利用上式得到电场强度的分布。

在数学上，把标量函数对空间的变化率称为**梯度**，梯度算符用符号∇表示，其定义为$\nabla=\frac{\partial}{\partial x}\boldsymbol{i}+\frac{\partial}{\partial y}\boldsymbol{j}+\frac{\partial}{\partial z}\boldsymbol{k}$。因此，电场强度等于电势梯度的负值，即

$$\boldsymbol{E}=-\nabla V \tag{7-28c}$$

在国际单位制中，电势梯度的单位是 $\mathrm{V}\cdot\mathrm{m}^{-1}$（伏特·米$^{-1}$），电场强度也可采用这个单位。

在实际计算时，若已知电势分布，则可利用式(7-28c)来求解电场强度 $\boldsymbol{E}$。

例 7-13 求电偶极子激发的电场的电场强度分布及电势分布。

分析 根据电场强度和电势的关系可知，本例可以先求电势，再求电场强度。

解 设电偶极子按图 7-16 所示的方式放置，两个点电荷所带电量分别为 q 和 $-q$，相距 l，场点 P 到电偶极子中点的距离为 r。

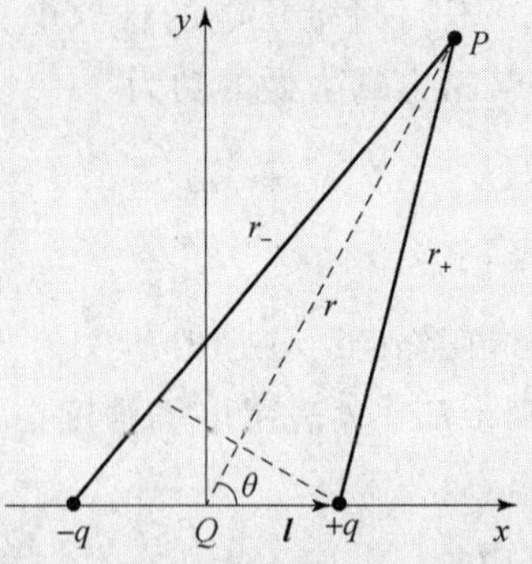

图 7-16 电偶极子的电势与电场强度

电偶极子在点 P 产生的电势为

$$V=V_++V_-=\frac{q}{4\pi\varepsilon_0}\left(\frac{1}{r_+}-\frac{1}{r_-}\right)=\frac{q}{4\pi\varepsilon_0}\left(\frac{r_--r_+}{r_+r_-}\right)$$

由于电偶极子之间的距离很近，点 P 到电荷的距离远大于 l，因此有 $r_+r_-\approx r^2$，$r_--r_+\approx l\cos\theta$（$\theta$ 为 $\boldsymbol{r}$ 与 $\boldsymbol{p}_e$ 之间的夹角），代入上式得

$$V=\frac{q}{4\pi\varepsilon_0}\left(\frac{r_--r_+}{r_+r_-}\right)=\frac{ql\cos\theta}{4\pi\varepsilon_0 r^2}=\frac{\boldsymbol{p}_e\cdot\boldsymbol{r}}{4\pi\varepsilon_0 r^3}$$

也可以利用点 P 的坐标 (x,y)，将电势写为

$$V=\frac{\boldsymbol{p}_e\cdot\boldsymbol{r}}{4\pi\varepsilon_0 r^3}=\frac{p_e r\cos\theta}{4\pi\varepsilon_0 r^3}=\frac{p_e x}{4\pi\varepsilon_0(x^2+y^2)^{\frac{3}{2}}}$$

根据电场强度等于电势梯度的负值的关系[式(7-28b)]，可以得到点 P 的电场强度沿 x 轴、y 轴的分量表达式分别为

$$E_x=-\frac{\partial V}{\partial x}=-\frac{p_e(y^2-2x^2)}{4\pi\varepsilon_0(x^2+y^2)^{\frac{5}{2}}}$$

$$E_y=-\frac{\partial V}{\partial y}=\frac{3p_e xy}{4\pi\varepsilon_0(x^2+y^2)^{\frac{5}{2}}}$$

因此，点 P 的总电场强度的大小为

$$E=\frac{p_e(4x^2+y^2)^{\frac{1}{2}}}{4\pi\varepsilon_0(x^2+y^2)^2}$$

通过以上分析可知，电偶极子激发的电场的等势面与电场线如图 7-17 所示，图中实线表示电场线，虚线表示等势面。

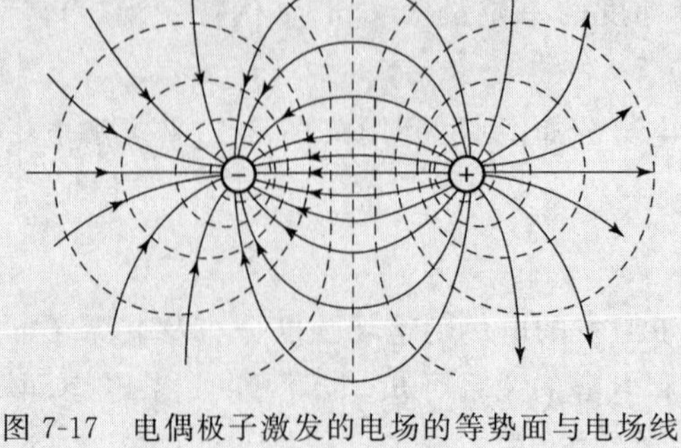

图 7-17 电偶极子激发的电场的等势面与电场线

例 7-14　一半径为 R 的均匀带电细圆环所带电量为 q，如图 7-13 所示。求其中心轴线上任意一点 P 处的电场强度。

解　根据例 7-11 可知，带电圆环在点 P 激发的电势为

$$V_P=\int \mathrm{d}V_P=\int_0^{2\pi R}\frac{\dfrac{q\mathrm{d}l}{2\pi R}}{4\pi\varepsilon_0 r_P}=\frac{q}{4\pi\varepsilon_0 r_P}=\frac{q}{4\pi\varepsilon_0\sqrt{x^2+R^2}}$$

根据式(7-28b)，可以得到点 P 的电场强度为

$$\boldsymbol{E}=E_x\boldsymbol{i}=-\frac{\partial V}{\partial x}\boldsymbol{i}=\frac{qx}{4\pi\varepsilon_0(R^2+x^2)^{\frac{3}{2}}}\boldsymbol{i}$$

将例 7-14 的结论与例 7-4 的结论对比可知，当场点的电势方便求得时，利用电场强度等于电势梯度的负值来求解电场强度的分布比直接通过矢量叠加求电场强度分布的方法更简便。

7.4　静电场中的导体和电介质

本节讨论有导体和电介质时的静电学问题。物体按导电能力可分为导体、电介质(绝缘体)和半导体。具有良好导电能力的物体称为导体；不具备导电能力的物体称为电介质；导电能力介于导体和电介质之间的物体称为半导体。

7.4.1　静电场对导体作用

导体内部存在可以自由移动的电荷。净电荷为零的导体宏观上呈电中性，称为中性导体。净电荷不为零的导体称为带电导体。若在研究的空间内除被研究的导体外没有其他物体，则该导体称为孤立导体。实际情况中，当其他物体与被研究的导体之间的距离足够远，以致其他物体的电荷形成的电场在该导体所处场点上的影响可以被忽略时，该导体也可视为孤立导体。常见的导体有金属和电解质溶液，本节仅研究静电场对金属导体的作用。

1. 静电感应

金属原子中离核远的电子(价电子)受到原子核对其的作用力较小，容易脱离原子核的束缚成为自由电子。1895 年，洛伦兹提出电子论，指出：金属中的自由电子的运动与理想气体分子的运动相似，也满足经典的统计规律。研究表明，金属中自由电子热运动的平均速率约为 10^5 m/s。由于热运动是随机的，故净电荷为零的孤立导体在任意时刻其任意部分都宏观表现为电中性。

当处于外电场中时,金属中的自由电子会在电场力的作用下做宏观定向运动,使得自由电子在导体中重新分布,造成导体两端出现等量异号电荷,这种现象称为**静电感应现象**,由此产生的电荷称为**感应电荷**。

如图 7-18 所示,当金属导体处于电场强度为 $\boldsymbol{E}_0$ 的外电场时,在电场力的作用下,金属导体内部的自由电子将逆着电场的方向运动,造成导体一侧因电子的积累而出现负电荷,导体另一侧因缺少负电荷而出现等量正电荷,这些感应电荷在金属导体内部形成电场强度为 $\boldsymbol{E}'$ 的附加电场,附加电场与外电场的方向总是相反的,二者共同对自由电子产生作用。

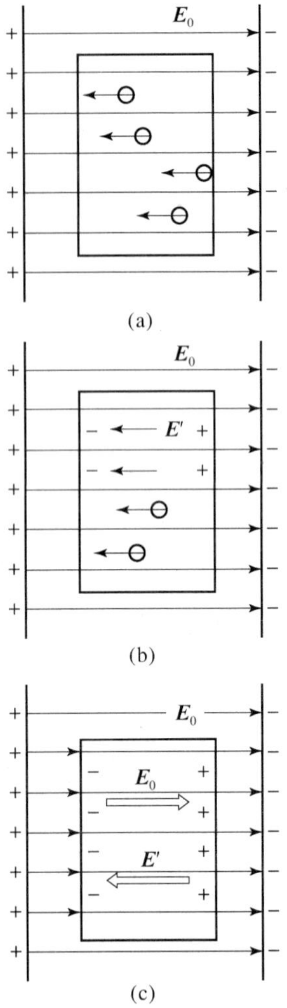

图 7-18　导体的静电感应过程

静电感应过程初始阶段,感应电荷在外电场作用下开始积累,$E'<E_0$,金属导体内的自由电子受到外电场的电场力大于附加电场的电场力,因此会继续做定向运动,使得导体两侧的感应电荷继续积累,E' 不断增大,直至 $\boldsymbol{E}'=-\boldsymbol{E}_0$ 时,金属导体内的自由电子受到的外电场的电场力等于附加电场的电场力,达到受力平衡,合外力为零,定向运动完全停止,不再运动。此时金属导体两侧的感应电荷不再增加,达到平衡状态。研究表明,该过程历时约 10^{-6} s。

导体中没有电荷做宏观定向运动的状态称为导体处于**静电平衡状态**。可见,当导体处于静电平衡状态时具有如下特征:

(1)由于感应电场的电场强度与外电场的电场强度大小相等,方向相反,因此导体内部任意一点的电场强度都为零;

(2)由于此时导体内部电场强度为零,又由于电场强度等于电势梯度的负值,因此导体是等势体,导体表面是等势面;

(3)由于导体表面是等势面,在导体表面上没有电场强度的分量,因此在导体表面,电场强度与导体表面垂直。

2. 处于静电平衡状态时导体的电荷分布

导体在达到静电平衡状态时,其上电荷分布的规律可以通过高斯定理进行分析。

实心导体处于静电平衡状态时,由于内部任意一点的电场强度都为零,因此通过导体内任意闭合曲面(高斯面)的电通量必然为零,根据高斯定理可知,此时导体内部净电荷为零,电荷只能分布在导体外表面,如图 7-19(a)所示。

有空腔但空腔内没有电荷的导体处于静电平衡状态时,同样用高斯定理可证其电荷分布与实心导体一致,所有电荷分布在导体外表面,导体内部电场强度处处为零,导体是等势体,如图 7-19(b)所示。

对于有空腔且空腔内有电荷的导体,如图 7-19(c)所示,当其处于静电平衡状态时,可以在导体内部取一闭合曲面,将导体空腔包围起来,此时根据高斯定理有 $\oint_S \boldsymbol{E}\cdot \mathrm{d}\boldsymbol{S}=\frac{1}{\varepsilon_0}\sum_i q_{i内}$。由于此时导体处于静电平衡状态，其内部电场强度为零，因此对该闭合曲面的电通量为零，所以该闭合曲面内电荷的代数和为零，即 $\sum q_{i内}=0$。由于该空腔内已有电荷，设其电量为 q，故此时闭合曲面内必然会出现与之等量异号的感应电荷（电量为 $-q$）分布在空腔的内表面上。结合电荷守恒定律可知，此时在导体外表面上必然会出现电量为 q 的感应电荷。

通过以上分析可以得出结论：若导体的空腔内有电量为 q 的电荷，则导体上的感应电荷只分布在其内表面和外表面，该导体其他部分的净电荷仍为零。

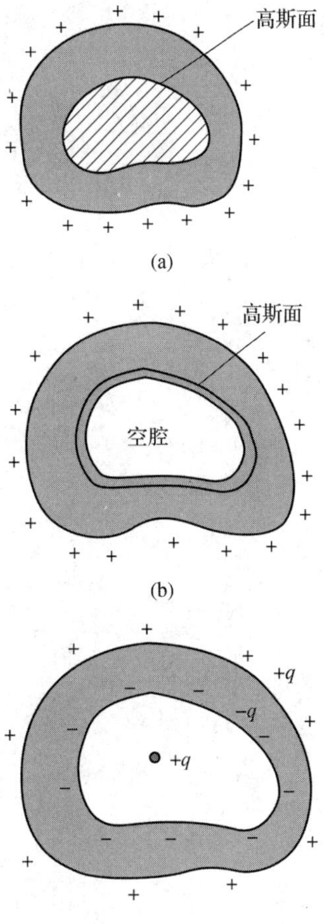

图 7-19　处于静电平衡状态时导体的电荷分布

如图 7-20 所示，在导体表面上一点 P 附近作一闭合圆柱面，上底面在导体表面外侧，下底面在导体内部，上、下底面均与导体表面平行，且面积均为 $\mathrm{d}S$。设点 P 所在处单位面积的带电量（面电荷密度）为 σ。由于导体内部电场强度为零，故仅导体外表面附近的电场强度为 $\boldsymbol{E}$ 的电场对该闭合曲面的电通量有贡献，则根据高斯定理可得

$$\boldsymbol{E}\cdot\mathrm{d}\boldsymbol{S}=\frac{\sigma\mathrm{d}S}{\varepsilon_0}$$

即

$$\boldsymbol{E}=\frac{\sigma}{\varepsilon_0}\boldsymbol{e}_{\mathrm{n}} \tag{7-29}$$

上式表明，带电导体外表面附近的电场强度的大小与该处面电荷密度成正比。以上分析和结论对孤立导体、非孤立导体（处于外电场中的导体）、带电导体和中性导体都适用。

值得注意的是，导体外表面附近的电场不是只由该表面处的电荷所激发，而是由导体上所有电荷以及空间中其他带电体的电荷所共同激发的。

导体表面的电荷（原有电荷及感应电荷）的分布与导体本身的形状、空腔内电荷的电量及导体周围带电体的电场分布等因素有关。

研究表明，处于静电平衡状态的孤立导体，其表面的面电荷密度与表面的曲率半径有关。一般情况下，曲率半径较大的表面，面电荷密度较小；曲率半径较小的表面，面电荷密度较大。

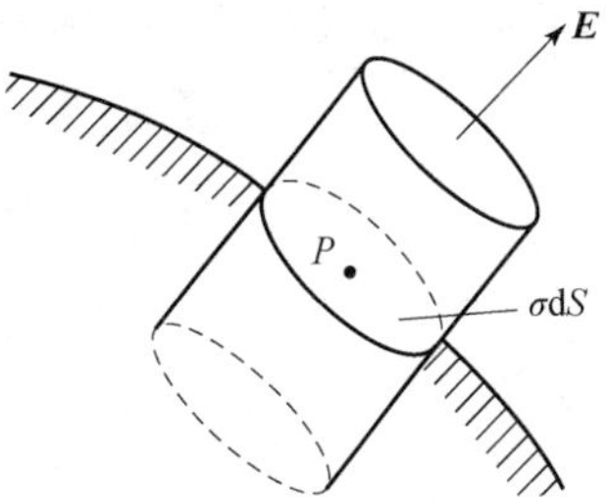

图 7-20　导体表面的电场

下面以两带电球形导体系统为例进行分析。当两导体距离很远时，可以认为二者形成的电场互不影响，当用一根细导线将两导体连接起来时，二者电势相等。利用带电球形导体的电势表达式可得 $\frac{Q}{4\pi\varepsilon_0 R}=\frac{q}{4\pi\varepsilon_0 r}$，即 $\frac{Q}{q}=\frac{R}{r}$，两导体的面电荷密度的关系为 $\frac{\sigma_Q}{\sigma_q}=\frac{Q/4\pi R^2}{q/4\pi r^2}=\frac{r}{R}$，可见面电荷密度与曲率半径成反比。

通过以上分析可以得到处于静电平衡状态的导体的电荷分布有如下特征：

（1）导体内部的净电荷处处为零，电荷仅分布于导体的表面上；

(2)若导体内有空腔,则在空腔表面上出现与腔内电荷等量异号的感应电荷,在导体外表面出现与腔内电荷同号等量的感应电荷;

(3)导体外表面附近的电场强度的大小与导体表面在该处的面电荷密度成正比;

(4)孤立导体表面的面电荷密度与表面的曲率半径有关,曲率半径越大,面电荷密度越小,曲率半径越小,面电荷密度越大。

越接近导体的尖端,导体表面的曲率半径就越小,从而面电荷密度就越大,进而电场强度也就越大,如图 7-21 所示。当电场强度足够大时,会使周围空气分子电离,在短时间内释放大量的能量,在尖端出现光晕或形成电离风,这种现象称为**尖端放电**。在阴雨潮湿的天气里,高压输电线表现的淡蓝色辉光电晕就是尖端放电现象。非常强烈的尖端放电还会发出耀眼的火花,并伴有"噼啪"声。

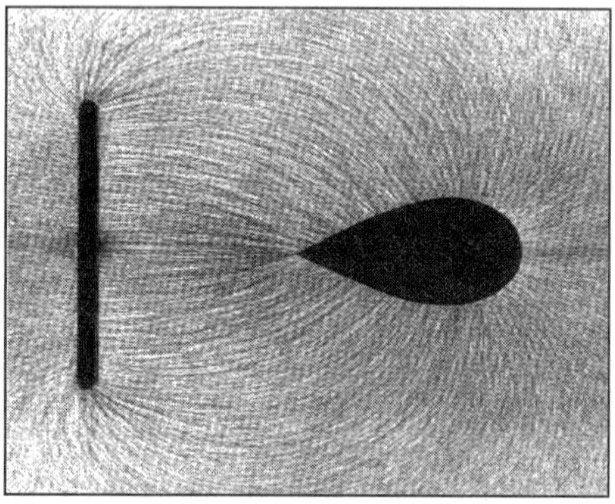

图 7-21　带电导体尖端附近的电场

尖端放电容易形成强大电流,造成危害。在高电压设备中,为了防止因尖端放电而引起漏电等危险,金属元件应避免带有尖端,且表面应光滑平缓,并尽可能做成球面。尖端放电也有有利的一面。利用尖端放电原理制成的避雷针,在雷电发生时会将强大的放电电流引向大地,从而避免了建筑物遭受雷击的破坏。此外,静电加速器、静电分离、静电除尘也利用了尖端放电的原理。

3. **静电屏蔽**

根据处于静电平衡状态的导体内部电场强度为零这一规律及空腔导体的电荷分布特点可知,外加电场不会对空腔内电场产生影响。若将处于静电平衡状态的空腔导体接地,这时导体外表面的感应电荷将流入大地,导体将变为电势为零的等势体,则空腔内部的电荷变化将不会对导体外的电场产生影响。接地的空腔导体可以使导体内、外的电场互不影响,这种现象称为**静电屏蔽**,如图 7-22 所示。

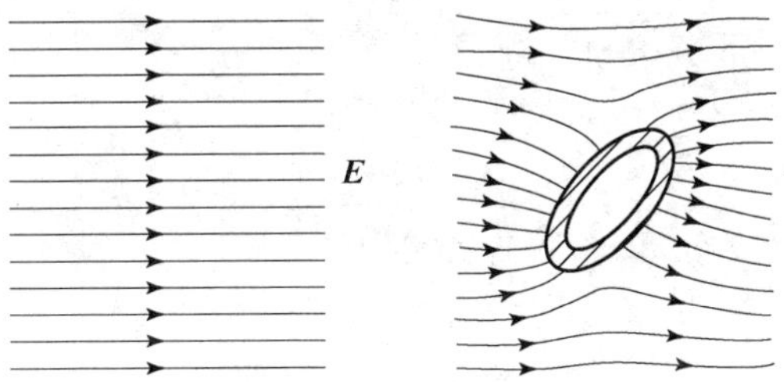

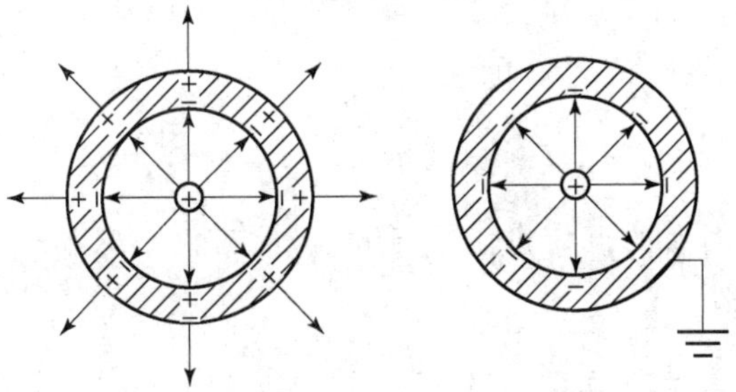

图 7-22 接地空腔导体的静电屏蔽

静电屏蔽在生产技术中有许多应用。例如,常用接地的金属壳或金属网将测量仪器屏蔽起来,以避免壳外电场对仪器的影响;传送弱信号的导线外常包一层用金属丝编织的屏蔽层,用以避免外界的干扰;工作人员在带电作业时穿上金属编织的屏蔽服,防止触电危险。

例 7-15 如图 7-23 所示,有一外半径为 R_1、内半径为 R_2 的金属球壳,其内有一同心的半径为 R_3 的金属小球,球壳带电量为 Q,小球带电量为 q。求:(1)小球的电势、球壳内外表面的电势及小球与球壳的电势差;(2)当球壳外表面接地后小球与球壳的电势差。

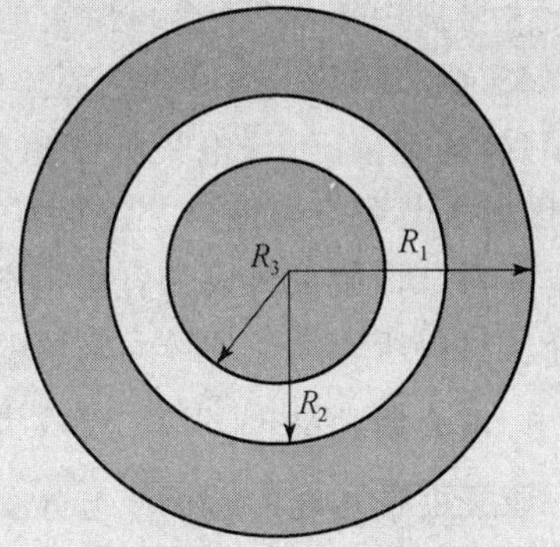

图 7-23 静电屏蔽

分析 根据静电平衡原理分析可知,由于内部的小球带电量为 q,球壳的内表面将出现电量为 $-q$ 的感应电荷,而球壳的外表面将出现电量为 q 的感应电荷。球壳原本所带电荷 Q 会在球壳外表面分布,因此球壳外表面的总电量为 $Q+q$。

解 (1)小球和球壳上的电荷均匀分布,根据例 7-10 和例 7-13 的结果可得,小球的电势为

$$V_1=\frac{1}{4\pi\varepsilon_0}\left(\frac{q}{R_3}-\frac{q}{R_2}+\frac{Q+q}{R_1}\right)$$

球壳内表面的电势为

$$V_2=\frac{1}{4\pi\varepsilon_0}\left(\frac{q}{R_2}-\frac{q}{R_2}+\frac{Q+q}{R_1}\right)=\frac{Q+q}{4\pi\varepsilon_0 R_1}$$

球壳外表面的电势为

$$V_3=\frac{1}{4\pi\varepsilon_0}\left(\frac{q}{R_1}-\frac{q}{R_1}+\frac{Q+q}{R_1}\right)=\frac{Q+q}{4\pi\varepsilon_0 R_1}$$

静电平衡状态下球壳为等势体,则小球与球壳的电势差为

$$V_1-V_2=\frac{q}{4\pi\varepsilon_0}\left(\frac{1}{R_3}-\frac{1}{R_2}\right)$$

(2)当球壳外表面接地后,球壳外表面上的电荷将传导向大地,此时仅小球和球壳内表面上有电荷分布,则

$$V'_1=\frac{q}{4\pi\varepsilon_0}\left(\frac{1}{R_3}-\frac{1}{R_2}\right)$$

$$V'_2=0$$

此时,小球与球壳的电势差为

$$V'_1-V'_2=\frac{q}{4\pi\varepsilon_0}\left(\frac{1}{R_3}-\frac{1}{R_2}\right)$$

通过以上分析可以看出,无论球壳外表面是否接地,小球与球壳之间的电势差都不发生变化。

7.4.2 静电场对电介质的作用

电介质指不具备导电能力的物体,因此也称为绝缘体,其在工程上大量被用作电气绝缘材料、电容器的介质和特殊的电介质器件,如压电晶体等。电介质的原子或分子中的电子和原子核的结合力很强,通常情况下,电子处于束缚状态,无法成为自由移动的电荷,因此不具备导电能力。但是在强电场作用下,电介质内部的正、负电荷将会挣脱束缚成为自由电荷,这种现象称为电介质的击穿。电介质材料所能承受的最大电场强度称为击穿电场强度。

1. 电介质的极化

原子由带正电的原子核与分布在核外的电子系(核外电子组成的系统)组成,核内的正电荷与核外的电子系都在做复杂的运动。在研究原子的静电特性时,核内的正电荷与核外的负电荷在空间可以视为稳定分布。分析电介质激发的电场或其受到外电场的作用时,可以将这些分布在原子的线度(10^{-10} m)范围的电荷系的作用效果等效地视为正、负电荷各自集中在某点(等效中心)的两电荷系统所产生的效果,这样的点称为等效中心。由于原子构成分子的方式有多种,因此分子的正、负电荷等效中心有可能不重合。若分子

的正、负电荷等效中心重合，则这种分子称为**无极分子**；若分子的正、负电荷等效中心不重合，则这种分子称为**有极分子**。

无极分子电介质的正、负电荷等效中心重合，因此无极分子电介质宏观上呈电中性。有机分子电介质中有大量的电偶极子，但由于分子的电偶极矩的方向是杂乱无章的，因此有极分子电介质在宏观上也是呈电中性的。

例 7-16 有极分子可以视为由两个相距很近的带有等量异号电荷的点电荷构成的系统，即有极分子等效于电偶极子。设电偶极子的两个点电荷所带电量分别为 q 和 $-q$，两个点电荷相距 l，如图 7-24 所示，求电偶极子在均匀电场 $\boldsymbol{E}$ 中受到的电场力的力矩。

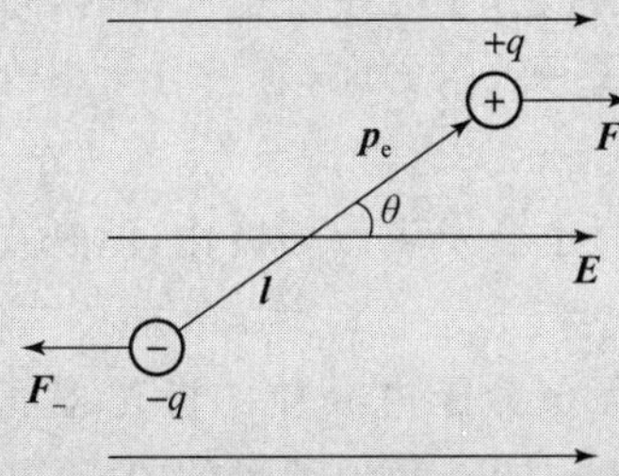

图 7-24 电偶极子在外电场中受到的力

解 两个带电量分别为 $+q$、$-q$ 的点电荷在电场 $\boldsymbol{E}$ 中受到的电场力分别是 $\boldsymbol{F}_+=q\boldsymbol{E}$ 和 $\boldsymbol{F}_-=-q\boldsymbol{E}$。从图 7-24 中可以看出，这两个电场力的大小相等、方向相反，但不在同一直线上，因此这两个力是一对力偶。力偶具有使这对点电荷转动的作用效果，转动中心在两个点电荷连线的中点，转动中心到力的作用点的距离为 $r=\dfrac{l}{2}$，代入力矩公式

$$\boldsymbol{M}=\boldsymbol{r}\times\boldsymbol{F}$$

可得每个力矩的大小为

$$M_+=M_-=qE\,\frac{l}{2}\sin\theta$$

式中，θ 为两点电荷的连线与电场方向的夹角。由于这两个力矩均为顺时针方向，故合力矩的方向为顺时针方向，大小为

$$M_{力偶矩}=qlE\sin\theta \tag{7-30a}$$

当 $\boldsymbol{l}$ 与 $\boldsymbol{E}$ 垂直，即 $\theta=\dfrac{\pi}{2}$ 或 $\theta=\dfrac{3\pi}{2}$ 时，电偶极子所受的力矩最大；当 $\boldsymbol{l}$ 与 $\boldsymbol{E}$ 平行，即 $\theta=0$ 或 $\theta=\pi$ 时，电偶极子所受的合力与合力矩均为零，电偶极子处于平衡状态。

将电偶极矩的定义式 $\boldsymbol{p}_e=q\boldsymbol{l}$ 代入式(7-30a)，可得力偶矩为

$$\boldsymbol{M}_{力偶矩}=\boldsymbol{p}_e\times\boldsymbol{E} \tag{7-30b}$$

通过以上分析可知，当 $\boldsymbol{p}_e$ 与外电场的电场强度 $\boldsymbol{E}$ 的方向一致时，电偶极子处于稳定平衡状态，即使 $\boldsymbol{p}_e$ 与 $\boldsymbol{E}$ 的方向稍有偏离，电偶极子也将在力矩的作用下重新回到 $\boldsymbol{p}_e$ 与 $\boldsymbol{E}$ 方向一致的平衡位置。而当 $\boldsymbol{p}_e$ 方向与 $\boldsymbol{E}$ 的方向相反时，电偶极子处于非稳定平衡状态，一旦 $\boldsymbol{p}_e$ 与 $\boldsymbol{E}$ 的方向稍有偏离，电偶极子将在力矩的作用下开始转动，转到 $\boldsymbol{p}_e$ 与 $\boldsymbol{E}$ 方向一致的位置，从而达到平衡状态。可见，处于外电场中的电偶极子，其电偶极矩 $\boldsymbol{p}_e$ 的方向将与外电场方向趋于一致。

由例 7-16 可知,当电介质置于外电场中时,电偶极子会沿外电场方向整齐排列。在电介质内部,沿电场方向相邻的电偶极子的正、负电荷会相互抵消,造成电介质内部不显电性,但在电介质表面会出现电荷层,一侧出现正电荷,另一侧出现负电荷(见图 7-25)。**在外电场作用下,电介质表面出现电荷的现象称为电介质的极化**,这些电荷称为**极化电荷**。电介质的极化电荷与导体中的自由电荷不同,是无法自由移动的,是束缚电荷。

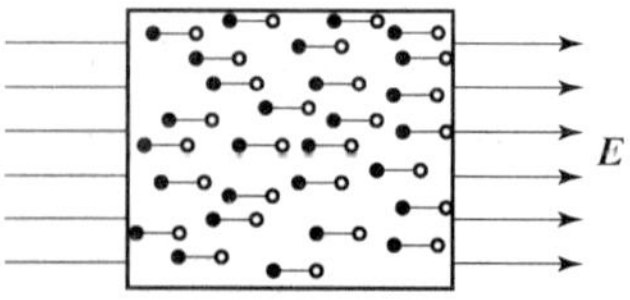

(a) 位移极化

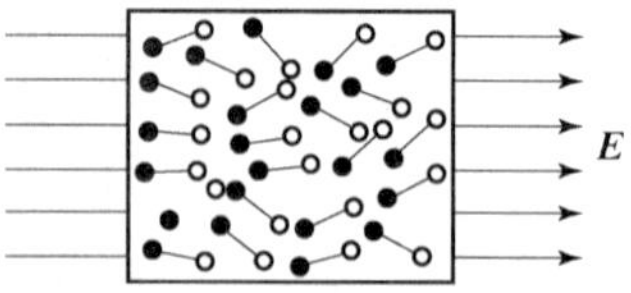

(b) 取向极化

图 7-25 电介质的极化

无极分子处于外电场中时,分子的正、负电荷等效中心在电场力的作用下发生相对位移,形成电偶极子,因此无极分子电介质的极化称为**位移极化**,此时产生的电偶极矩称为感生电偶极矩。有极分子处于外电场中时,每个电偶极子受到的力矩使其转向与电场一致的方向,有极分子电介质的极化称为**取向极化**,如图 7-25(b)所示。通常情况下,有极分子电介质的分子在发生取向极化的同时也会发生位移极化,但是在静电场作用下,取向极化起主要作用。

无极分子电介质的极化程度取决于外电场的强度,外电场越强,分子的正、负电荷等效中心之间的相对位移越大,分子的电偶极矩也越大,电介质两表面上出现的极化电荷也越多,即被极化的程度越高。撤去外电场后,分子的正、负电荷等效中心会重新重合在一起,极化现象消失。有极分子电介质的极化程度取决于外电场的强度和电介质的温度。外电场越强且电介质温度越低,分子的电偶极矩沿电场取向排列的概率就越大。撤去外电场后,电解质分子的热运动会造成分子的电偶极矩取向变得杂乱无章,极化现象随之消失。

当外电场不太强时,仅会造成电介质的极化,不会破坏电介质的绝缘性。如果外电场很强,则电介质的分子中的正、负电荷有可能被拉开而变成可以自由移动的电荷;由于这种自由电荷的产生,电介质的绝缘性就会遭到明显的破坏,电介质变成导体。

电介质的极化程度取决于外电场的强度。外电场越强,分子的电偶极矩越大。定义单位体积内的分子的电偶极矩的矢量和为**电极化强度 $\boldsymbol{P}$**,用以描述电介质的极化程度,即

$$\boldsymbol{P}=\frac{\sum \boldsymbol{p}_e}{\Delta V} \tag{7-31}$$

电极化强度的单位是 $C \cdot m^{-2}$(库仑·米$^{-2}$)。

2. 有电介质时的高斯定理

以距离很近、相互正对平行,且带电量相同、电性相反的两个平板带电系统(平行板电容器)为例,分析电介质中的电场强度。

设两个极板的面积均为 S,两极板的间距为 d,两个极板上的面电荷密度分别为 σ_0 和 $-\sigma_0$。根据静电场的高斯定理可知,此时自由

电荷在两极板间产生的电场的电场强度 E_0 的大小为$\frac{\sigma_0}{\varepsilon_0}$。

如图 7-26 所示，当极板间充满各向同性的电介质时，电介质在 $\boldsymbol{E}_0$ 的作用下极化，在电介质与两极板接触的表面上分别产生与极板上原有自由电荷电性相反的极化电荷。设极化电荷面密度分别为 σ' 和 $-\sigma'$，则在 ΔV 体积内产生的电偶极矩的矢量和的大小为

$$\sum p_e = \sigma' \Delta S \Delta d$$

因而电极化强度的大小为

$$P = \frac{\sum p_e}{\Delta V} = \frac{\sigma' \Delta S \Delta d}{\Delta S \Delta d} = \sigma' \tag{7-32a}$$

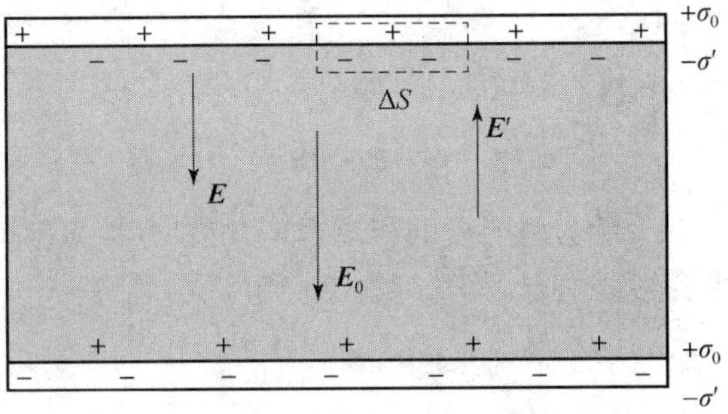

图 7-26　电介质中的电场强度

电极化强度与电介质的表面垂直，因而极化电荷面密度等于电极化强度沿电介质表面外法线方向的分量，即

$$\sigma' = P_n = \boldsymbol{P} \cdot \boldsymbol{e}_n \tag{7-32b}$$

实验证明，对于大多数各向同性的电介质，其任意一点的电极化强度 $\boldsymbol{P}$ 与该点的总电场强度 $\boldsymbol{E}$ 成正比，并且方向相同，即

$$\boldsymbol{P} = \chi_e \varepsilon_0 \boldsymbol{E} \tag{7-33}$$

式中，比例系数 χ_e **称为电极化率**，由电介质性质决定，其量纲为 1。

由以上分析可知，电介质中的电场强度 $\boldsymbol{E}$ 为自由电荷产生的电场强度 $\boldsymbol{E}_0$ 和极化电荷产生的电场强度 $\boldsymbol{E}'$ 的矢量和，即

$$\boldsymbol{E} = \boldsymbol{E}_0 + \boldsymbol{E}'$$

由于 $\boldsymbol{E}'$ 的方向与 $\boldsymbol{E}_0$ 的方向相反，所以 $\boldsymbol{E}$ 的大小为 $E = E_0 - E'$。

在有电介质时，高斯定理仍然成立，以两带电平板之间充满各向同性的均匀电介质为例进行分析。

如图 7-26 所示，取一闭合的正柱面作为高斯面，高斯面的上、下底面均与两极板平行，此时高斯面内有自由电荷和极化电荷。根据高斯定理得

$$\oiint_S \boldsymbol{E} \cdot \mathrm{d}\boldsymbol{S} = \frac{1}{\varepsilon_0} \sum_i q_{0i内} + \frac{1}{\varepsilon_0} \sum_i q'_{i内} \tag{7-34a}$$

式中，$q_{0i内}$ 是高斯面内的自由电荷；$q'_{i内}$ 是高斯面内的极化电荷。极板上的自由电荷面密度为 σ_0，电介质表面的极化电荷面密度为 $\pm\sigma'$，

则有

$$\oiint_S \boldsymbol{E} \cdot \mathrm{d}\boldsymbol{S} = \frac{1}{\varepsilon_0}(\sigma_0 \Delta S) - \frac{1}{\varepsilon_0}(\sigma' \Delta S) \tag{7-34b}$$

由于电极化强度只分布在电介质内部,故将式(7-32a)代入式(7-34b),得

$$\oiint_S \boldsymbol{E} \cdot \mathrm{d}\boldsymbol{S} = \frac{1}{\varepsilon_0}\sum_i q_{0i内} - \frac{1}{\varepsilon_0}\oiint_S \boldsymbol{P} \cdot \mathrm{d}\boldsymbol{S} \tag{7-34c}$$

整理得

$$\oiint_S \left(\boldsymbol{E} + \frac{\boldsymbol{P}}{\varepsilon_0}\right) \cdot \mathrm{d}\boldsymbol{S} = \frac{1}{\varepsilon_0}\sum_i q_{0i内} \tag{7-34d}$$

即

$$\oiint_S (\varepsilon_0 \boldsymbol{E} + \boldsymbol{P}) \cdot \mathrm{d}\boldsymbol{S} = \sum_i q_{0i内} \tag{7-34e}$$

将式(7-33)代入式(7-34e),得

$$\oiint_S \varepsilon_0(1 + \chi_e)\boldsymbol{E} \cdot \mathrm{d}\boldsymbol{S} = \sum_i q_{0i内} \tag{7-34f}$$

式中,$1+\chi_e=\varepsilon_r$,称为电介质的**相对介电常量**(也称为相对电容率),由电介质本身性质决定,其量纲为 1。则

$$\oiint_S \varepsilon_0 \varepsilon_r \boldsymbol{E} \cdot \mathrm{d}\boldsymbol{S} = \sum_i q_{0i内} \tag{7-34g}$$

令 $\varepsilon = \varepsilon_0\varepsilon_r$,$\varepsilon$ 称为电介质的**介电常量**。对于静电场中的电介质,其介电常量由电介质本身性质决定。本节所讨论的情形是静电场中电介质的极化情况。在交变电场中,电介质的介电常量是和外电场的频率有关的,故本节的结论不适用于交变电场。

结合 7.1 节中引入的电位移 $\boldsymbol{D}$ 的定义 $\boldsymbol{D}=\varepsilon\boldsymbol{E}$,有

$$\oiint_S \boldsymbol{D} \cdot \mathrm{d}\boldsymbol{S} = \sum_i q_{0i内} \tag{7-35}$$

式(7-35)称为**有电介质时的高斯定理**,可以表述为:通过电介质中任意一个闭合曲面的电位移通量等于该闭合曲面内全部自由电荷的代数和。它是静电场的基本定理之一。

电位移通量只与自由电荷有关,而与极化电荷无关。因此,利用有电介质时的高斯定理可以不考虑极化电荷的分布,算出 $\boldsymbol{D}$ 后再利用 $\boldsymbol{D}=\varepsilon\boldsymbol{E}$ 求出电介质中的电场强度 $\boldsymbol{E}$。

电位移 $\boldsymbol{D}$ 的定义式说明电位移 $\boldsymbol{D}$ 与电场强度 $\boldsymbol{E}$(单位正电荷所受的力)和电极化强度 $\boldsymbol{P}$(单位体积的电偶极矩)有关;但它和电场强度 $\boldsymbol{E}$ 及电极化强度 $\boldsymbol{P}$ 的不同之处是,$\boldsymbol{D}$ 没有明显的物理意义。

由以上分析可以看出

$$\boldsymbol{D} = \varepsilon_0 \boldsymbol{E} + \boldsymbol{P} \tag{7-36}$$

通过闭合曲面的电位移通量仅与闭合曲面内的自由电荷有关,但是电位移 $\boldsymbol{D}$ 与自由电荷分布和极化电荷分布都有关。

2. 有电介质时的环路定理

自由电荷的电场对检验电荷有力的作用,极化电荷的电场对检

验电荷也有力的作用，两种静电场有相同的特性，因此有电介质时，电场强度的环路定理仍然成立，即

$$\oint_l \boldsymbol{E} \cdot \mathrm{d}\boldsymbol{l} = 0 \tag{7-37}$$

式中，$\boldsymbol{E}$ 是自由电荷激发的电场与极化电荷激发的电场的合电场强度。

例 7-17　如图 7-27 所示，半径为 R_1 的导体球所带电量为 $+q$，放置在内、外半径分别为 R_1、R_2 且与导体球同心的电介质球壳中，$R_1<R_2$，该电介质球壳是各向同性均匀电介质，其介电常量为 ε，求空间的电场强度分布和电势分布。

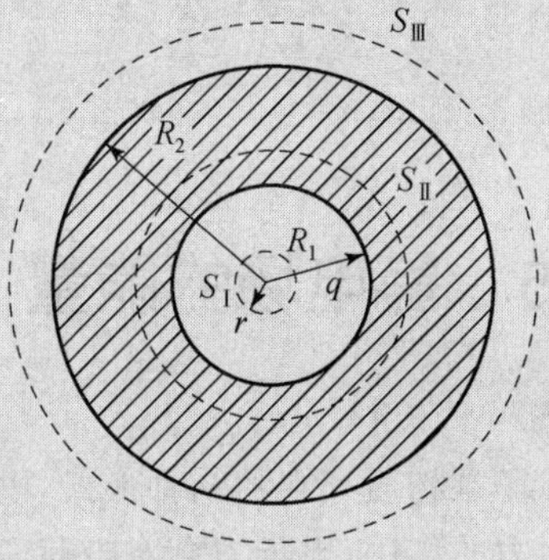

图 7-27　例 7-17 图

解　由于导体球和电介质球壳具有球对称性，电荷和极化电荷的分布具有球对称性，因而电场的 $\boldsymbol{E}$ 和 $\boldsymbol{D}$ 的分布也具有球对称性，与点 O 距离相等处 $\boldsymbol{D}$ 的大小相同，且方向沿径向发散。在电介质中作一半径为 r 的球面 S，如图 7-27 所示，根据有电介质时的高斯定理，得

$$\oiint_S \boldsymbol{D} \cdot \mathrm{d}\boldsymbol{S} = \sum_i q_{0i内}$$

$$D \cdot 4\pi r^2 = q_{内}$$

当 $r<R_1$ 时，由于导体球处于静电平衡状态，电荷全部分布在其外表面上，因此球内净电荷为零，则

$$D_{\mathrm{I}} = 0$$

$$E_{\mathrm{I}} = 0$$

当 $R_1<r<R_2$ 时，考察点位于电介质中，则

$$D_{\mathrm{II}} = \frac{q}{4\pi r^2}$$

$$E_{\mathrm{II}} = \frac{D_{\mathrm{II}}}{\varepsilon} = \frac{q}{4\pi\varepsilon r^2}$$

当 $r>R_2$ 时，考察点在真空中，则

$$D_{\mathrm{III}} = \frac{q}{4\pi r^2}$$

$$E_{\mathrm{III}} = \frac{D_{\mathrm{III}}}{\varepsilon_0} = \frac{q}{4\pi\varepsilon_0 r^2}$$

可见,当带电导体球处于电介质中时,其电场强度减小为在真空中时的 $1/\varepsilon_r$。

根据电场强度分布的计算结果,利用电势定义式计算电势分布。

当 $r<R_1$ 时,有

$$V_{\mathrm{I}}=\int_r^{\infty}\boldsymbol{E}\cdot\mathrm{d}\boldsymbol{l}=\int_r^{R_1}0\mathrm{d}r+\int_{R_1}^{R_2}\frac{q}{4\pi\varepsilon r^2}\mathrm{d}r+\int_{R_2}^{\infty}\frac{q}{4\pi\varepsilon_0 r^2}\mathrm{d}r=\frac{q}{4\pi\varepsilon}\left(\frac{1}{R_1}-\frac{1}{R_2}\right)-\frac{q}{4\pi\varepsilon_0 R_2}$$

当 $R_1<r<R_2$ 时,有

$$V_{\mathrm{II}}=\int_r^{\infty}\boldsymbol{E}\cdot\mathrm{d}\boldsymbol{l}=\int_r^{R_2}\frac{q}{4\pi\varepsilon r^2}\mathrm{d}r+\int_{R_2}^{\infty}\frac{q}{4\pi\varepsilon_0 r^2}\mathrm{d}r=\frac{q}{4\pi\varepsilon}\left(\frac{1}{r}-\frac{1}{R_2}\right)-\frac{q}{4\pi\varepsilon_0 R_2}$$

当 $r>R_2$ 时,有

$$V_{\mathrm{III}}=\int_r^{\infty}\boldsymbol{E}\cdot\mathrm{d}\boldsymbol{l}=\int_r^{\infty}\frac{q}{4\pi\varepsilon_0 r^2}\mathrm{d}r=\frac{q}{4\pi\varepsilon_0 r}$$

7.5 静电场的能量

场是物质存在的一种形式,电场具有物质性。电荷在电场中会受到力的作用,电场力会对电荷做功,这说明电场具有能量。

7.5.1 电容

电容器是储存电能的元件,在电工和电气设备中得到广泛的应用。电容器的电容是表征电容器储电能力的物理量。

1. 孤立导体的电容

在真空中,若一个导体离其他导体或带电体足够远,则其他导体或带电体对该导体的影响可以忽略不计,这样的导体称为孤立导体,它是一种理想化的物理模型。根据导体静电平衡的分析可知,当孤立导体达到静电平衡状态时,其电势与其所带的电量有关,当孤立导体所带的电量 q 变化时,其电势 V 也会随之变化,但两者的比值不变,这个比值称为孤立导体的**电容**,用符号 C 表示,即

$$C=\frac{q}{V} \tag{7-38}$$

研究表明,孤立导体的电容仅与导体的形状、尺寸和周围的介质有关,而与所带电量及电势无关。对于确定的导体,其电容是确定的。

电容的值等于使导体升高单位电势所需的电量。在国际单位制中,电容的单位是 F(法拉),$1\ \mathrm{F}=1\ \mathrm{C}\cdot\mathrm{V}^{-1}$。实际应用中常采用 μF(微法)和 pF(皮法)等单位,它们的换算关系为

$$1\ \mu\mathrm{F}=10^{-6}\ \mathrm{F},1\ \mathrm{pF}=10^{-12}\ \mathrm{F}$$

2. **电容器**

实际带电导体的电势会受到其附近导体的形状、位置和带电量的影响，因而其电容会随着这些条件的变化而发生变化。若将所研究的导体放置在另一空心导体腔内，二者达到静电平衡状态后，二者之间的电势差 U 将不再受到空心导体外部的影响。通常情况下二者相对的表面带有等量异号电荷。因此，将带有等量异号电荷的两个导体所组成的系统称为**电容器**，组成电容器的两个导体称为电容器的两个电极(也称为极板)。将电容器一个极板所带电量 q 与 U 的比值定义为电容器的电容，即

$$C=\frac{q}{U}=\frac{q}{V_1-V_2} \tag{7-39}$$

电容器电容的大小取决于极板的形状、大小、相对位置以及极板之间的电介质。其值等于两极板之间的电势差为 1 V 时，任何一个极板所带的电量，与电容器是否带电或所带电量的多少无关。

任何导体间都存在电容。通常使用的电容器是由两个距离很近的导体板构成的(如平行板电容器)，或把电容器的一个极板做成一个导体空腔，另一个极板放在空腔之内(如圆柱形电容器和球形电容器)。

1)平行板电容器

最简单的电容器是由两块大小相同、相互平行且靠得很近的金属薄板组成的平行板电容器，如图 7-28 所示。设每块极板的面积为 S，两极板间的距离为 d，其中 A 板带正电，B 板带负电，电荷均匀分布在两极板的内表面上，其面电荷密度分别为 $+\sigma$ 和 $-\sigma$。由于两极板间的距离远小于板面的尺寸，可忽略边缘效应，将其视为两个无限大带电平面，因此两极板之间形成均匀电场，其电场强度的大小为

$$E=\frac{\sigma}{\varepsilon_0}$$

电场强度方向由正极板(A 板)指向负极板(B 板)。

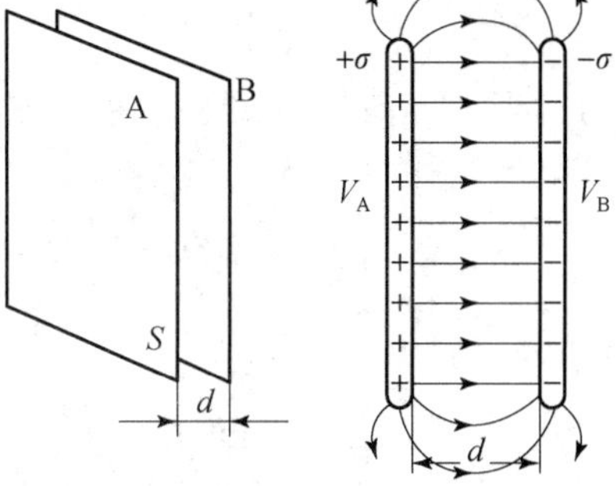

图 7-28　平行板电容器

两极板的电势差为

$$U_{AB}=V_A-V_B=Ed=\frac{\sigma}{\varepsilon_0}d$$

因此,平行板电容器的电容为

$$C=\frac{q}{U_{AB}}=\frac{\sigma S}{\frac{\sigma}{\varepsilon_0}d}=\varepsilon_0\frac{S}{d} \tag{7-40}$$

由式(7-40)可知,平行板电容器的电容与两极板的正对面积(S)成正比,与两极板间的距离(d)成反比,与极板上所带的电量无关。通过改变平行板电容器两极板的正对面积或改变两极板间的距离的方法可以改变电容。电容可在一定范围内改变的电容器称为可变电容器,其广泛应用于调频电路中。

2)圆柱形电容器

圆柱形电容器由两个同轴金属圆柱面构成,如图 7-29 所示,设两圆柱面的长度为 l,半径分别为 R_A 和 R_B。当 l 远大于 R_B-R_A 时,可以忽略边缘效应,内、外两圆柱面上的电荷可看作是均匀分布的,这时两圆柱面间的电场具有对称性,并且在很大程度上不受外界的影响。设 A 圆柱面带电量为 $+q$,B 圆柱面带电量为 $-q$。忽略边缘效应,电荷应各自均匀地分布在 A 圆柱面的外表面和 B 圆柱面的内表面上,圆柱面单位长度上的电量 $\lambda=q/l$,在内圆柱面内和外圆柱面外的电场强度均为零。

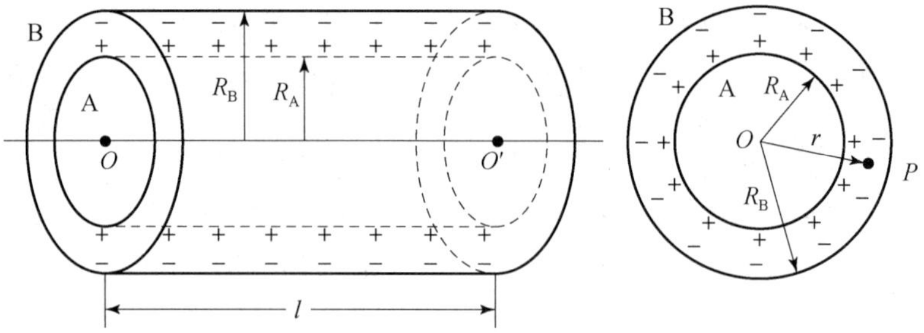

图 7-29 圆柱形电容器

应用高斯定理,可求出在两圆柱面之间距轴线 $r(R_A<r<R_B)$ 处的点 P 的电场强度为

$$\boldsymbol{E}=\frac{\lambda}{2\pi\varepsilon_0 r}\boldsymbol{e}_r$$

电场强度方向沿半径方向由 A 圆柱面指向 B 圆柱面。将电场强度沿径向积分可得到两圆柱面间的电势差为

$$U_{AB}=\int_{R_A}^{R_B}\boldsymbol{E}\cdot \mathrm{d}\boldsymbol{r}=\frac{\lambda}{2\pi\varepsilon_0}\ln\frac{R_B}{R_A}=\frac{q}{2\pi\varepsilon_0 l}\ln\frac{R_B}{R_A}$$

因此,圆柱形电容器的电容为

$$C=\frac{q}{U_{AB}}=\frac{2\pi\varepsilon_0 l}{\ln\frac{R_B}{R_A}} \tag{7-41a}$$

可见,圆柱面越长,电容越大;两圆柱面之间的间隙越小,电容越大。圆柱形电容器两极板间为真空时,电容只和它的几何结构有关。圆柱形电容器单位长度的电容为

$$C_l=\frac{2\pi\varepsilon_0}{\ln\frac{R_B}{R_A}} \tag{7-41b}$$

3)球形电容器

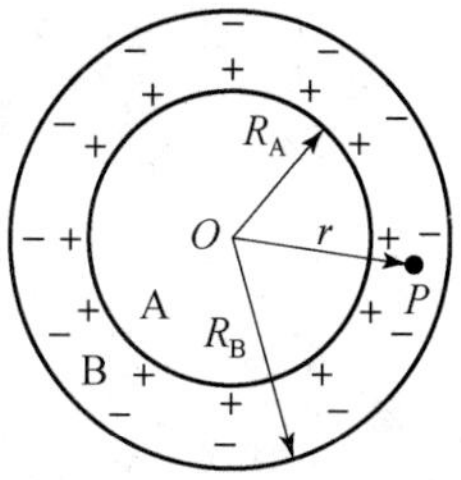

图 7-30 球形电容器

球形电容器是由半径分别为 R_A 和 R_B 的两个同心金属球壳A、B所组成的,如图7-30所示。若球壳A带电量为$+q$,球壳B带电量为$-q$,则正、负电荷将分别均匀分布在球壳A的外表面和球壳B的内表面上。在两球壳之间具有关于球心对称的电场,距球心 $r(R_A<r<R_B)$ 处的点 P 的电场强度为

$$\boldsymbol{E}=\frac{q}{4\pi\varepsilon_0 r^2}\boldsymbol{e}_r$$

两球壳间的电势差为

$$U_{AB}=\int_{R_A}^{R_B}\boldsymbol{E}\cdot d\boldsymbol{r}=\int_{R_A}^{R_B}\frac{q}{4\pi\varepsilon_0 r^2}dr=\frac{q}{4\pi\varepsilon_0}\left(\frac{1}{R_A}-\frac{1}{R_B}\right)$$

因此,球形电容器的电容为

$$C=\frac{q}{U_{AB}}=4\pi\varepsilon_0\frac{R_AR_B}{R_B-R_A} \tag{7-42}$$

若 $R_B\to\infty$,则球壳B在无穷远处,其电势可视为零,球壳上的电荷将均匀地分布在一个无穷大的球面上,实际上该电荷分布已可忽略不计,A、B两球壳之间的电势差就是球壳A的电势,则球壳A的电势为

$$V=\frac{q}{4\pi\varepsilon_0 R}$$

式中,R 为球壳A的半径。孤立的导体球可当作球形电容器的一种特殊情况,孤立的导体球的电容为

$$C=\frac{q}{V}=4\pi\varepsilon_0 R$$

计算任意形状电容器的电容时,总是先假定极板带电,并求出两带电极板间的电场强度,再由电场强度与电势差的关系求两极板间的电势差,然后由电容的定义式即可求出电容。

在电容器的两极板间充满电介质,根据例7-17可知,当带电导体处于电介质中时,其电场强度和电势减小为在真空中时的 $1/\varepsilon_r$。代入电容定义式(7-39)可得,当电容器的两极板之间充满相对介电常量为 ε_r 的均匀电介质时,其电容 C 将变为两极板之间是真空时电容 C_0 的 ε_r 倍,即

$$C=\varepsilon_r C_0 \tag{7-43}$$

则平行板电容器、圆柱形电容器和球形电容器的电容分别为

$$C=\varepsilon_r\varepsilon_0\frac{S}{d}=\varepsilon\frac{S}{d} \tag{7-44}$$

$$C=2\pi\varepsilon_r\varepsilon_0\frac{l}{\ln\frac{R_B}{R_A}}=2\pi\varepsilon\frac{l}{\ln\frac{R_B}{R_A}} \tag{7-45}$$

$$C=4\pi\varepsilon_r\varepsilon_0\frac{R_A R_B}{R_B-R_A}=4\pi\varepsilon\frac{R_A R_B}{R_B-R_A} \tag{7-46}$$

7.5.2 静电场的能量

电容器在不带电的时候不具有对电荷做功的能力。当电容器充电时,其两极板上逐渐积累电荷,逐步建立电场。在该过程中,外力克服电容器的电场对电荷的作用力做功,把其他形式的能量转化为电场的能量。当电容器放电时,若电路中有用电器,电场的能量会通过电器转化为其他形式的能量。电场具有物质性,它本身具有能量,这种能量称为静电场能量,用 W_e 表示。

以平行板电容器的充电过程为例进行分析。设有电量为 dq 的正电荷从负极板迁移到了正极板,若此时电容器两极板间电势差为 U,电量为 q,则在此过程中外力克服电场力做的功为

$$dW=U\,dq=\frac{1}{C}q\,dq$$

因此,在该电容器上的电量由 0 变化到 q 的整个充电过程中,外力克服电场力做的总功为

$$W=\int_0^q\frac{1}{C}q\,dq=\frac{q^2}{2C}$$

这就是储存在电容器的电场中的电场能量。因此,一个电量为 q、电压为 U 的电容器储存的电场能量为

$$W_e=\frac{1}{2}\frac{q^2}{C}=\frac{1}{2}CU^2=\frac{1}{2}qU \tag{7-47}$$

设上述平行板电容器极板的面积为 S,两极板间的距离为 d,则极板间的电势差 $U=Ed$,再结合平行板电容器的电容表达式(7-44),可得

$$W_e=\frac{1}{2}CU^2=\frac{1}{2}\varepsilon E^2 Sd=\frac{1}{2}\varepsilon E^2 V \tag{7-48}$$

式中,V 为两极板之间空间的体积.可见,电容能够描述电容器储存电场能量的能力。

由于平行板电容器中的电场是均匀电场,所以其电场能量也是均匀分布的。单位体积内的电场能量称为**电场能量密度**,记为 w_e。在各向同性均匀介质中电场能量密度为

$$w_e=\frac{W_e}{V}=\frac{1}{2}\varepsilon E^2=\frac{1}{2}\frac{D^2}{\varepsilon}=\frac{1}{2}DE \tag{7-49}$$

电场能量密度的单位为 $\mathrm{J\cdot m^{-3}}$。电场能量密度与电场强度大小的平方成正比,电场强度越大,电场能量密度也越大。虽然以上结论是在均匀电场中导出的,但是在非均匀电场和变化电场中仍然是成立的。

对于任意的静电场,可以通过积分来求出它所储存的总能量。

若电场是非均匀的，可以把电场划分为多个体积元 $\mathrm{d}V$，在每个体积元内，电场近似看成均匀的，因此体积元 $\mathrm{d}V$ 内的电场能量为

$$\mathrm{d}W_e = w_e \mathrm{d}V = DE\mathrm{d}V$$

则电场的总能量为

$$W_e = \int_V w_e \mathrm{d}V = \int_V \frac{1}{2} DE \,\mathrm{d}V \tag{7-50}$$

例 7-18 一球形电容器的内、外球面的半径分别为 R_1 和 R_2，如图 7-31 所示。两球面间充满相对介电常量为 ε_r 的电介质，求此电容器带有电量 q 时所储存的电场能量。

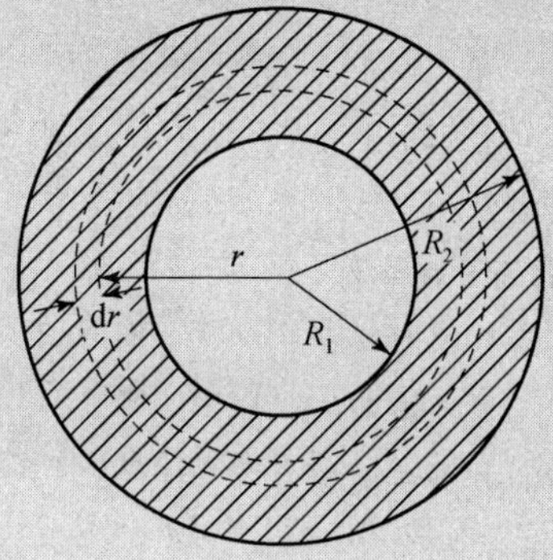

图 7-31 球形电容器的电容

解 球形电容器充电后，内、外两球面分别带有电量 $+q$ 和 $-q$，由高斯定理可知内球面的内部和外球面的外部的电场强度为零，两球面之间的电场强度为

$$E = \frac{q}{4\pi\varepsilon_0\varepsilon_r r^2}$$

在两球面之间取一个半径为 r、厚度为 $\mathrm{d}r$ 的球壳，它的体积为

$$\mathrm{d}V = 4\pi r^2 \mathrm{d}r$$

球壳内的电场能量密度可看作是均匀的，故球壳内的电场能量为

$$\mathrm{d}W_e = w_e \mathrm{d}V = \frac{1}{2}\varepsilon E^2 \mathrm{d}V = \frac{1}{2}\varepsilon_0\varepsilon_r \left(\frac{q}{4\pi\varepsilon_0\varepsilon_r r^2}\right)^2 \cdot 4\pi r^2 \mathrm{d}r = \frac{q^2}{8\pi\varepsilon_0\varepsilon_r r^2}\mathrm{d}r$$

电容器储存的电场能量为

$$W_e = \int_V w_e \mathrm{d}V = \int_{R_1}^{R_2} \frac{q^2}{8\pi\varepsilon_0\varepsilon_r r^2}\mathrm{d}r = \frac{q^2}{8\pi\varepsilon_0\varepsilon_r}\left(\frac{1}{R_1} - \frac{1}{R_2}\right)$$

也可以直接用电容器储存电场能量的公式求出球形电容器的电场能量，即

$$W_e = \frac{q^2}{2C} = \frac{q^2}{2 \times 4\pi\varepsilon_0\varepsilon_r \dfrac{R_1 R_2}{R_1 - R_2}} = \frac{q^2}{8\pi\varepsilon_0\varepsilon_r}\left(\frac{1}{R_1} - \frac{1}{R_2}\right)$$

以上两种方法的结论一致。

思考题

7-1 真空中的两个点电荷之间的相互作用力是否会因为其他带电体的出现而发生改变?

7-2 分析库仑定律的使用条件,根据真空中库仑定律的表达式 $\boldsymbol{F}=\dfrac{1}{4\pi\varepsilon_0}\dfrac{q_1q_2}{r^2}\boldsymbol{e}_r$ 是否可以得出结论:当两个点电荷之间的距离 r 趋于零时,两者之间的静电力将趋于无穷大?

7-3 静电场中的场点的电场强度的定义式为 $\boldsymbol{E}=\dfrac{\boldsymbol{F}}{q_0}$,是否可以得出结论:若某场点处无检验电荷,则该场点处无电场强度?

7-4 一个电量为 Q 的点电荷位于边长为 a 的立方体的中心,通过该立方体的电通量是多少?

7-5 一个电量为 Q 的点电荷被曲面 S 所包围,从无穷远处引入另一电量为 q 的点电荷至曲面外一点,如思考题 7-5 图所示,则引入电量为 q 的点电荷前后曲面 S 上的总电通量和曲面上各点的电场强度如何变化?

思考题 7-5 图

7-6 真空中有两块互相平行的无限大均匀带电平板,两平板间的距离为 d,其中一块平板的面电荷密度为 $+\sigma$,另一块平板的面电荷密度为 $-\sigma$,则两平板间的电势差为多少?

7-7 当电场中存在导体和电介质时,引起电场变化的根本原因是什么?

7-8 将一个空气电容器充电后保持与电源连接并灌入煤油,分析电容器的能量如何变化。若空气电容器充电后切断电源,然后灌入煤油,分析电容器的电场能量如何变化。

练习题

7-1 如练习题 7-1 图所示,在直角三角形 ABC 的点 A 处有一点电荷,其带电量 $q_1=1.8\times10^{-9}$ C,点 B 处有一点电荷,其带电量 $q_2=-4.8\times10^{-9}$ C,$AC=3$ cm,$BC=4$ cm,试求点 C 处的电场强度。

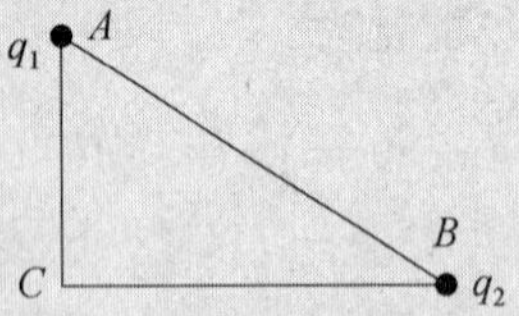

练习题 7-1 图

7-2 如练习题 7-2 图所示,在正方形的 3 个顶点上放置 3 个点电荷,其中 $q_1=1.0\times10^{-8}$ C,$q_2=2.8\times10^{-8}$ C,它们在此正方形的第 4 个顶点产生的电场强度为 $\boldsymbol{E}$,正方形边长 $a=10$ cm。求:

(1)q_3 的值;

(2)$\boldsymbol{E}$ 的值。

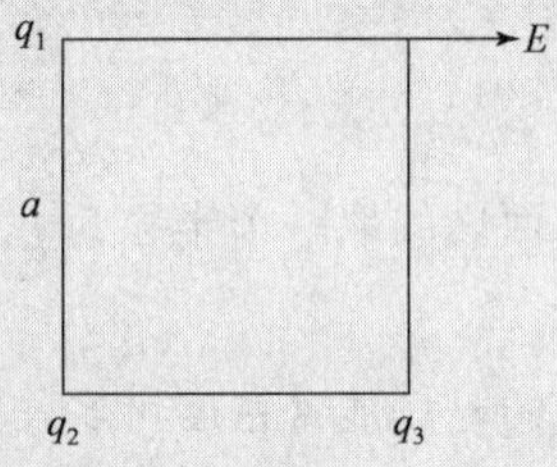

练习题 7-2 图

7-3 如练习题 7-3 图所示,带电细线弯成半径为 R 的半圆形,线电荷密度为 $\lambda=\lambda_0\sin\varphi$,其中 λ_0 为一常数,φ 为半径 R 与 x 轴的夹角。试求环心 O 处的电场强度。

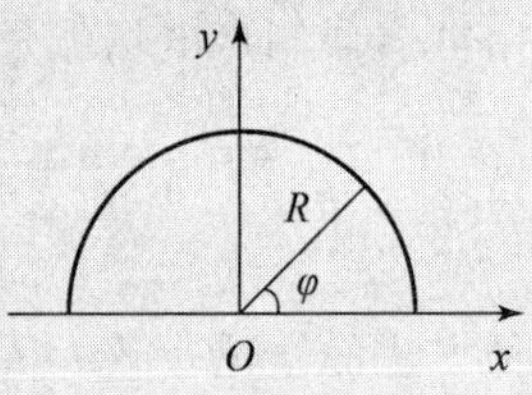

练习题 7-3 图

7-4　两条无限长平行直导线相距 r_0，均匀带有等量异号电荷，线电荷密度为 λ。求：

(1)两导线构成的平面上任意一点的电场强度(设该点到其中一条导线的距离为 x)；

(2)每一条导线上单位长度受到另一条导线上电荷作用的电场力。

7-5　如练习题 7-5 图所示，一半径为 R 的半球面放在一均匀电场中，设电场强度方向恰好垂直于半球面的截面，若电场强度大小为 E，求其穿过半球面的电通量。

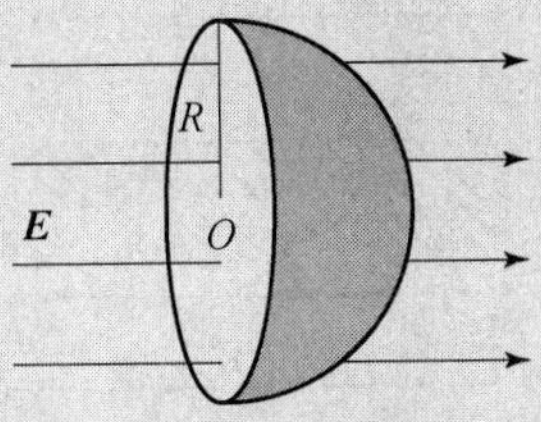

练习题 7-5 图

7-6　如练习题 7-6 图所示，有一立方形的闭合曲面，边长 $a=0.1$ m，已知空间的电场强度分布为 $\boldsymbol{E}=(200\boldsymbol{i}+300\boldsymbol{j}+100\boldsymbol{k})$ V/m，分别计算通过表面Ⅰ、Ⅱ、Ⅲ的电通量。

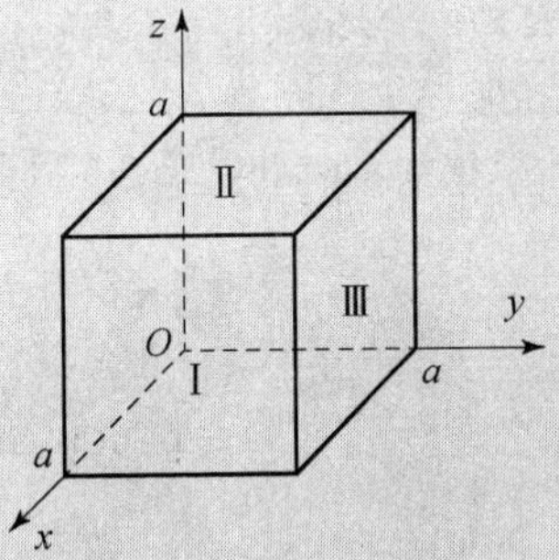

练习题 7-6 图

7-7　如练习题 7-7 图所示，一内、外半径分别为 R_1、R_2 的均匀带电球壳，其上带有电荷的电量为 Q，若其球心处放一电量为 $-q$ 的点电荷，求空间的电场强度分布。

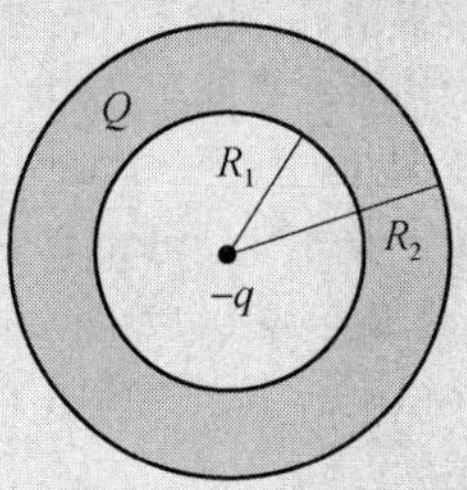

练习题 7-7 图

7-8　设在半径为 R 的球体内电荷均匀分布，体电荷密度为 ρ。求带电球内、外的电场强度分布。

7-9　两无限长同轴圆柱面，半径分别为 R_1 和 R_2 ($R_1>R_2$)，带有等量异号电荷，单位长度的电量分别为 λ 和 $-\lambda$，求以下区域的电场强度：

(1)$r<R_1$；

(2)$R_1<r<R_2$；

(3)$r>R_2$。

7-10　如练习题 7-10 图所示，四个电量均为 $+q$ 的点电荷固定于水平面内边长为 a 的正方形的四个顶点上，点 O 为正方形两对角线的交点，点 P 在点 O 的正上方(即线段 PO 垂直于正方形所在平面)，$PO=a$，求点 O 的电场强度和电势及点 P 的电场强度和电势。

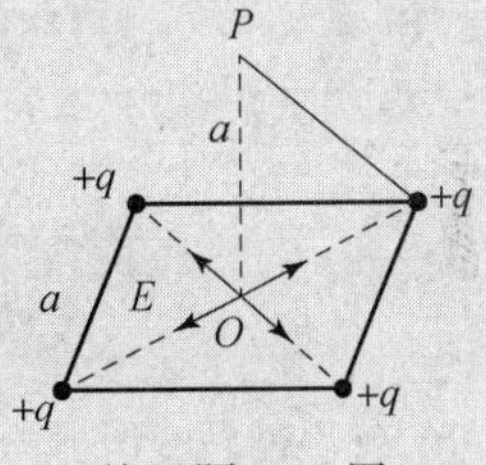

练习题 7-10 图

7-11　如练习题 7-11 图所示，绝缘细线上均匀分布着线电荷密度为 λ 的正电荷，两段直导线的长度和半圆环的半径都等于 R。试求环中心 O 处的电场强度和电势。

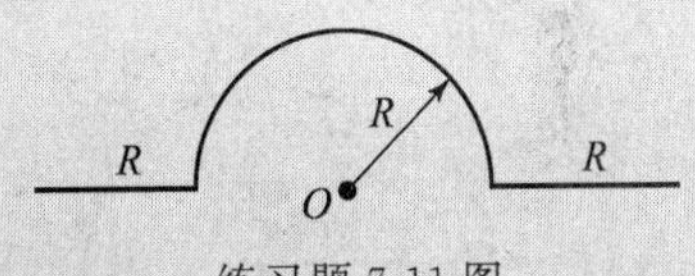

练习题 7-11 图

7-12　两个同心球面的半径分别为 R_1 和 R_2，分别带有电量 Q_1 和 Q_2，求：

(1)各区域电势分布；

(2)两球面间的电势差。

7-13　电荷以相同的面电荷密度分布在半径分别为 $r_1=10$ cm 和 $r_2=20$ cm 的两个同心球面上。设无限远处电势为零，球心处的电势为 $U_0=300$ V。

(1)求面电荷密度 σ；

(2)若要使球心处的电势也为零，外球面上应放掉多少电荷？

7-14　如练习题 7-14 图所示，半径为 R 的均匀带电球面所带电量为 Q，球面外到球心的距离为 L 处有一电量为 q 的点电荷。

(1)求点电荷的电势能;

(2)若把点电荷移动到距球心 $2L$ 处,求电场力对点电荷做的功。

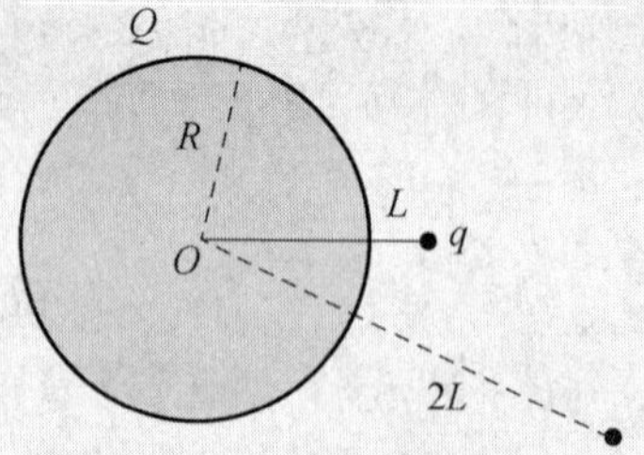

练习题 7-14 图

7-15 如练习题 7-15 图所示,一电偶极子的电偶极矩为 $\boldsymbol{p}$,放在电场强度为 $\boldsymbol{E}$ 的均匀电场中,$\boldsymbol{p}$ 与 $\boldsymbol{E}$ 之间的夹角为 θ,若将此电偶极子绕通过其中心且垂直于 $\boldsymbol{p}$、$\boldsymbol{E}$ 所确定的平面的轴转 180°,外力需做多少功?

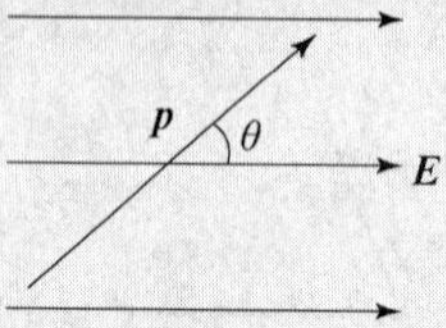

练习题 7-15 图

7-16 如练习题 7-16 图所示,在 A、B 两点处放有电量分别为 $+q$ 和 $-q$ 的点电荷,A、B 两点间的距离为 $2R$,现将另一带正电荷(电量为 q_0)的试验电荷从点 O 经过半圆弧路径移到点 C,求移动过程中电场力所做的功。

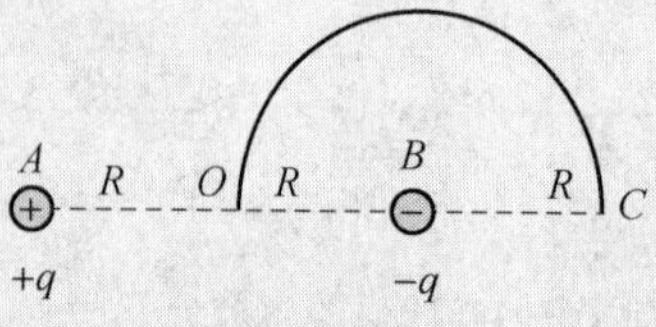

练习题 7-16 图

7-17 两个很长的共轴圆柱面($R_1=3.0\times10^{-2}$ m,$R_2=0.1$ m),带有等量异号的电荷,两者的电势差为 450 V,求:

(1)圆柱面单位长度的带电量;

(2)两圆柱面之间的电场强度。

7-18 一内半径为 a、外半径为 b 的金属球壳,带有电量 Q,在球壳空腔内距球心 r 处有一电量为 q 的点电荷。设无限远处为电势零点,试求:

(1)球壳内外表面上的电量;

(2)球心 O 处由球壳内表面上电荷产生的电势;

(3)球心 O 处的总电势。

7-19 如练习题 7-19 图所示,平行板电容器两极板相距 d,面积为 S,电势差为 U,中间放有一层厚为 a 的电介质,相对介电常量为 ε_r,略去边缘效应,求:

(1)电介质中的 E、D 和 P;

(2)极板上的电量;

(3)极板和电介质间隙中的电场强度;

(4)电容器的电容。

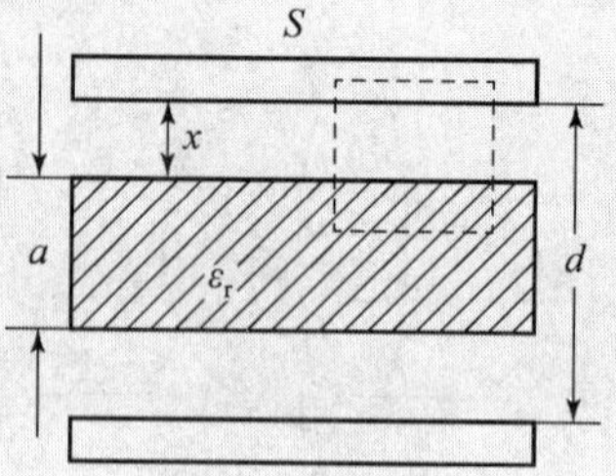

练习题 7-19 图

7-20 如练习题 7-20 图所示,两个同心球壳间充满相对介电常量为 ε_r 的各向同性均匀电介质,外球壳以外为真空,内球壳半径为 R_1,带电量为 Q_1;外球壳内、外半径分别为 R_2、R_3,带电量为 Q_2。求:

(1)整个空间的电场强度 $\boldsymbol{E}$ 的表达式,并定性画出电场强度大小;

(2)电介质中电场能量 W_e 的表达式。

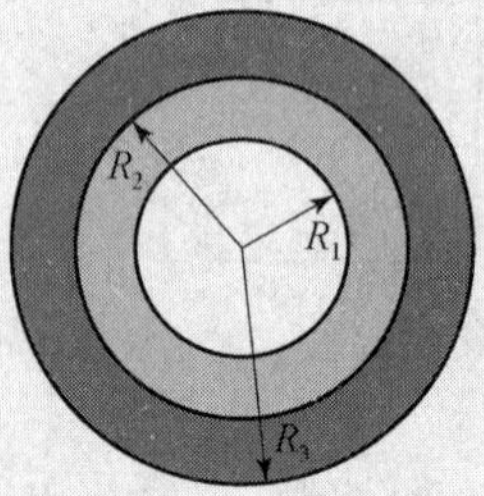

练习题 7-20 图

7-21 有一个半径为 R、带电量为 Q 的孤立导体球,球外充满介电常量为 ε 的电介质,求电场分布及电场储存的电场能量。

7-22 在圆柱形电容器中,电介质是空气,空气的击穿电场强度是 $E_b=3\times10^6\ \mathrm{V\cdot m^{-1}}$。电容器外圆柱面半径为 $R_2=10^{-2}$ m。在空气不被击穿的情况下,内圆柱面半径 R_1 为多大时可使电容器储存的电场能量最多?

第 8 章 稳恒磁场

人类对于磁现象的观察和研究有着悠久的历史。我国公元前 3 世纪的文献《管子·地数》中的“上有慈石者下有铜金”，记录了我国古人通过观察总结出的磁铁矿与斑岩铜矿相互作用的规律。科学研究证实，磁场是物质存在的一种形式，运动的电荷会激发磁场。不随时间变化的磁场称为稳恒磁场。本章主要研究稳恒磁场的基本性质。

8.1 稳恒磁场的基本知识

8.1.1 电流

电荷做宏观定向运动会形成**传导电流**。传导电流中携带电荷的物体称为载流子。例如,金属导体中有大量可以自由移动的电子,因此金属导体中的载流子是自由电子。电解液的载流子是其中的正离子和负离子,半导体的载流子是带负电的电子和带正电的"空穴"。

单位时间内通过导体截面的电量称为**电流**,用符号 I 表示,单位是安培,符号为 A。正电荷定向运动的方向被规定为电流的方向。电流是有大小也有方向的标量。电流的表达式为

$$I=\lim_{\Delta t\to 0}\frac{\Delta q}{\Delta t}=\frac{\mathrm{d}q}{\mathrm{d}t} \tag{8-1}$$

若导体单位体积中载流子个数(载流子密度)为 n_q,每个载流子的电量为 q,载流子定向运动速度的平均值为 $\overline{v}$(漂移速度),则导体中通过与载流子定向运动方向垂直的截面 $S_\perp$ 的电流为

$$I=qn_q\overline{v}S_\perp \tag{8-2}$$

电流描述了通过导体截面的电荷的整体情况,若电流在导体截面上各点分布不均匀,需要用**电流密度** j 对电流的分布情况进行描述,定义其大小为单位时间内通过导体内的考察点上与电流方向垂直的单位面积上的电量,其方向为通过该点的正电荷定向运动的方向。在国际单位制中,电流密度的单位为 $\mathrm{A\cdot m^{-2}}$。电流密度大小的表达式为

$$j=\frac{\mathrm{d}I}{\mathrm{d}S_\perp} \tag{8-3}$$

结合式(8-2),电流密度的表达式也可以写为

$$j=qn_q\overline{v} \tag{8-4}$$

对于金属导体,载流子为带负电的自由电子,因此金属导体中电流密度的矢量表达式为

$$\boldsymbol{j}=-en_e\overline{\boldsymbol{v}} \tag{8-5}$$

可见,电流密度与载流子浓度、载流子电量以及载流子的漂移速度有关。

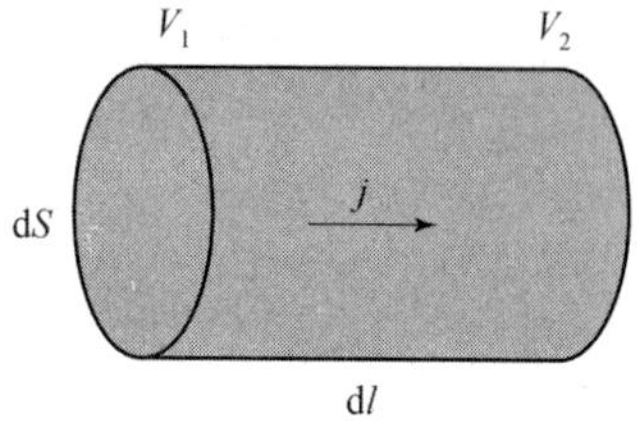

图 8-1 圆柱形导体横截面上的电流密度

利用欧姆定律分析圆柱形导体横截面上的电流密度(见图 8-1)。

通过圆柱形导体的电流为

$$I=\frac{V_1-V_2}{R}$$

式中，V_1-V_2 是导体两端的电势差；R 是导体的电阻，$R=\rho \mathrm{d}l/\mathrm{d}S$，$\rho$ 为导体的电阻率，则

$$j\mathrm{d}S=\frac{V_1-V_2}{\rho \mathrm{d}l/\mathrm{d}S}$$

根据电势差与电场强度的关系 $V_1-V_2=E\mathrm{d}l$，整理得到

$$j=\frac{E}{\rho}=\gamma E \tag{8-6}$$

式中，$\gamma=1/\rho$，γ 称为导体的电导率。

若在导体中的观察点选取任意面元 $\mathrm{d}S$ 来分析电流密度，则需要考虑该面元的法向矢量 $\boldsymbol{e}_{\mathrm{n}}$ 与电流方向之间的夹角 θ(见图 8-2)，有

$$\mathrm{d}S_{\perp}=\mathrm{d}S\cos\theta$$

因此可得

$$I=\iint_S j\,\mathrm{d}S\cos\theta=\iint_S \boldsymbol{j}\cdot\mathrm{d}\boldsymbol{S} \tag{8-7}$$

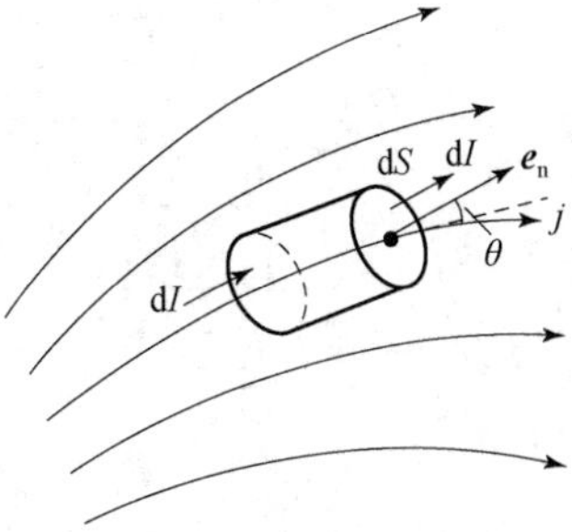

图 8-2　电流与电流密度

电流密度在导体中的分布形成矢量场，称为电流场。与流体中的流速场相似，可以用电流线和电流管对电流场进行形象的描述。电流线上任意一点的切线方向代表该点的电流密度方向。式(8-7)表明，电流密度和电流之间与流速场强度和流速场通量之间存在相似的关系。

由式(8-7)可得，通过导体中任意闭合曲面的电流为

$$I=\oint\!\!\!\oint_S j\,\mathrm{d}S\cos\theta=\oint\!\!\!\oint_S \boldsymbol{j}\cdot\mathrm{d}\boldsymbol{S} \tag{8-8}$$

由于闭合曲面的外法线方向为其正方向，故若式(8-8)大于零，表明有电荷通过该闭合曲面向外迁移，单位时间内该闭合曲面内减少电量 I；反之，若式(8-8)小于零，表明有电荷通过该闭合曲面进入其内部，单位时间内该闭合曲面内增加电量 I。

通过以上分析，并将式(8-8)与式(8-1)联立，可以得到**电流连续性方程**：

$$\oint\!\!\!\oint_S \boldsymbol{j}\cdot\mathrm{d}\boldsymbol{S}=-\frac{\mathrm{d}q}{\mathrm{d}t} \tag{8-9}$$

式中，q 为 t 时刻闭合曲面 S 内的电量。电流连续性方程的物理实质是电荷守恒。

若电流的大小和方向不随时间变化，则该电流称为**稳恒电流**，也称为**恒定电流**，就是通常所说的直流。此时，

$$\oint\!\!\!\oint_S \boldsymbol{j}\cdot\mathrm{d}\boldsymbol{S}=0 \tag{8-10}$$

式(8-8)称为电流的稳恒条件。由此可知，通有稳恒电流的导体中任意闭合曲面内的电量都不随时间变化，因此其电荷的空间分布不随时间变化，由此激发的电场称为**稳恒电场**。稳恒电场具有与静电场相同的性质。运动的电荷会激发磁场，通有稳恒电流的导线所激发的磁场，其大小和方向均不随时间变化，称为稳恒磁场。

8.1.2 磁感应强度

我国战国时期的文献《吕氏春秋》记载:“慈招铁,或引之也。”描述了天然磁石吸引铁的现象。天然磁石的这种性质称为**磁性**。1820 年,丹麦科学家奥斯特发现了载流导线周围能够使小磁针偏转的磁效应。其后,法国科学家安培发现了载流导线之间的相互作用规律及载流螺线管两端具有等效磁极的现象,并由此提出了磁现象来自分子环流的假说。现代科学研究表明,原子中的电子在绕原子核运动的同时还进行着自旋,电子的运动构成了原子和分子的“分子环流”,使物质表现出磁性。磁效应的作用力是通过磁场来传递的,磁场是物质存在的一种形式。

磁感应强度 *B* 是描述磁场强弱的物理量。磁感应强度是矢量,规定其方向为在磁场中静止的小磁针的 N 极所指的方向。实验表明,运动电荷在磁场中会受力。检验电荷 q 以速率 v 在确定的磁场中运动,当其运动方向发生变化时,其受力的大小和方向都会随之变化。将其运动时受到的最大磁场力 $F_{\max}$ 与 qv 的比值定义为该点磁感应强度的大小,即

$$B=\frac{F_{\max}}{qv} \tag{8-11}$$

在国际单位制中,磁感应强度 $\boldsymbol{B}$ 的单位是 T(特斯拉),1 T=1 N·s·C^{-1}·m^{-1}。

实验表明,磁场中各点的磁感应强度的方向与正电荷在该点的受力方向及其运动方向满足右手螺旋定则,如图 8-3 所示。

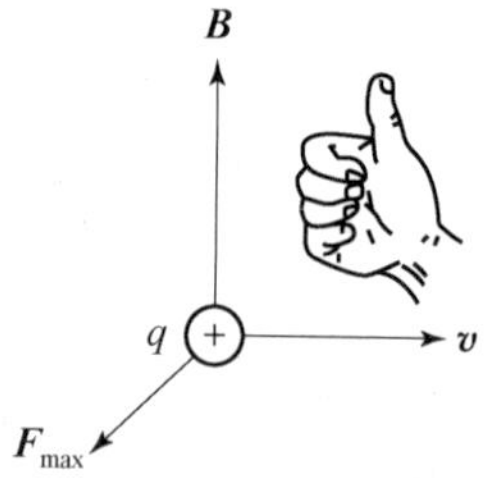

图 8-3 磁感应强度 $\boldsymbol{B}$ 的方向与 $\boldsymbol{F}_{\max}$ 及 $\boldsymbol{v}$ 的方向的关系

8.1.3 毕奥-萨伐尔定律

法国物理学家库仑通过实验测量小磁针的振荡周期,并得出“两磁体的磁极之间的力与磁极强度成正比,与磁极之间距离的平方成反比”的结论,此结论通常称为磁库仑定律。毕奥和萨伐尔通过实验测量载流导线与小磁体之间的作用力,也得出了类似的规律。数学家拉普拉斯引入电流元的概念,将上述实验规律总结为

$$\mathrm{d}\boldsymbol{B}=\frac{\mu_0}{4\pi}\cdot\frac{I\mathrm{d}\boldsymbol{l}\times\boldsymbol{e}_r}{r^2} \tag{8-12a}$$

式(8-12a)称为**毕奥-萨伐尔定律**,用标量式可表示为

$$\mathrm{d}B=\frac{\mu_0}{4\pi}\cdot\frac{I\mathrm{d}l\sin\theta}{r^2} \tag{8-12b}$$

式中,μ_0 为真空磁导率,$\mu_0=4\pi\times10^{-7}$ N·A^{-2}。

I 是稳恒电流,d$\boldsymbol{l}$ 是载流导线上的线元,其方向为电流方向。$\boldsymbol{r}$ 是电流元到场点 P 的位矢,$\boldsymbol{e}_r$ 是 $\boldsymbol{r}$ 方向的单位矢量,如图 8-4 所示。

毕奥-萨伐尔定律描述了载流导线中的任意电流元 $I\mathrm{d}\boldsymbol{l}$ 在真空中点 P 所激发的磁场的磁感应强度 $\mathrm{d}\boldsymbol{B}$ 的大小和方向。$\mathrm{d}\boldsymbol{B}$ 的大小与电流元的大小成正比，与电流方向和位矢 $\boldsymbol{r}$ 的夹角 θ 的正弦值 $\sin\theta$ 成正比，与电流元到点 P 的距离 r 的平方成反比。$\mathrm{d}\boldsymbol{B}$ 的方向与电流方向及 $\boldsymbol{r}$ 的方向满足右手螺旋定则。

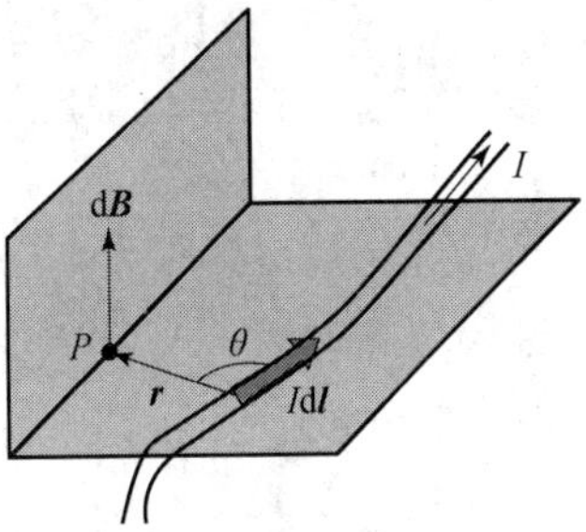

图 8-4 电流元所激发的磁场的磁感应强度

磁场是矢量场，满足叠加原理。任意载有稳恒电流的导线在某场点激发的磁场的磁感应强度可以通过积分计算得到，即

$$\boldsymbol{B}=\int_l \mathrm{d}\boldsymbol{B}=\int_l \frac{\mu_0}{4\pi}\cdot\frac{I\mathrm{d}\boldsymbol{l}\times\boldsymbol{e}_r}{r^2} \tag{8-13}$$

由于载流导线上不同电流元在同一场点产生的磁感应强度的方向可能是不同的，因此通常先计算 $\mathrm{d}\boldsymbol{B}$ 的分量式 $\mathrm{d}B_x$、$\mathrm{d}B_y$、$\mathrm{d}B_z$，分别进行积分后，再合成，求出 $\boldsymbol{B}=B_x\boldsymbol{i}+B_y\boldsymbol{j}+B_z\boldsymbol{k}$。

下面应用毕奥-萨伐尔定律和磁场的叠加原理分析几种典型的载有稳恒电流的导线所激发的磁场的磁感应强度。

例 8-1 真空中载有稳恒电流 I 的直导线长为 l，求到直导线的距离为 r_0 的点 P 处的磁感应强度。

解 建立如图 8-5 所示的直角坐标系，在直导线上任取一电流元 $I\mathrm{d}z$，根据毕奥-萨伐尔定律，电流元在点 P 激发的磁感应强度的大小为

$$\mathrm{d}B=\frac{\mu_0}{4\pi}\frac{I\mathrm{d}z\sin\theta}{r^2}$$

$\mathrm{d}\boldsymbol{B}$ 的方向垂直于电流元 $I\mathrm{d}z$ 与位矢 $\boldsymbol{r}$ 确定的平面，沿 x 轴负方向。由于导线上各个电流元在点 P 激发的 $\mathrm{d}\boldsymbol{B}$ 的方向相同，因此点 P 的总磁感应强度等于各电流元激发的 $\mathrm{d}\boldsymbol{B}$ 的代数和，即

$$B=\int_l \frac{\mu_0}{4\pi}\frac{I\mathrm{d}z\sin\theta}{r^2} \tag{①}$$

式①中有 z、r、θ 三个变量，需要找到这三个变量之间的关系才能进行积分。电流元 $I\mathrm{d}z$ 与位矢 $\boldsymbol{r}$ 之间的夹角为 θ，载流直导线起点处的电流元和点 P 的连线与直导线之间的夹角为 θ_1，载流直导线终点处的电流元和点 P 的连线与直导线之间的夹角为 θ_2。

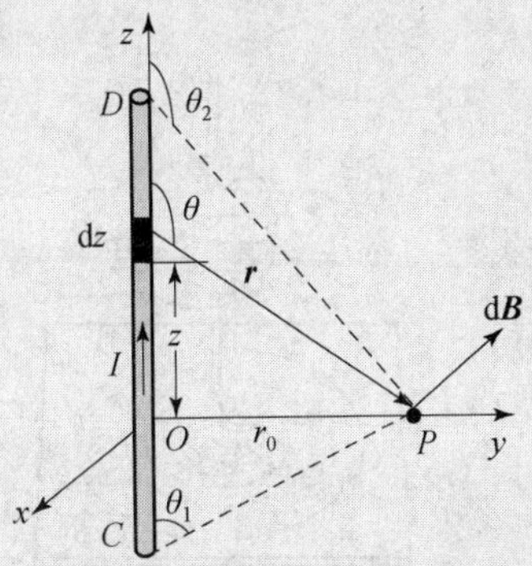

图 8-5 载有稳恒电流的直导线周围的磁场

由图 8-5 可知

$$r=r_0/\sin\theta,\ z=-r_0\cot\theta$$

微分得

$$\mathrm{d}z=\frac{r_0\,\mathrm{d}\theta}{\sin^2\theta}$$

把以上各关系式代入式①,取积分下限为 θ_1,上限为 θ_2,得

$$B=\int_{\theta_1}^{\theta_2}\frac{\mu_0 I}{4\pi r_0}\sin\theta\mathrm{d}\theta=\frac{\mu_0 I}{4\pi r_0}(\cos\theta_1-\cos\theta_2) \tag{8-14a}$$

根据式(8-14a)可得,载流导线及其延长线上的磁感应强度为零。

若点 P 到导线的垂线的垂足恰好在导线的一个端点处,则该导线对该场点可视为半无限长载流直导线,此时 $\theta_1\to 0,\theta_2\to\frac{\pi}{2}$ 或 $\theta_1\to\frac{\pi}{2},\theta_2\to\pi$,则点 P 处磁感应强度的大小为

$$B=\frac{\mu_0 I}{4\pi r_0} \tag{8-14b}$$

若载流导线无限长,则 $\theta_1\to 0,\theta_2\to\pi$,此时点 P 处磁感应强度的大小为

$$B=\frac{\mu_0 I}{2\pi r_0} \tag{8-14c}$$

可见,通有稳恒电流的直导线周围的磁场具有轴对称性,与导线的距离相等的点的磁感应强度大小相等。

载流直导线周围磁场的磁感应强度方向与电流方向的关系,如图 8-6 所示,⊙表示电流方向为垂直于纸面向外,⊗表示电流方向为垂直于纸面向内。

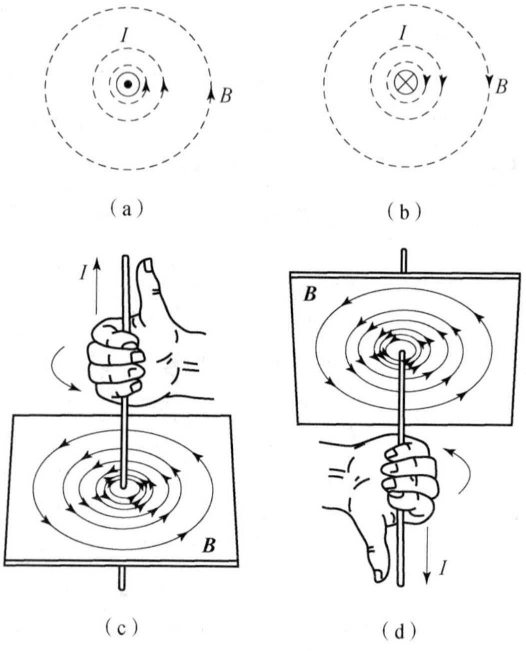

图 8-6 载流直导线周围磁场的磁感应强度方向与电流方向的关系

例 8-2 如图 8-7 所示，真空中载有稳恒电流 I 的圆形导线的半径为 R，求其轴线上各点的磁感应强度。

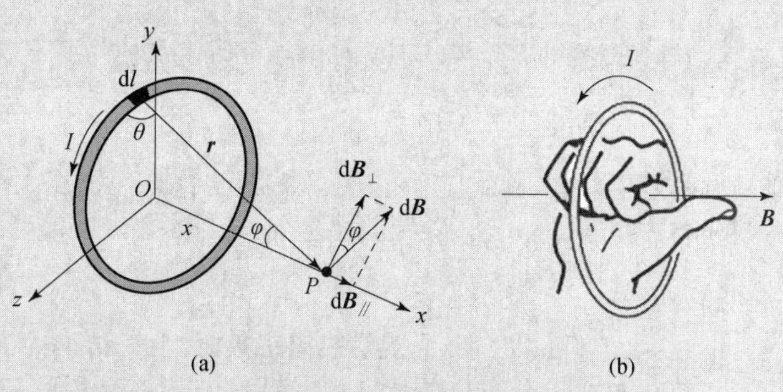

图 8-7 载流圆形导线轴线上的磁场

解 在圆形导线上任取一电流元 $I\mathrm{d}\boldsymbol{l}$，它在点 P 产生的磁感应强度的大小为 $\mathrm{d}B$，由毕奥-萨伐尔定律得

$$\mathrm{d}B=\frac{\mu_0 I\mathrm{d}l\sin\theta}{4\pi r^2}$$

由于 $I\mathrm{d}\boldsymbol{l}$ 与 $\boldsymbol{r}$ 垂直，所以 $\theta=\frac{\pi}{2}$，上式可写成

$$\mathrm{d}B=\frac{\mu_0 I\mathrm{d}l}{4\pi r^2}$$

$\mathrm{d}\boldsymbol{B}$ 的方向垂直于电流元 $I\mathrm{d}\boldsymbol{l}$ 和位矢 $\boldsymbol{r}$ 所确定的平面。由于圆形导线上各电流元在点 P 激发的磁感应强度的方向不同，因此需要把 $\mathrm{d}\boldsymbol{B}$ 进行分解，然后积分。$\mathrm{d}\boldsymbol{B}$ 可以分解为平行于 x 轴的分量 $\mathrm{d}\boldsymbol{B}_{/\!/}$ 和垂直于 x 轴的分量 $\mathrm{d}\boldsymbol{B}_{\perp}$。根据对称性分析，在圆形导线上，由于同一直径两端的两电流元在点 P 激发的磁感应强度对 x 轴是对称的，所以它们的垂直分量 $\mathrm{d}\boldsymbol{B}_{\perp}$ 相互抵消，于是整个圆形导线的所有电流元在点 P 激发的磁感应强度的垂直分量 $\mathrm{d}\boldsymbol{B}_{\perp}$ 两两相消，因此最终只剩下平行于 x 轴的分量 $\mathrm{d}\boldsymbol{B}_{/\!/}$，即

$$B=B_{/\!/}=\int \mathrm{d}B\sin\varphi=\int\frac{\mu_0}{4\pi}\frac{I\mathrm{d}l}{r^2}\sin\varphi$$

式中，$\sin\varphi=\frac{R}{r}$。对于给定的点 P，r、I 和 R 都是常量，所以

$$B=\frac{\mu_0 I}{4\pi}\int_l\frac{\sin\varphi\mathrm{d}l}{r^2}=\frac{\mu_0 IR}{4\pi r^3}\int_0^{2\pi R}\mathrm{d}l=\frac{\mu_0 IR^2}{2r^3}$$

式中，$r=\sqrt{R^2+x^2}$。于是

$$B=\frac{\mu_0 IR^2}{2(x^2+R^2)^{\frac{3}{2}}} \tag{8-15a}$$

$\boldsymbol{B}$ 的方向垂直于圆形导线所在平面，并与圆形导线中电流的方向满足右手螺旋定则。需要强调的是，在 $x<0$ 的区域，圆形导线的轴线上磁感应强度的方向不变，仍与载流圆形导线的电流方向满足右手螺旋定则。

根据式(8-15a)可得，载流圆形导线圆心($x=0$)处，磁感应强度的大小为

$$B=\frac{\mu_0 I}{2R} \tag{8-15b}$$

可以证明,圆心角为 φ 的载流弧形导线在圆心处的磁感应强度的大小为

$$B=\frac{\mu_0 I}{2R}\cdot\frac{\varphi}{2\pi} \tag{8-16a}$$

根据式(8-15a)可以得到,载流圆形导线轴线上 $x\gg R$ 处的磁感应强度的大小为

$$B=\frac{\mu_0 IR^2}{2x^3} \tag{8-16b}$$

载流圆形导线包围的面积为 $S=\pi R^2$,因此其轴线上 $x\gg R$ 处的磁感应强度的大小还可以表示为

$$B=\frac{\mu_0 IS}{2\pi x^3} \tag{8-16c}$$

可以证明,当观察距离很远时,上述结论对于任意形状的平面载流闭合线圈都成立。原子中电子的运动构成了原子和分子的"分子环流",从而形成了磁场,其分布情况也可以用上述方法进行研究。定义圆电流的**磁矩** $\boldsymbol{p}_{\mathrm{m}}$ 为

$$\boldsymbol{p}_{\mathrm{m}}=IS\boldsymbol{e}_{\mathrm{n}}, \tag{8-17}$$

式中,$\boldsymbol{e}_{\mathrm{n}}$ 为曲面 S 法线方向的单位矢量。磁矩的方向沿着圆电流所在平面的法线方向,与电流方向遵循右手螺旋定则。磁矩的大小等于 IS,则圆电流激发的磁场的磁感应强度

$$\boldsymbol{B}=\frac{\mu_0\boldsymbol{p}_{\mathrm{m}}}{2\pi x^3} \tag{8-18}$$

当物质中的分子磁矩取向一致时,宏观上物质会表现出磁性。

例 8-3 均匀绕在圆柱面上的螺旋形线圈称为螺线管。如图 8-8(a)所示,真空中一半径为 R、长为 l、共 N 匝的密绕长直螺线管中通有稳恒电流 I,求其轴线上的磁感应强度。

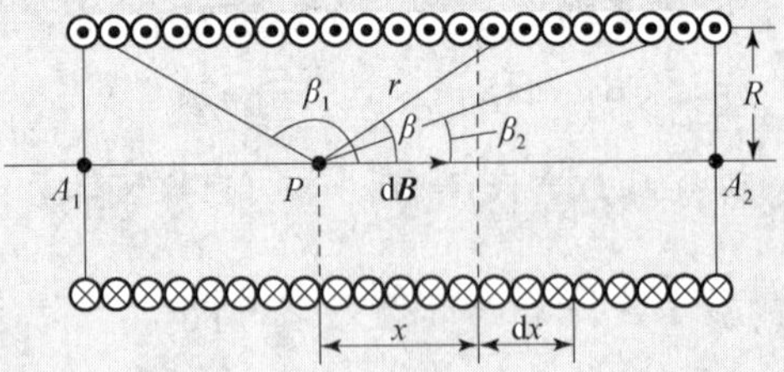

(a)

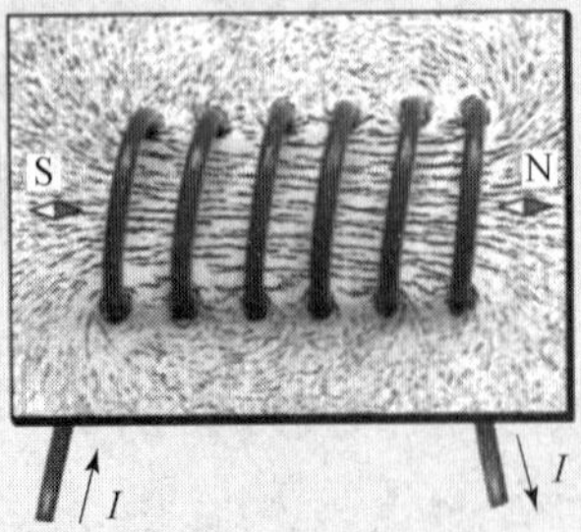

(b)

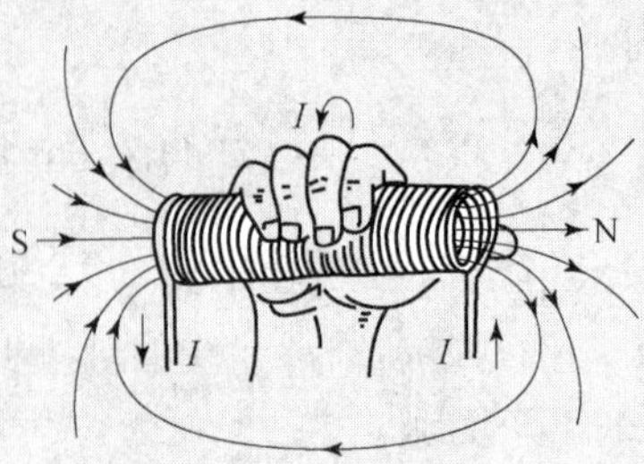

(c)

图 8-8 载流密绕长直螺线管轴线上的磁场

解 载流密绕长直螺线管可视为一系列串联的圆形载流线圈,其轴线上场点的磁感应强度是各圆形载流线圈各自激发的磁感应强度的矢量和。由于每匝线圈里电流方向都相同,因此每匝线圈在轴线上产生的磁场方向都相同,与电流方向遵循右手螺旋定则。由已知条件可知,螺线管单位长度上线圈匝数 $n=N/l$。在螺线管上任取长度为 $\mathrm{d}x$ 的一小段,该段内有 $n\mathrm{d}x$ 匝线圈,相当于有 $n\mathrm{d}x$ 个圆电流,其在轴线上任意一点 P 产生的磁感应强度大小为

$$\mathrm{d}B=\frac{\mu_0 n\mathrm{d}xIR^2}{2(x^2+R^2)^{\frac{3}{2}}}$$

式中,x 为点 P 到该圆电流平面的距离。

整个螺线管在该点产生的磁感应强度大小为

$$B=\int_l \mathrm{d}B=\int_l \frac{\mu_0 nIR^2\mathrm{d}x}{2(x^2+R^2)^{\frac{3}{2}}}$$

从点 P 到长度为 $\mathrm{d}x$ 的圆电流的径矢 $\boldsymbol{r}$ 与轴线的夹角为 β,则

$$R^2+x^2=R^2\csc^2\beta$$

又

$$x=R\cot\beta$$

微分得

$$\mathrm{d}x=-R\csc^2\beta\mathrm{d}\beta$$

将以上各式代入磁感应强度的表达式,换元并积分得

$$B=\int_{\beta_1}^{\beta_2}\frac{\mu_0 nI}{2}(-\sin\beta)\mathrm{d}\beta=\frac{\mu_0 nI}{2}(\cos\beta_2-\cos\beta_1) \tag{8-19a}$$

当螺线管长度 l 远大于半径 R,即 $l\gg R$ 时,可将螺线管视为无限长,则 $\beta_1\to\pi$,$\beta_2\to0$,得

$$B=\mu_0 nI=\frac{\mu_0 NI}{l} \tag{8-19b}$$

可见,载流密绕长直螺线管内部轴线上磁感应强度大小处处相等。

当 $l\gg R$ 时,螺线管轴线端点处的磁感应强度大小为

$$B=\frac{1}{2}\mu_0 nI \tag{8-19c}$$

说明:在载流长直螺线管轴线所在平面上撒一些铁屑,铁屑受磁场力的作用呈现的排布规律如图 8-8(b)所示,可以由此得出磁场的分布规律与螺线管内的电流方向遵循右手螺旋定则,如图 8-8(c)所示。

8.1.4 磁场强度

研究表明,磁介质在磁场中会产生磁化现象,磁介质中的磁感应强度是原磁场的磁感应强度与磁介质磁化后的附加磁场的磁感应强度之和,这使得求解磁感应强度问题变得复杂。为了便于分析,引入一个新的物理量——**磁场强度 $\boldsymbol{H}$**,其定义式为

$$\boldsymbol{H}=\frac{\boldsymbol{B}}{\mu} \tag{8-20}$$

式中,μ 为磁介质的**磁导率**,$\mu=\mu_0\mu_r$,μ_r 为磁介质的**相对磁导率**。磁导率 μ 由材料本身性质决定。在国际单位制中,磁场强度 $\boldsymbol{H}$ 的

单位是 $A\cdot m^{-1}$。

磁场强度 $\boldsymbol{H}$ 是研究磁场的辅助物理量，它的作用与电场中的电位移 $\boldsymbol{D}$ 相似。研究磁场性质及运动电荷在磁场中受力情况时具有直接物理意义的仍是磁感应强度 $\boldsymbol{B}$。

8.2 稳恒磁场的无源性

8.2.1 磁感线

磁场是矢量场，与电场相似，可以人为引入一系列假想曲线来形象地描述磁场分布情况，曲线上每点的正切线方向为该点的磁感应强度的方向，这样的曲线称为**磁感线**。由于任意时刻磁场中各场点的磁感应强度均具有确定的方向，因此磁感线不相交。由例 8-1、例 8-2 和例 8-3 可知，每一条磁感线均是无头无尾的闭合曲线，磁感线的密和疏表示磁场的强和弱。图 8-9 所示为几种不同形状的电流所产生磁场的磁感线。

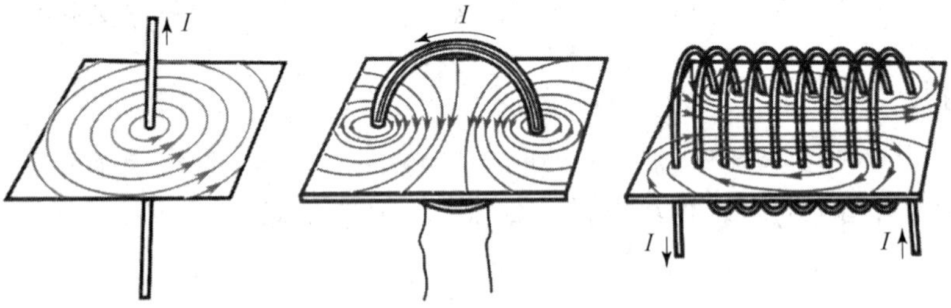

(a) 直电流　(b) 圆电流　(c) 载流螺线管

图 8-9　几种不同形状的电流所产生磁场的磁感线

8.2.2 磁通量

磁场也可以用通量的相关内容进行分析。如图 8-10 所示，在均匀磁场中选取一个面元 dS 进行研究，其法向单位矢量 $\boldsymbol{e}_n$ 表示该面元的方向，则该面元矢量为 $d\boldsymbol{S}=dS\boldsymbol{e}_n$。

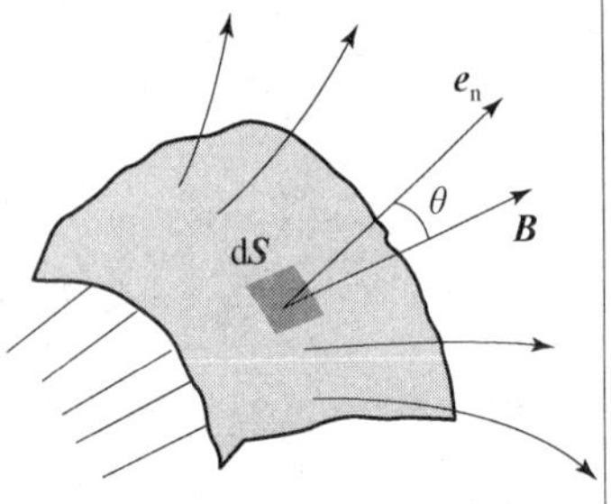

图 8-10　磁通量示意

设该面元处磁场的磁感应强度为 $\boldsymbol{B}$，其方向与面元法线方向夹角为 θ，定义该磁场穿过面元矢量 $d\boldsymbol{S}$ 的磁通量微元 $d\Phi_m$ 为

$$d\Phi_m=BdS\cos\theta=\boldsymbol{B}\cdot d\boldsymbol{S} \tag{8-21a}$$

磁通量是标量，其正负由面元矢量方向与磁感应强度方向的夹角 θ 决定。当 $\theta<\pi/2$ 时，$d\Phi_m>0$；当 $\theta>\pi/2$ 时，$d\Phi_m<0$。

对于磁场中任意的曲面(面积矢量 $\boldsymbol{S}$)，通过该曲面的**磁通量**为

$$\Phi_m = \iint_S \boldsymbol{B} \cdot d\boldsymbol{S} \tag{8-21b}$$

磁通量的单位为是 Wb(韦伯)，$1\ Wb=1\ T \cdot m^2$。

例 8-4　如图 8-11 所示，设真空中有一条通有电流 I 的无限长载流直导线，求导线旁边与导线平行且共面的矩形中的磁通量。

解　由例 8-1 可知，无限长载流直导线周围产生的磁场呈轴对称分布，距离导线相等处磁感应强度大小相等，建立如图 8-11 所示的坐标轴，在距导线 x 的位置，取一与导线平行的狭长面元 dS，$dS=l dx$，则

$$d\Phi_m = B dS = \frac{\mu_0 I}{2\pi x} l\, dx$$

则通过整个矩形的磁通量为

$$\Phi_m = \int_S \boldsymbol{B} \cdot d\boldsymbol{S} = \frac{\mu_0 Il}{2\pi} \int_c^{a+c} \frac{dx}{x} = \frac{\mu_0 Il}{2\pi} \ln \frac{a+c}{c}$$

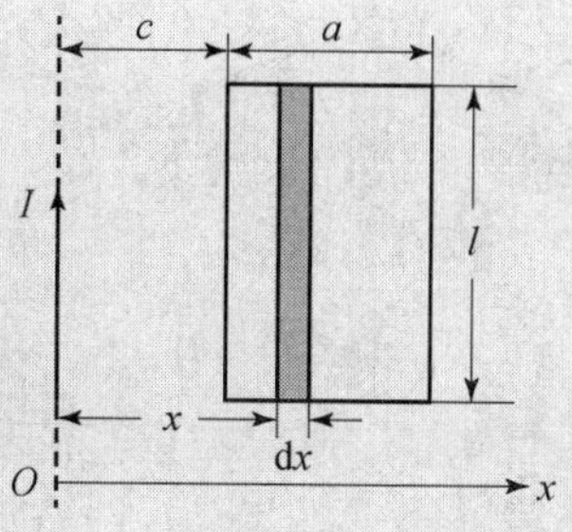

图 8-11　例 8-4 图

8.2.3　稳恒磁场的高斯定理

与静电场中的分析相似，规定闭合曲面向外的法线方向为正方向。因此，流入闭合曲面的磁通量为负，流出闭合曲面的磁通量为正。

由前面的分析可知，磁感线能形象地描述磁场的分布，而磁感线是无头无尾的闭合曲线，在任意时刻，从闭合曲面外穿入闭合曲面的磁通量与从闭合曲面内穿出闭合曲面的磁通量的绝对值必然相等。因此，在任意时刻，穿过整个闭合曲面的磁通量的代数和为零，即

$$\oiint_S \boldsymbol{B} \cdot d\boldsymbol{S} = 0 \tag{8-22}$$

这就是**稳恒磁场的高斯定理**，它表明磁场是无源场。

8.3　稳恒磁场的涡旋性

8.3.1　安培环路定理

静电场是保守场，稳恒磁场不是保守场。以真空中无限长载流直导线的磁场为例进行证明。根据例 8-1 可知，无限长载流直导线周围产生的磁场呈轴对称分布，到导线的距离相等处磁感应强度大小相等，磁感应强度的方向与导线中的电流方向遵循右手螺旋定则。

电流通过回路内部的情形：为便于计算，在垂直于无限长载流直导线的平面内，任取一以载流直导线上的点为圆心、r 为半径的圆形闭合回路 l，令闭合回路 l 的方向与电流 I 的方向遵循右手螺旋定则，如图 8-12(a)所示。

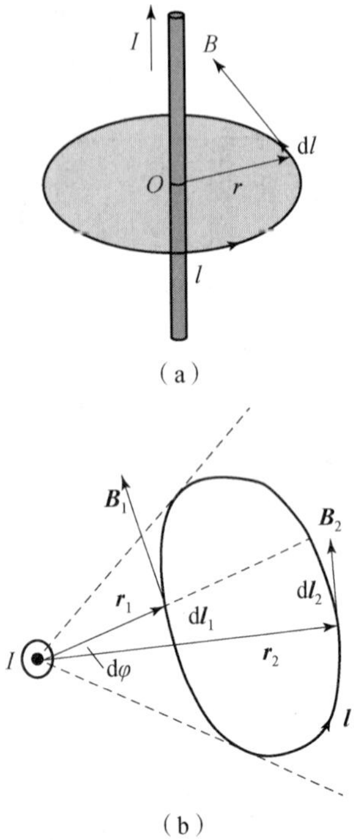

图 8-12 安培环路定理的证明

回路 l 上任意线元 $\mathrm{d}\boldsymbol{l}$ 处的磁感应强度大小为 $B=\dfrac{\mu_0 I}{2\pi r}$，磁感应强度的方向与 $\mathrm{d}\boldsymbol{l}$ 的方向一致，于是

$$\oint_l \boldsymbol{B}_{I_{内}}\cdot \mathrm{d}\boldsymbol{l}=\oint_l B_{I_{内}}\cos 0\mathrm{d}l=\frac{\mu_0 I_{内}}{2\pi r}\oint_l \mathrm{d}l=\frac{\mu_0 I_{内}}{2\pi r}\cdot 2\pi r=\mu_0 I_{内} \tag{8-23a}$$

若闭合回路方向与上述方向相反，则回路上任意位置的磁感应强度与该处线元 $\mathrm{d}\boldsymbol{l}$ 的夹角 $\theta=\pi$，于是

$$\oint_l \boldsymbol{B}_{I_{内}}\cdot \mathrm{d}\boldsymbol{l}=\oint_l B_{I_{内}}\cos \pi\mathrm{d}l=-\frac{\mu_0 I_{内}}{2\pi r}\oint_l \mathrm{d}l=-\frac{\mu_0 I_{内}}{2\pi r}\cdot 2\pi r=-\mu_0 I_{内} \tag{8-23b}$$

可见，当电流穿过闭合回路时，电流激发的磁场的磁感应强度对该闭合回路的环流等于磁导率与电流的乘积。若电流 I 的方向与回路 l 的方向遵循右手螺旋定则，I 取正值；反之，I 取负值。若闭合回路内有多个电流，根据磁场的叠加原理可知，等式右端应为回路内部所有电流的代数和。

电流在闭合回路外部的情形：可在垂直于载流直导线的平面内，任取一不包围电流的任意形状的闭合回路 l，如图 8-12(b)所示。径矢分别为 $\boldsymbol{r}_1$、$\boldsymbol{r}_2$ 的两个交点的磁感应强度大小分别为

$$B_1=\frac{\mu_0 I}{2\pi r_1},B_2=\frac{\mu_0 I}{2\pi r_2}$$

取同一张角微元 $\mathrm{d}\varphi$ 在回路两侧截得两段圆弧微元 $\mathrm{d}l_1$ 和 $\mathrm{d}\boldsymbol{l}_2$，可得

$$\boldsymbol{B}_1\cdot \mathrm{d}\boldsymbol{l}_1=-\frac{\mu_0 I_{外}}{2\pi}\mathrm{d}\varphi,\boldsymbol{B}_2\cdot \mathrm{d}\boldsymbol{l}_2=\frac{\mu_0 I_{外}}{2\pi}\mathrm{d}\varphi$$

$$\boldsymbol{B}_1\cdot \mathrm{d}\boldsymbol{l}_1+\boldsymbol{B}_2\cdot \mathrm{d}\boldsymbol{l}_2=0$$

对整个回路积分，有

$$\oint_l \boldsymbol{B}_{I_{外}}\cdot \mathrm{d}\boldsymbol{l}=0 \tag{8-23c}$$

可见，当电流在闭合回路外部时，电流产生的磁场的磁感应强度对该闭合回路的环流等于零。

以上结论对于任意形状的载流导线和任意形状的闭合回路均成立。

若闭合回路内、外均有电流，则通过以上分析可知，空间所有电流激发的磁场的总磁感应强度 $\boldsymbol{B}$ 对空间任意闭合回路的环流为

$$\oint_l \sum_i \boldsymbol{B}_i\cdot \mathrm{d}\boldsymbol{l}=\oint_l \sum_i \boldsymbol{B}_{i(I_{内})}\cdot \mathrm{d}\boldsymbol{l}+\oint_l \sum_i \boldsymbol{B}_{i(I_{外})}\cdot \mathrm{d}\boldsymbol{l}=\mu_0\sum_{i=1}^{n} I_{内i} \tag{8-23d}$$

即

$$\oint_l \boldsymbol{B}_{(I_{内}+I_{外})} \cdot \mathrm{d}\boldsymbol{l} = \mu_0 \sum_{i=1}^{n} I_{内i} \tag{8-24}$$

上式就是**真空中的安培环路定理**。它表明**在真空中的稳恒磁场中，磁感应强度 $\boldsymbol{B}$ 对任意闭合回路 l 的环流，等于真空磁导率 μ_0 乘以该闭合回路所包围的传导电流的代数和**。

通过以上分析可以看出，空间任意一点的磁场是空间所有电流共同激发的，但仅闭合回路内的电流对磁感应强度沿该闭合回路的环流有贡献，环流的值与闭合回路的形状和电流在其中的分布情况无关。若闭合回路的环流的代数和为零，只能说明此时该闭合回路内的电流的代数和为零，不能说明该闭合回路上各点的磁感应强度均为零。

稳恒磁场的安培环路定理常用于分析具有空间分布对称性的磁场的磁感应强度。计算步骤如下：首先分析磁场的对称性；然后根据磁场的对称性和特征，设法找到满足上述条件的积分路径；最后应用安培环路定理求磁感应强度。

例 8-5　利用安培环路定理求无限长载流圆柱体的磁场分布。

解　设无限长载流圆柱体的半径为 R，电流 I 均匀地分布在导体的横截面，如图 8-13(a) 所示。将圆柱体分割成许多无限长载流直导线，无限长载流直导线激发的磁场以导线为轴呈轴对称分布，与导线距离相等的各点的磁感应强度的大小相同，磁感应强度的方向与电流方向遵循右手螺旋定则。因此，在圆柱体外距轴线 r 处取一点 P，如图 8-13(b) 所示，选取关于轴线到点 P 的位矢 $\boldsymbol{r}$ 对称的两个无限长载流直导线，二者在点 P 产生的磁场的总磁感应强度与位矢 $\boldsymbol{r}$ 垂直。可见，无限长载流圆柱体激发的磁场具有与圆柱体同轴的轴对称性，与轴线距离相等的各点的磁感应强度的大小相同，方向与电流方向遵循右手螺旋定则。

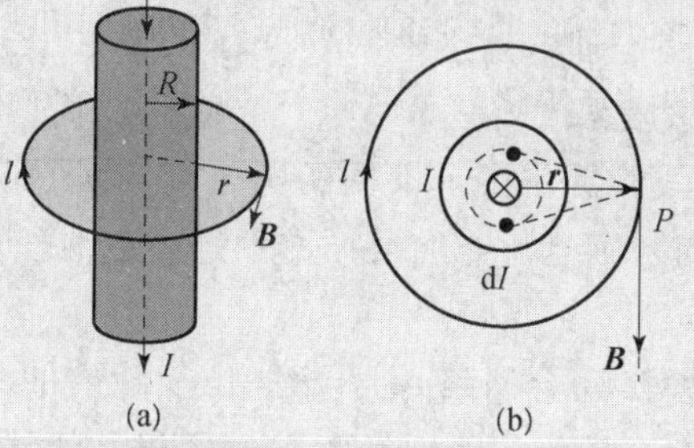

图 8-13　无限长载流圆柱体的磁场

因此，过点 P 作与圆柱体同轴的半径为 r 的环路 l，取环路 l 的方向与电流方向遵循右手螺旋定则，这样在环路 l 的各线元 $\mathrm{d}\boldsymbol{l}$ 上磁感应强度 $\boldsymbol{B}$ 的大小处处相等，磁感应强度 $\boldsymbol{B}$ 的方向与 $\mathrm{d}\boldsymbol{l}$ 方向一致。

若点 P 在无限长载流圆柱体内部(区域 I，$0<r<R$)，则该无限长载流圆柱体激发的磁场的磁感应强度 $\boldsymbol{B}_{\mathrm{I}}$ 对回路 l_1 的环流为

$$\oint_{l_1} \boldsymbol{B}_{\mathrm{I}} \cdot \mathrm{d}\boldsymbol{l} = 2\pi r B_{\mathrm{I}}$$

闭合回路 l_1 所围的电流为

$$\sum_{i=1}^{n} I_{l_1 内 i} = \frac{\pi r^2}{\pi R^2} I$$

由安培环路定理得 $\oint_{l_1} \boldsymbol{B}_{\mathrm{I}} \cdot \mathrm{d}\boldsymbol{l} = \mu_0 \sum_{i=1}^{n} I_{l_1 内 i}$，则

$$2\pi r B_{\mathrm{I}} = \mu_0 \frac{\pi r^2}{\pi R^2} I$$

解得磁感应强度的大小为

$$B_{\mathrm{I}} = \frac{\mu_0 r}{2\pi R^2} I \tag{8-25a}$$

若点 P 在无限长载流圆柱体外部(区域Ⅱ，$r>R$)，则该无限长载流圆柱体激发的磁场的磁感应强度 $\boldsymbol{B}_{\mathrm{II}}$ 对回路 l_2 的环流为

$$\oint_{l_2} \boldsymbol{B}_{\mathrm{II}} \cdot \mathrm{d}\boldsymbol{l} = 2\pi r B_{\mathrm{II}}$$

闭合回路 l_2 所围的电流为

$$\sum_{i=1}^{n} I_{l_2 内 i} = I$$

由安培环路定理得 $\oint_{l_2} \boldsymbol{B}_{\mathrm{II}} \cdot \mathrm{d}\boldsymbol{l} = \mu_0 \sum_{i=1}^{n} I_{l_2 内 i}$，则

$$2\pi r B_{\mathrm{II}} = \mu_0 I$$

解得磁感应强度的大小为

$$B_{\mathrm{II}} = \frac{\mu_0}{2\pi r} I \tag{8-25b}$$

可见，在导体内部，B 与 r 成正比；在导体外部，B 与 r 成反比。

例 8-6 利用安培环路定理求真空中一半径为 R、单位长度上匝数为 n、通有稳恒电流 I 的密绕长直螺线管内的磁感应强度。

解 将密绕长直载流螺线管看作多个共轴的圆电流，其周围磁场是各圆电流所激发磁场的叠加结果，管内的磁场方向与圆电流方向遵循右手螺旋定则。管内磁场较强，管外磁场非常弱，可忽略不计。

如图 8-14 所示，选取一矩形闭合回路 $MNOP$。位于管内的 MN 段上磁感应强度 $\boldsymbol{B}$ 的方向与 $\mathrm{d}\boldsymbol{l}$ 的方向一致，位于管外的 OP 段上 $\boldsymbol{B}=\boldsymbol{0}$，在 NO 和 PM 段上 $\boldsymbol{B}$ 与 $\mathrm{d}\boldsymbol{l}$ 垂直。因此，沿此闭合路径 l 的环流为

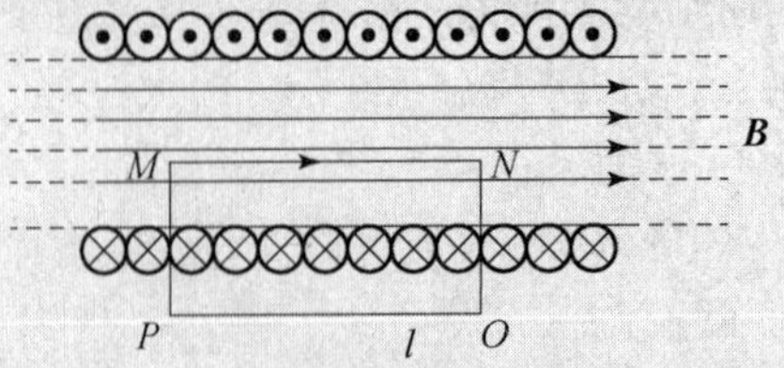

图 8-14 载流密绕长直螺线管内的磁场

$$\oint_l \boldsymbol{B} \cdot \mathrm{d}\boldsymbol{l} = \int_{MN} \boldsymbol{B} \cdot \mathrm{d}\boldsymbol{l} + \int_{NO} \boldsymbol{B} \cdot \mathrm{d}\boldsymbol{l} + \int_{OP} \boldsymbol{B} \cdot \mathrm{d}\boldsymbol{l} + \int_{PM} \boldsymbol{B} \cdot \mathrm{d}\boldsymbol{l} = B \cdot \overline{MN}$$

螺线管上单位长度有 n 匝线圈，通过每匝线圈的电流为 I，则闭合路径所围的电流为 $n \cdot \overline{MN}$，电流方向与回路方向满足右手螺旋定则，由安培环路定理可得

$$B \cdot \overline{MN} = \mu_0 n \overline{MN} I$$

解得

$$B = \mu_0 n I \tag{8-26}$$

例 8-7　图 8-15(a)所示的载流密绕环形螺线管(螺绕环)中通有电流 I，设总匝数为 N，利用安培环路定理求管道内部的磁感应强度。

解　螺绕环的每一匝线圈相当于一个圆电流。磁场几乎全部集中在管道内，管道外磁场很弱。由于电流分布具有中心对称性，因而管道内的磁感线是一系列以环心为圆心的同心圆。在同一磁感线上，磁感应强度 $\boldsymbol{B}$ 的大小相等，方向沿磁感线的切线方向。

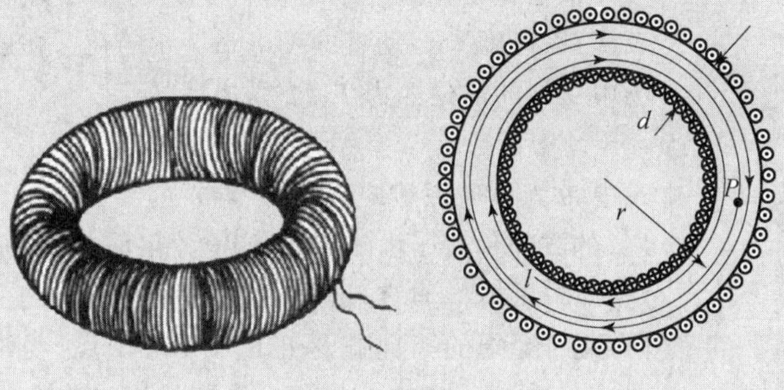

(a)　　　　　　(b)

图 8-15　载流密绕螺绕环的磁场

设螺绕环内点 P 到环心的距离为 r，过点 P 作与环同心、半径为 r 的闭合回路 l，方向为顺时针方向，与穿过回路的电流方向遵循右手螺旋定则，如图 8-15(b)所示。根据安培环路定理，磁感应强度对闭合回路 l 的环流为

$$\oint_l \boldsymbol{B} \cdot \mathrm{d}\boldsymbol{l} = B \cdot 2\pi r$$

闭合回路 l 内的电流的代数和为

$$\sum_{i=1}^{n} I_{内i} = \mu_0 N I$$

解得

$$B = \frac{\mu_0 N}{2\pi r} I \tag{8-27a}$$

可见，螺绕环内任意一点的磁感应强度随该点到环心的距离的变化而变化，即螺绕环内的磁场是不均匀的。

用 R 表示螺绕环的平均半径，当 $2R \gg d$(螺绕环的内、外半径之差)时，可近似认为螺绕环内任意一个与螺绕环同心的圆的半径 $r \approx R$，则上式可变换为

$$B=\frac{\mu_0 N}{2\pi R}I=\mu_0 nI \tag{8-27b}$$

式中,$n=N/2\pi R$ 为螺绕环上单位长度的匝数。由式(8-27b)可知,当载流密绕螺绕环的平均半径比环的内外半径之差大得多时,管道内的磁场可视为均匀磁场,与载流密绕长直螺线管的结论相同。

8.4 稳恒磁场对运动电荷及电流的作用

8.4.1 稳恒磁场对运动电荷的作用

带电粒子在磁场中运动时受到的磁场力称为**洛伦兹力**。实验表明,以速度 $\boldsymbol{v}$ 运动着的带电量为 q 的粒子在磁感应强度为 $\boldsymbol{B}$ 的磁场中受到的洛伦兹力 $\boldsymbol{F}_{洛}$ 的大小为

$$F_{洛}=qvB\sin\theta \tag{8-28a}$$

式中,θ 为该处磁感应强度 $\boldsymbol{B}$ 与 $\boldsymbol{v}$ 的夹角。实验还表明,洛伦兹力 $\boldsymbol{F}_{洛}$ 的方向垂直于由 $\boldsymbol{v}$ 和 $\boldsymbol{B}$ 确定的平面,其方向由右手螺旋定则确定,即右手拇指伸直,四指由 $\boldsymbol{v}$ 方向经过小于 180°的角弯向 $\boldsymbol{B}$ 方向,此时拇指的指向就是正电荷($q>0$)所受洛伦兹力的方向,如图 8-16 所示。负电荷($q<0$)受到的洛伦兹力的方向与正电荷的受力方向相反。

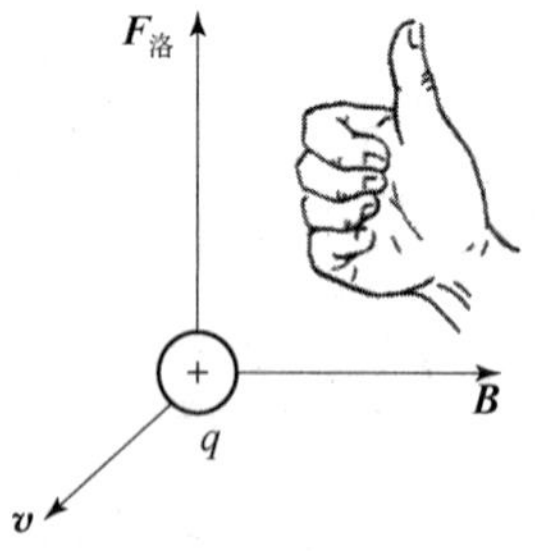

图 8-16 洛伦兹力的方向

由此可得,洛伦兹力 $\boldsymbol{F}_{洛}$ 的矢量式为

$$\boldsymbol{F}_{洛}=q\boldsymbol{v}\times\boldsymbol{B} \tag{8-28b}$$

由于洛伦兹力的方向始终与电荷的运动速度方向垂直,所以洛伦兹力只改变电荷运动速度的方向,不改变电荷运动速度的大小,即**洛伦兹力对运动电荷不做功**。

若带电粒子以速度 $\boldsymbol{v}_{\perp}$ 垂直地进入磁感应强度为 $\boldsymbol{B}$ 的均匀磁场,则洛伦兹力成为带电粒子做圆周运动的向心力。根据向心力与向心加速度的关系,有

$$qv_{\perp}B=\frac{mv_{\perp}^2}{R}$$

则粒子做圆周运动的轨道半径(回旋半径)为

$$R=\frac{mv_{\perp}}{qB} \tag{8-29}$$

质谱仪正是利用洛伦兹力的上述结论进行元素同位素分析的。当带电粒子以确定速度进入确定磁场时,它做圆周运动的半径和粒子的质量成正比。不同质量的带电粒子进入磁场时,落在感光板不

同位置上，形成若干线状谱的细条纹，每一条纹相当于一定质量的离子。由条纹的位置，可以确定同位素的质量；由谱线的数量，可以确定同位素的相对含量。

粒子在圆轨道上绕行一周的时间（回旋周期）为

$$T=\frac{2\pi R}{v_{\perp}}=\frac{2\pi m}{qB} \tag{8-30}$$

粒子在单位时间内的回旋次数（回旋频率）为

$$f=\frac{1}{T}=\frac{v_{\perp}}{2\pi R}=\frac{qB}{2\pi m} \tag{8-31}$$

以上两式表明，带电粒子垂直进入均匀磁场后，粒子的回旋周期、回旋频率与它的速度无关，而与它的荷质比 q/m 以及磁感应强度的大小 B 有关。

如图 8-17 所示，若带电粒子进入均匀磁场时，初速度 $\boldsymbol{v}_0$ 与磁感应强度 $\boldsymbol{B}$ 有任意夹角 θ，可将速度 $\boldsymbol{v}_0$ 分解为与 $\boldsymbol{B}$ 平行和与 $\boldsymbol{B}$ 垂直的两个方向的分量，则

$$v_{//}=v_0\cos\theta, v_{\perp}=v_0\sin\theta$$

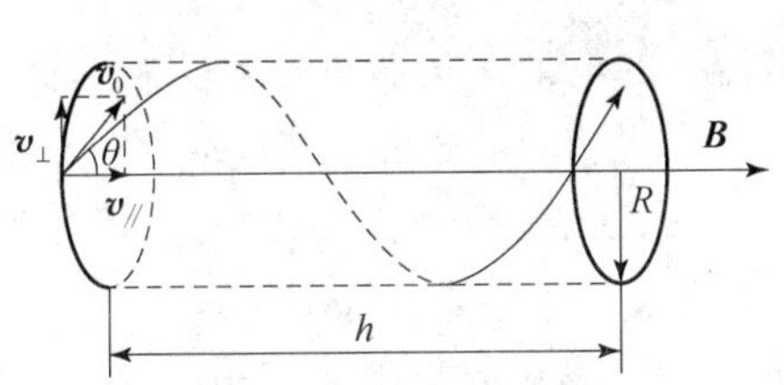

图 8-17　带电粒子非垂直进入磁场

垂直于磁场的速度分量会使带电粒子受到磁场力而偏转，平行于磁场方向上粒子不受磁场力，因此，粒子在磁场中做螺旋线运动。当粒子在垂直于磁场方向上运动一周时，其沿平行于磁场方向运动的距离称为**螺距**。根据以上分析可得，螺距的表达式为

$$h=v_{//}T=v_0\cos\theta\frac{2\pi m}{qB} \tag{8-32}$$

上式表明，螺距 h 仅与带电粒子进入磁场时初始速度在平行于磁场方向上的分量有关，而与垂直于磁场方向上的分量无关。

若有速度大小相近且与磁场方向夹角很小的带电粒子流从同一点进入磁场，当 θ 很小时，余弦值的差别比正弦值的差别小，所以它们的螺距近似相等，这样，各带电粒子前进一个螺距的长度后会会聚在同一点，这称为磁聚焦。磁聚焦原理被广泛应用于电真空器件中对电子束进行聚焦。

1879 年，霍尔发现，在通有电流的导体薄板上加一均匀磁场，当电流的方向与磁场的方向垂直时，在与电流和磁场垂直的金属板的两表面间会出现电势差，如图 8-18 所示，这一现象称为**霍尔效应**。所出现的电势差称为霍尔电势差，也称**霍尔电压**。

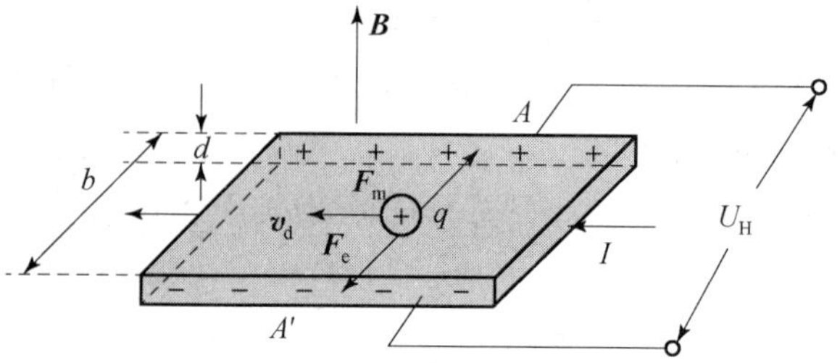

图 8-18　霍尔效应

霍尔效应可以用带电粒子在磁场中运动时受到洛伦兹力的作用来解释,因为导体中电流是载流子定向运动形成的。如果做定向运动的带电粒子是正电荷,则它受到如图 8-18 所示的洛伦兹力 F_m,结果导致导体的表面 A 聚集正电荷,表面 A' 聚集负电荷,在两表面之间产生由表面 A 指向表面 A' 的电场。这个电场会对电荷产生一个与洛伦兹力方向相反的电场力 F_e,随着电荷的不断累积,这个电场会越来越强,电场力也会越来越大,当电场力和洛伦兹力的大小相等时,导体内部的载流子达到动态平衡,这时两表面之间有稳定的霍尔电压。

设导体中载流子的电量为 q,载流子浓度为 n,漂移速度为 $\overline{v}$,则

$$I = qn\overline{v}S = qn\overline{v}bd$$

载流子在磁场中受到的洛伦兹力大小为

$$F_m = q\overline{v}B$$

导体内部产生的附加电场对载流子的作用力为

$$F_e = qE_H$$

当载流子所受洛伦兹力和电场力平衡时,可得

$$qE_H = q\overline{v}B$$

则表面 A 和 A' 之间的电势差(霍尔电压)为

$$U_H = E_H b = \overline{v}Bb = \frac{IB}{nqd} = R_H\frac{IB}{d} \tag{8-33}$$

式中,$R_H = \frac{1}{nq}$ 称为霍尔系数,它与载流子浓度和电荷的正负性质有关。

在金属导体中,由于自由电子的密度(载流子浓度)很大,因而金属导体的霍尔系数很小,相应的霍尔电压也很小。半导体中的载流子浓度比金属导体小得多,所以半导体材料的霍尔系数比金属导体大得多,能产生较大的霍尔电压。

霍尔效应为研究半导体材料的类型、载流子浓度随温度等因素的变化情况等提供了有力的手段。此外,还可以利用半导体材料制成霍尔元件来测量磁感应强度、电流等。

8.4.2 稳恒磁场对载流导线的作用

安培用实验方法得出了电流和电流之间的相互作用规律,并总

结出载流导线在磁场中受力的**安培定律**：磁场中某点的电流元 $I\mathrm{d}\boldsymbol{l}$ 所受到的磁场力 $\mathrm{d}\boldsymbol{F}$ 的大小与该处的磁感应强度 $\boldsymbol{B}$ 的大小、电流元 $I\mathrm{d}l$ 的大小以及电流元和磁感应强度的夹角 θ 的正弦值成正比，即

$$\mathrm{d}F = I\mathrm{d}lB\sin\theta \tag{8-34a}$$

$\mathrm{d}\boldsymbol{F}$ 的方向垂直于 $I\mathrm{d}l$ 和 $\boldsymbol{B}$ 确定的平面，即与 $I\mathrm{d}\boldsymbol{l}\times\boldsymbol{B}$ 的方向相同，如图 8-19 所示。因此，式(8-34a)的矢量表达式为

$$\mathrm{d}\boldsymbol{F} = I\mathrm{d}\boldsymbol{l}\times\boldsymbol{B} \tag{8-34b}$$

式(8-34b)为安培定律的微分形式。由此可知，任意载流导线在磁场中所受的磁场力 $\boldsymbol{F}$，应等于导线上各个电流元所受磁场力 $\mathrm{d}\boldsymbol{F}$ 的矢量和，即

$$\boldsymbol{F} = \int_l I\mathrm{d}\boldsymbol{l}\times\boldsymbol{B} \tag{8-34c}$$

式(8-34c)为安培定律的积分形式。载流导线在磁场中受到的磁场力称为**安培力**。

传导电流是大量带电粒子做宏观定向运动形成的。当载流导体处于磁场中时，每个运动着的带电粒子都要受到洛伦兹力的作用，洛伦兹力的合力在宏观上就表现为导体受到的安培力。安培力是运动电荷在磁场中所受洛伦兹力的宏观表现。

需要注意的是，如果载流导线上各个电流元所受安培力 $\mathrm{d}\boldsymbol{F}$ 的方向各不相同，则需选取适当的坐标系，先将 $\mathrm{d}\boldsymbol{F}$ 沿坐标轴进行分解，然后对各个分量分别进行积分，最后合成，求出总安培力。

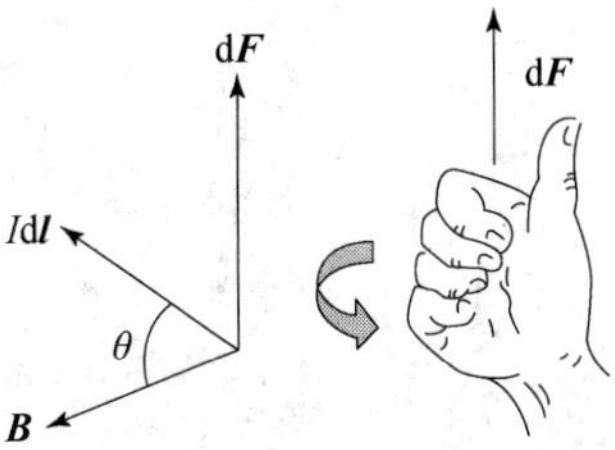

图 8-19　载流导线在磁场中受到的磁场力方向

例 8-8　如图 8-20 所示，设任意形状的平面载流导线中通有电流 I，处于磁感应强度为 $\boldsymbol{B}$ 的均匀磁场中，求该载流导线受到的安培力。

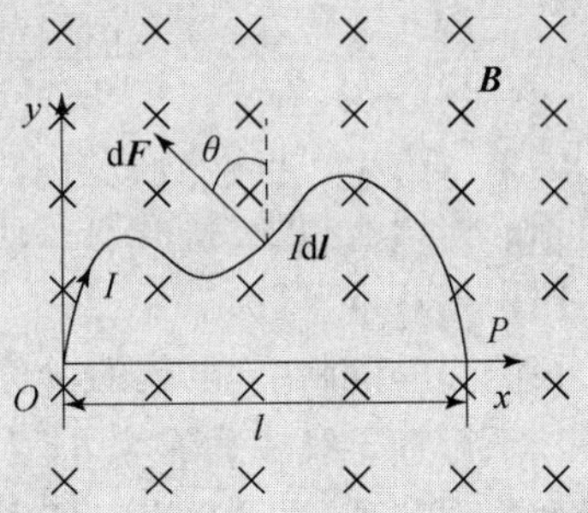

图 8-20　平面载流导线所受的安培力

解　取图 8-20 所示的一段电流元 $I\mathrm{d}\boldsymbol{l}$，设其所受安培力为 $\mathrm{d}\boldsymbol{F}$，将 $\mathrm{d}\boldsymbol{F}$ 沿两坐标轴方向进行分解，则

$$\mathrm{d}F_x = \mathrm{d}F\sin\theta = BI\mathrm{d}l\sin\theta$$
$$\mathrm{d}F_y = \mathrm{d}F\cos\theta = BI\mathrm{d}l\cos\theta$$

分别对上面两式进行积分，得

$$F_x = \int \mathrm{d}F_x = BI\int_0^0 \mathrm{d}y = 0$$

$$F_y = \int \mathrm{d}F_y = BI\int_0^l \mathrm{d}x = BIl$$

故

$$\boldsymbol{F} = BIl\boldsymbol{j}$$

可见，任意平面载流导线在均匀磁场中所受的安培力，等效于从其起点到终点的载有相同电流的直导线所受的安培力。

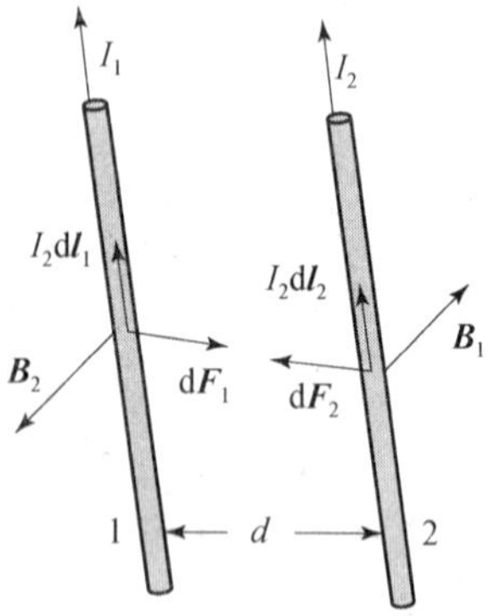

图 8-21 平行载流直导线之间的作用力

设两平行直导线相距 d，分别通有方向相同的电流 I_1 和 I_2，如图 8-21 所示。

两导线间的相互作用力，实际上是其中一条载流导线的电流激发的磁场对另一载流导线的作用力。在导线 2 上任取一电流元 $I_2\mathrm{d}l_2$，根据安培定律，该电流元所受安培力大小为

$$\mathrm{d}F_2 = B_1 I_2 \mathrm{d}l_2$$

式中，B_1 是导线 1 在 $I_2\mathrm{d}l_2$ 处产生的磁感应强度的大小。

$$B_1 = \frac{\mu_0 I_1}{2\pi d}$$

由此可得

$$\mathrm{d}F_2 = B_1 I_2 \mathrm{d}l_2 = \frac{\mu_0 I_1 I_2 \mathrm{d}l_2}{2\pi d}$$

$\mathrm{d}\boldsymbol{F}_2$ 的方向在两平行导线所在的平面内且垂直于导线 2，并指向导线 1。由于导线 2 上任意电流元所受安培力的大小、方向均相同，所以导线 2 上单位长度受到的安培力为

$$\frac{\mathrm{d}F_2}{\mathrm{d}l_2} = \frac{\mu_0 I_1 I_2}{2\pi d}$$

同理，可推导出导线 1 上单位长度受到的安培力为

$$\frac{\mathrm{d}F_1}{\mathrm{d}l_1} = \frac{\mu_0 I_1 I_2}{2\pi d}$$

根据安培定律可以判断出，两条通有同向电流的载流导线，通过磁场的作用互相吸引；而两条通有反向电流的载流导线，通过磁场的作用相互排斥。

在国际单位制中，电流的单位 A(安培)的定义如下：真空中两无限长平行直导线中通有大小相等、方向相同的电流，二者相距 1 m，当两导线单位长度上的安培力为 2×10^{-7} N 时，规定两导线上的电流均为 1 A。根据前文的分析可得出

$$\mu_0 = 4\pi\times10^{-7}\ \mathrm{N\cdot A^{-2}}$$

8.4.3 稳恒磁场对载流线圈的作用

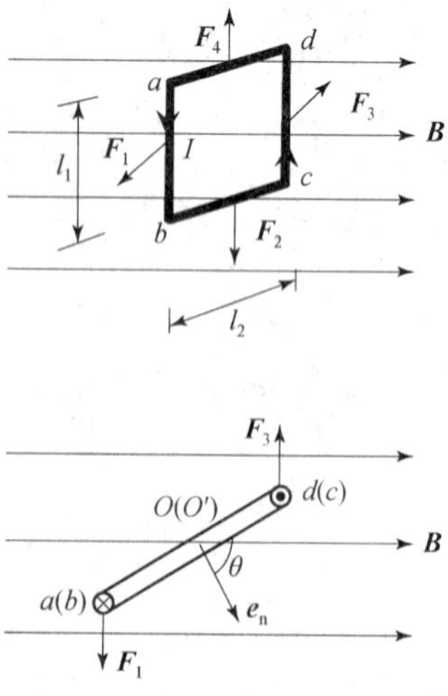

图 8-22 平面载流线圈在均匀磁场中受的磁力矩

下面利用安培定律分析均匀磁场对平面载流线圈产生的磁力矩。

如图 8-22 所示，在磁感应强度为 $\boldsymbol{B}$ 的均匀磁场中，有一刚性的

载流线圈 $abcd$，边长分别为 l_1 和 l_2，通有电流 I。导线 ab 和 cd 与 $\boldsymbol{B}$ 垂直，线圈所在平面的法向单位向量 $\boldsymbol{e}_n$ 与 $\boldsymbol{B}$ 的夹角为 θ。根据安培定律，导线 bc 和 da 所受磁场力分别为 $\boldsymbol{F}_2$ 和 $\boldsymbol{F}_4$，二者大小分别为

$$F_2 = BIl_2\sin(\pi-\theta) = BIl_2\sin\theta,\quad F_4 = BIl_2\sin\theta$$

$\boldsymbol{F}_2$ 和 $\boldsymbol{F}_4$ 大小相等，方向相反，且都在导线 bc 和 da 的中垂线 OO' 上，所以它们的合力为零，合力矩也为零。

导线 ab 和 cd 所受磁场力分别为 $\boldsymbol{F}_1$ 和 $\boldsymbol{F}_3$，根据安培定律，它们的大小相等，即

$$F_1 = F_3 = IBl_1$$

$\boldsymbol{F}_1$ 和 $\boldsymbol{F}_3$ 大小相等，方向相反，它们不在同一直线上，形成一对力偶，其力臂为 $l_2\sin\theta$。因此，力偶 $\boldsymbol{F}_1$ 和 $\boldsymbol{F}_3$ 对矩形线圈的 OO' 轴的合力矩，即磁力矩的大小为

$$M = BIl_1l_2\sin\theta = BIS\sin\theta \tag{8-35a}$$

式中，$S=l_1l_2$ 为矩形线圈的面积。$\boldsymbol{M}$ 的方向与 OO' 轴平行。

将磁矩的定义式 $\boldsymbol{p}_m = IS\boldsymbol{e}_n$ 代入磁力矩的表达式，可得磁力矩的矢量形式为

$$\boldsymbol{M} = \boldsymbol{p}_m \times \boldsymbol{B} \tag{8-35b}$$

磁力矩 $\boldsymbol{M}$ 总是试图使线圈转到磁矩 $\boldsymbol{p}_m$ 与 $\boldsymbol{B}$ 方向一致的位置。当 $\theta=\frac{\pi}{2}$ 时，磁矩与磁场方向垂直，载流线圈所受磁力矩最大；当 $\theta=0$ 时，磁矩与磁场方向一致，载流线圈所受磁力矩为零，此时线圈处于稳定平衡状态；当 $\theta=\pi$ 时，磁矩与磁场方向相反，载流线圈所受的磁力矩也为零，但此时线圈处于非稳定平衡状态，一旦受到扰动，磁力矩会使线圈立即发生转动，转到线圈的磁矩 $\boldsymbol{p}_m$ 与 $\boldsymbol{B}$ 方向一致的位置为止。以上结论虽然是由矩形载流线圈推导出来的，但可以证明，对于均匀磁场中任意形状的载流平面线圈都适用。

磁场对载流线圈的磁力矩作用规律是电动机、动式电表和电流计等机电设备和仪表工作的基本原理。

8.5　稳恒磁场中的磁介质

8.5.1　磁介质

公元 11 世纪，我国北宋时期的科学家沈括在其著作《梦溪笔谈》中第一次明确地记载了人工磁化制作指南针的方法。

处于磁场中的物质会呈现不同程度的磁性，这种现象称为**磁化**。能被磁化的实物称为**磁介质**。磁化了的磁介质会产生附加磁

场,从而对原磁场产生影响。若在真空中某点磁感应强度为 $\boldsymbol{B}_0$,放入磁介质后,因磁介质被磁化而在该点产生的附加磁感应强度为 $\boldsymbol{B}'$,则此时该点的磁感应强度 $\boldsymbol{B}$ 是这两个磁感应强度的矢量和,即

$$\boldsymbol{B}=\boldsymbol{B}_0+\boldsymbol{B}'$$

研究表明,不同的磁介质的磁化特性不同。若 $\boldsymbol{B}'$ 的方向与 $\boldsymbol{B}_0$ 的方向相同,使得 $B>B_0$,这种磁介质称为**顺磁质**,如铝、锰、氧气等。若 $\boldsymbol{B}'$ 的方向与 $\boldsymbol{B}_0$ 的方向相反,使得 $B<B_0$,这种磁介质称为**抗磁质**,如铜、铋、氢气等。顺磁质和抗磁质激发的附加磁场都极其微弱,B' 都比 B_0 小得多,因此顺磁质和抗磁质统称为**弱磁质**。还有一类磁介质,其激发的附加磁场的磁感应强度 $\boldsymbol{B}'$ 的方向也和 $\boldsymbol{B}_0$ 的方向相同,但 $\boldsymbol{B}'$ 的值却比 $\boldsymbol{B}_0$ 的值大得多,即 B' 远大于 B_0,从而使磁场显著增强,这类磁介质称为**铁磁质**,如铁、钴、镍等。

通常用磁介质的磁导率来描述磁介质的性质。有磁介质时的磁场的磁感应强度的大小与真空中磁场的磁感应强度的大小的比值称为磁介质的**相对磁导率** μ_r,即

$$\frac{B}{B_0}=\mu_r \tag{8-36}$$

μ_r 表征了磁介质对外磁场影响的程度,由材料本身性质决定,量纲为 1。顺磁质的相对磁导率 $\mu_r>1$;抗磁质的相对磁导率 $\mu_r<1$,其数量级约为 10^{-5};铁磁质的相对磁导率 $\mu_r\gg1$,其数量级可达 10^2,并且会随着外磁场的强弱变化发生变化。

相对磁导率与真空磁导率的乘积称为磁介质的**磁导率** μ,即

$$\mu=\mu_0\mu_r \tag{8-37}$$

在国际单位制中,磁介质的磁导率 μ 的单位和真空磁导率的单位相同,也是 $\mathrm{T\cdot m\cdot A^{-1}}$。

顺磁质和铁磁质的磁导率都依赖于温度,而抗磁质的磁导率几乎与温度无关。这是由于顺磁质分子磁矩的取向是无规则的,分子热运动剧烈程度随温度变化而变化,故温度变化,磁矩排序随之变化,则磁导率变化。铁磁质中各个磁畴的排列方向是无序的,磁畴排列的混乱程度随温度变化而变化,故温度变化,磁导率随之变化。抗磁质的磁导率与电子轨道平面的进动有关,温度变化对电子轨道平面不产生明显影响,因此抗磁质的磁导率几乎与温度无关。

由于弱磁质的相对磁导率接近 1,为了便于分析,引入**磁化率** χ_m,它与相对磁导率的关系为

$$\chi_m=\mu_r-1 \tag{8-38}$$

8.5.2 磁介质的磁化

磁介质的磁化可以用安培提出的分子环流假说进行解释。原子中的电子在自旋的同时绕原子核运动,若把分子当作一个整体,则每一个分子中各个运动的电子所产生的总磁场,相当于一个等效

圆电流所产生的磁场，这一等效圆电流称为分子环流，其磁矩称为**分子磁矩**。

1. 弱磁质的磁化

弱磁质分为分子具有固有磁矩的磁介质和分子不具有固有磁矩的磁介质两类。

在顺磁质中，每个分子都具有固有磁矩。当没有外磁场时，由于分子的热运动，每个分子磁矩的取向是无序的。因此，在一个宏观的体积元中，所有分子磁矩的矢量和为零。也就是说，当无外磁场时，磁介质不呈现磁性。当有外磁场时，各分子磁矩在磁力矩作用下向外磁场方向发生偏转，发生**取向磁化**，从而产生了沿外磁场方向的附加磁感应强度 $\boldsymbol{B}'$，从而产生磁化现象。

在抗磁质中，每个分子的磁矩为零，因此当无外磁场时，磁介质不呈现磁性。当抗磁质在外磁场中时，分子中的电子做轨道运动的角速度发生改变，引起磁矩变化，发生**感应磁化**，从而产生与外磁场方向相反的附加磁场。

实际上，在外磁场中，顺磁质分子也会发生感应磁化，但取向磁化的磁矩远大于感应磁化的磁矩。

磁介质中分子磁矩的矢量和越大，其磁化程度越高，定义单位体积内分子磁矩的矢量和为**磁化强度**，符号为 $\boldsymbol{M}$，用以描述磁介质的磁化程度，即

$$\boldsymbol{M} = \frac{\sum \boldsymbol{p}_{\mathrm{m}}}{\Delta V} \tag{8-39}$$

研究证明，对于大多数各向同性的磁介质，其任意一点的磁化强度 $\boldsymbol{M}$ 与该点的总磁场强度 $\boldsymbol{H}$ 成正比，并且方向相同，即

$$\boldsymbol{M} = \chi_{\mathrm{m}} \boldsymbol{H} \tag{8-40}$$

2. 铁磁质的磁化

铁磁质的磁性主要来自电子的自旋磁矩，可以用磁畴理论进行解释。铁磁质具有特殊的磁化特性。

(1)铁磁质的磁感应强度 $\boldsymbol{B}(\boldsymbol{B}=\mu\boldsymbol{H})$ 并不随着磁场强度 $\boldsymbol{H}$ 呈线性变化，即铁磁质的磁导率不是常量。当 $\boldsymbol{H}$ 从零逐渐增大($\boldsymbol{H}$ 的值较小)时，$\boldsymbol{B}$ 也逐渐缓慢增大；之后，$\boldsymbol{H}$ 再增大时，$\boldsymbol{B}$ 会急剧增大；当 $\boldsymbol{H}$ 增大到一定程度以后，$\boldsymbol{H}$ 再增大时，$\boldsymbol{B}$ 就增大得慢了，最后不再增大。这时对应的 $\boldsymbol{B}$ 值一般称为饱和磁感应强度，用 $\boldsymbol{B}_{\max}$ 表示，这种现象称为磁饱和现象。

(2)铁磁质的磁化过程并不是可逆的。当 $\boldsymbol{H}$ 增大时，$\boldsymbol{B}$ 按一条磁化曲线增大，当铁磁质磁化到一定程度后，再逐渐使 $\boldsymbol{H}$ 减小而使铁磁质退磁时，$\boldsymbol{B}$ 虽相应地减小，但却按照另一条曲线下降，而该曲线的位置比上一条曲线高，这种 $\boldsymbol{B}$ 的变化落后于 $\boldsymbol{H}$ 的变化的现象，称为**磁滞**现象。当 $\boldsymbol{H}$ 减小到零时，$\boldsymbol{B}$ 并不等于零，此时的磁感应强

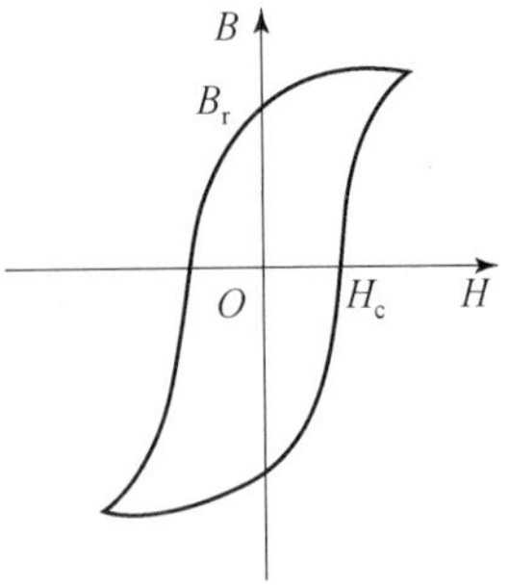

图 8-23　磁滞回线

度为 $\boldsymbol{B}_r$,$\boldsymbol{B}_r$ 称为剩余磁感应强度,简称剩磁。这是铁磁质特有的现象。如果一铁磁质有剩磁存在,就表明它已被磁化过。为了消除剩磁,必须加一反向磁场。随着反向磁场的增强,$\boldsymbol{B}$ 逐渐减小,当 $\boldsymbol{H}=\boldsymbol{H}_c$ 时,$\boldsymbol{B}$ 等于零。$\boldsymbol{H}_c$ 称为**矫顽力**,它反映铁磁质去磁的能力。当反向磁场继续增强时,铁磁质的反向磁化同样能达到饱和。B-H 曲线形成一条闭合曲线,通常称为**磁滞回线**,如图 8-23 所示。根据矫顽力的大小不同,铁磁质可以分为软磁材料和硬磁材料。软磁材料的矫顽力小,磁滞回线狭长,包围的面积小,磁滞损耗小,因此适合在交变磁场中应用,如制作变压器、电磁铁和电机中的铁芯。硬磁材料的矫顽力大,剩余磁感应强度很大,通常称为永磁体。稀土钕铁硼永磁材料由于具有高磁矫顽力和高温稳定性,使电动机的效率和性能显著提高,被广泛应用于新能源汽车。

(3)铁磁质的磁化能力和温度有关。随着温度的升高,它的磁化能力逐渐减小,当温度升高到某一值时,铁磁性完全消失,变为顺磁性,这个临界温度称为**居里点**。

8.5.3 有磁介质时的安培环路定理

磁介质磁化时分子电流呈规则排列,从而在磁介质表面宏观表现出电流,称为**磁化电流**,如图 8-24(a)、(b)所示。磁化电流并不是带电粒子的宏观位移产生的,仅是分子电流规则排列的宏观效果,因此与传导电流有本质区别。在有磁介质时磁场的安培环路定理仍然成立,此时既要考虑传导电流,也要考虑磁化电流,即

$$\oint_l \boldsymbol{B}\cdot \mathrm{d}\boldsymbol{l}=\mu_0\Big(\sum_i I_{0i内}+\sum_i I'_{i内}\Big) \tag{8-41}$$

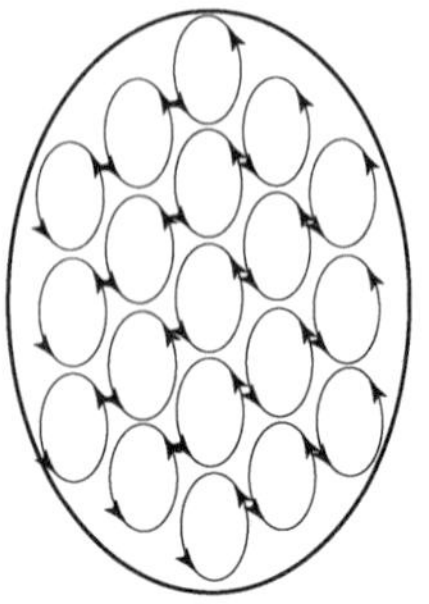

(a)

磁化电流

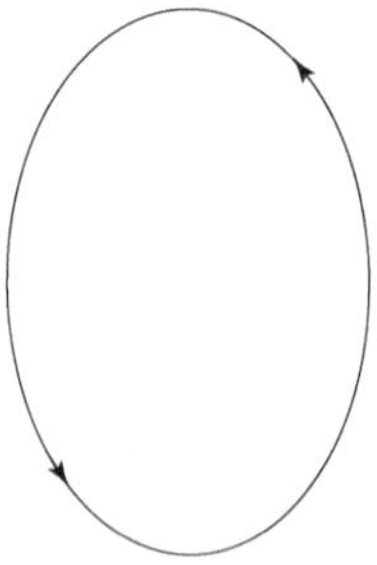

(b)

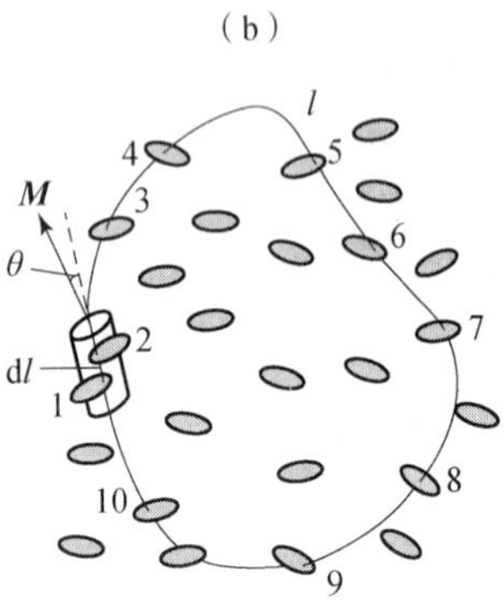

(c)

图 8-24　磁介质中的磁化电流

在磁介质中任选以 l 为边界的曲面 S,由图 8-24(c)可以看出,只有环绕在闭合曲线 l 上的分子电流对磁化电流有贡献。其他的分子电流不穿过曲面,或者沿相反方向两次穿过曲面而抵消。

设磁介质单位体积内有 n 个分子,每个分子电流的大小为 I_m,以线元 $\mathrm{d}l$ 为轴作一底面积为 S 的圆柱体微元,圆柱体微元内的分子电流形成的磁化电流微元 $\mathrm{d}I'$ 为

$$\mathrm{d}I'=nS\mathrm{d}lI_m=n\mathrm{d}lp_m=M\mathrm{d}l=\boldsymbol{M}\cdot\mathrm{d}\boldsymbol{l} \tag{8-42a}$$

则整个闭合曲线 l 内的磁化电流为

$$I'=\oint_l \boldsymbol{M}\cdot\mathrm{d}\boldsymbol{l} \tag{8-42b}$$

由于磁化强度只分布在磁介质内部,故

$$\oint_l \boldsymbol{B}\cdot\mathrm{d}\boldsymbol{l}=\mu_0\Big(\sum_i I_{0i内}+\oint_l \boldsymbol{M}\cdot\mathrm{d}\boldsymbol{l}\Big) \tag{8-43}$$

即

$$\oint_l (\boldsymbol{B}-\mu_0\boldsymbol{M})\cdot\mathrm{d}\boldsymbol{l}=\mu_0\sum_i I_{0i内} \tag{8-44}$$

整理得

$$\oint_l \left(\frac{\boldsymbol{B}}{\mu_0} - \boldsymbol{M}\right) \cdot \mathrm{d}\boldsymbol{l} = \oint_l (\mu_r - \chi_m)\boldsymbol{H} \cdot \mathrm{d}\boldsymbol{l} = \sum_i I_{0i内}$$

则

$$\oint_l \boldsymbol{H} \cdot \mathrm{d}\boldsymbol{l} = \sum_i I_{0i内} \tag{8-45}$$

这就是有磁介质时的安培环路定理。它表明，磁场强度沿闭合曲线的环流等于闭合曲线内的传导电流的代数和，与磁化电流无关。

由以上分析可以看出

$$\boldsymbol{H} = \frac{\boldsymbol{B}}{\mu_0} - \boldsymbol{M} \tag{8-46}$$

磁场强度 $\boldsymbol{H}$ 沿闭合曲线的环流仅与闭合曲线内的传导电流有关，但是磁场强度 $\boldsymbol{H}$ 与传导电流和磁化电流都有关。

例 8-9 如图 8-25(a)所示，半径为 R_1 的无限长圆柱形导体中通有电流 I，磁导率近似等于 μ_0，它被内、外半径分别为 R_1、R_2 的同轴圆筒形磁介质包围，置于真空中。磁介质为各向同性均匀非铁磁质，磁介质的磁导率为 μ。求空间的磁场分布。

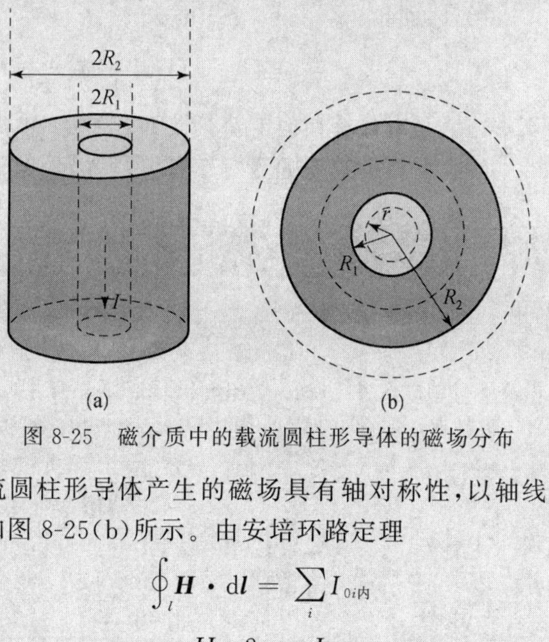

图 8-25 磁介质中的载流圆柱形导体的磁场分布

解 (1)无限长载流圆柱形导体产生的磁场具有轴对称性，以轴线上任意一点为圆心，作半径为 r 的圆形回路，如图 8-25(b)所示。由安培环路定理

$$\oint_l \boldsymbol{H} \cdot \mathrm{d}\boldsymbol{l} = \sum_i I_{0i内}$$

得

$$H \cdot 2\pi r = I_{内}$$

当 $r < R_1$ 时，

$$I_{内} = I\frac{\pi r^2}{\pi R_1^2}$$

$$H_{\mathrm{I}} = \frac{Ir}{2\pi R_1^2}$$

$$B_{\mathrm{I}} = \mu_0 H_{\mathrm{I}} = \frac{\mu_0 Ir}{2\pi R_1^2}$$

当 $R_1 < r < R_2$ 时，考察点在磁介质中，则

$$H_{\mathrm{II}}=\frac{I}{2\pi r}$$

$$B_{\mathrm{II}}=\mu H_{\mathrm{II}}=\frac{\mu I}{2\pi r}$$

当 $r>R_2$ 时，考察点在真空中，则

$$H_{\mathrm{III}}=\frac{I}{2\pi r}$$

$$B_{\mathrm{III}}=\mu_0 H_{\mathrm{III}}=\frac{\mu_0 I}{2\pi r}$$

8.5.4 有磁介质时的高斯定理

有磁介质时，场点的磁感应强度是原磁场的磁感应强度和附加磁场的磁感应强度的矢量和，即

$$\boldsymbol{B}=\boldsymbol{B}_0+\boldsymbol{B}'$$

传导电流激发的磁场是无源场，磁化电流激发的磁场也是无源场，因此

$$\oiint_S \boldsymbol{B}\cdot \mathrm{d}\boldsymbol{S}=0 \tag{8-47}$$

这就是有磁介质时的高斯定理。它表明，有磁介质时，磁场对任意闭合曲面的总磁通量等于零，磁场仍是无源场。

思考题

8-1 如思考题 8-1 图所示，几种载流导线在平面内分布，电流均为 I，分析各部分载流导线在点 O 处激发的磁场的磁感应强度，以及点 O 的总磁感应强度的大小和方向。

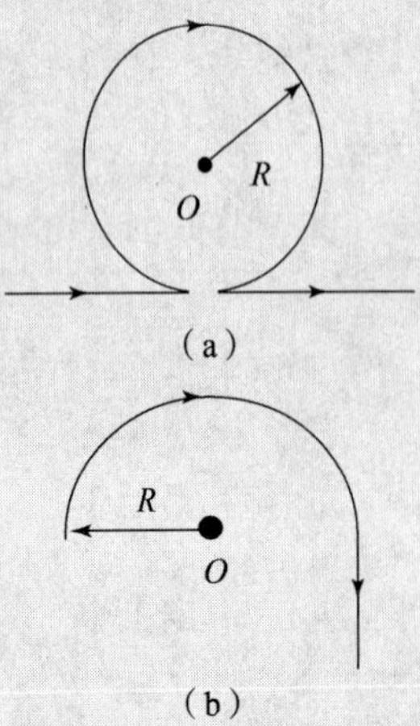

思考题 8-1 图

8-2 如思考题 8-2 图所示，两长直导线中电流 I_1、I_2，均为 10 A，且方向相反。对思考题 8-2 图中三个闭合回路 a、b、c 分别写出安培环路定理的表达式中等号右边电流的代数和，并加以讨论：

(1)在每一闭合回路上各点的 B 是否相同?

(2)能否由安培环路定理直接计算闭合回路上各点的 B?

(3)在闭合回路 b 上各点的磁感应强度是否都为零? 为什么?

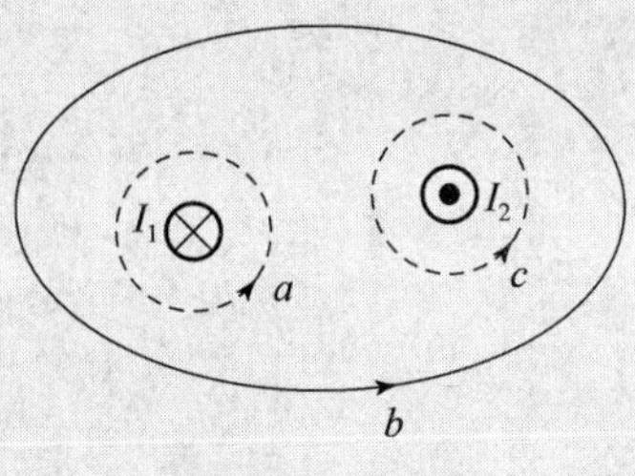

思考题 8-2 图

8-3　如思考题 8-3 图所示，在一圆电流 I 所在的平面内，选取一个同心圆形闭合回路 L，分析磁感应强度在回路上的环流和回路上各点的磁感应强度。

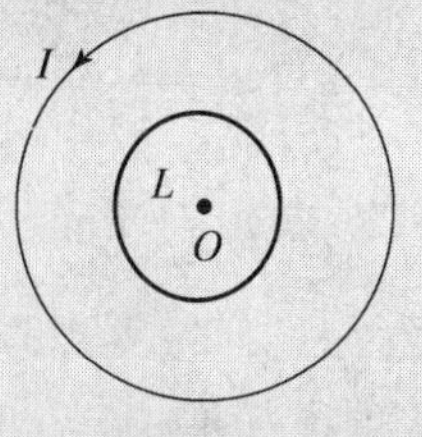

思考题 8-3 图

8-4　如思考题 8-4 图所示，流出纸面的电流为 I_1，流进纸面的电流为 I_2，$I_1=2I_2$，分析磁感应强度对 L_1、L_2、L_3 三个回路的环流分别是多少。

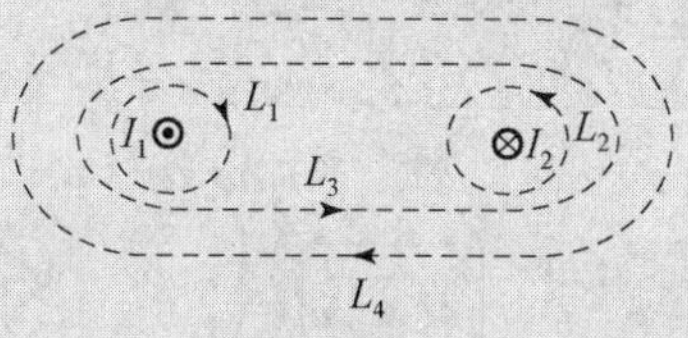

思考题 8-4 图

8-5　如思考题 8-5 图所示，边长为 a 的正方形的四个角上固定有四个电量为 q 的点电荷，此正方形以角速度 ω 绕 AC 轴旋转时，在中心 O 产生的磁感应强度大小为 B_1；此正方形同样以角速度 ω 绕过点 O 且垂直于正方形所在平面的轴旋转时，在点 O 产生的磁感应强度的大小为 B_2，分析 B_1 与 B_2 的关系。

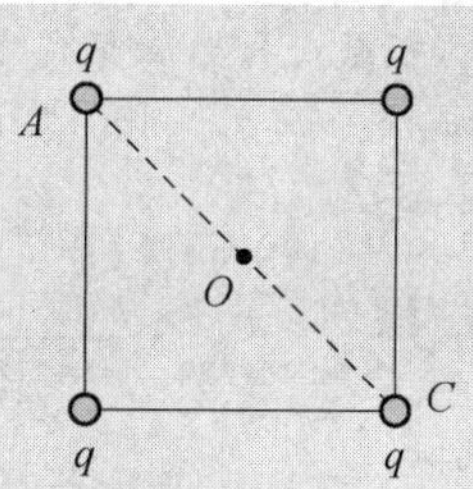

思考题 8-5 图

8-6　如思考题 8-6 图所示，无限长载流直导线与正三角形载流线圈在同一平面内，若直导线固定不动，则正三角形载流线圈如何运动？

8-7　两个平面圆形载流线圈相距不远，如果要使其互感系数近似为零，则应如何调整线圈的取向？

8-8　边长为 L 的一个正方形导体框上通有电流 I，分析此框中心的磁感应强度与边长 L 的关系。

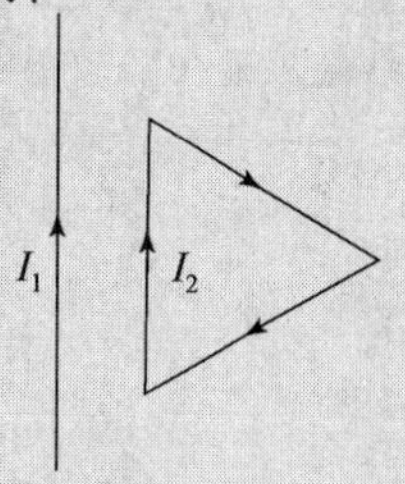

思考题 8-6 图

8-9　一段任意形状的导线 ab 中通有电流 I，将导线放在和磁感应强度为 $\boldsymbol{B}$ 的均匀磁场垂直的平面内，试证明导线 ab 所受的力等于点 a 和点 b 间载有同样电流的直导线所受的力。

8-10　质子和电子以相同的速度垂直进入磁感应强度为 $\boldsymbol{B}$ 的均匀磁场中，试求质子轨道半径 R_1 与电子轨道半径 R_2 的比值。

8-11　顺磁质和铁磁质的磁导率都依赖于温度，而抗磁质的磁导率几乎与温度无关，分析其原因。

练习题

8-1　如练习题 8-1 图所示，载流导线在平面内分布，电流为 I，此载流导线在点 O 激发的磁感应强度为多少？

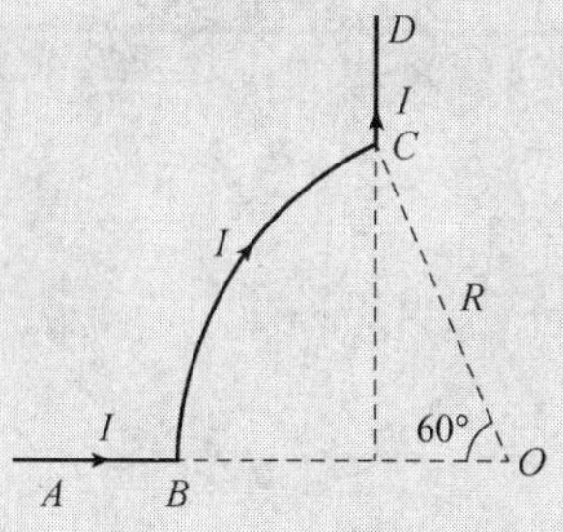

练习题 8-1 图

8-2　有一根无限长载流直导线，通有电流 I，弯成练习题 8-2 图所示形状，BC 段为半径为 R 的 1/4 圆弧。试求圆心 O 处的磁感应强度的大小和方向。

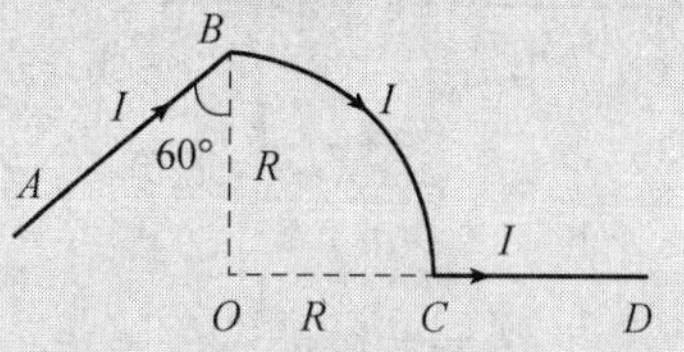

练习题 8-2 图

8-3　将无限长载流直导线弯成练习题 8-3 图所示的形状,已知电流为 I,圆弧半径为 R,求点 O 处的磁感应强度大小和方向。

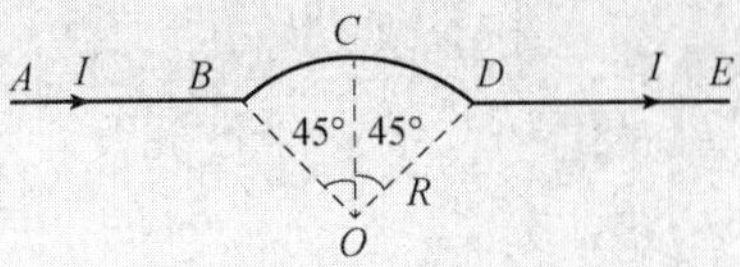

练习题 8-3 图

8-4　如练习题 8-4 图所示,电流 I 沿垂直于 bc 边方向经长直导线 1 由点 a 流入一电阻均匀分布的正三角形线框,再由点 b 沿垂直于 ac 边方向经长直导线 2 流出,求三角形中心 O 处的磁感应强度的大小。

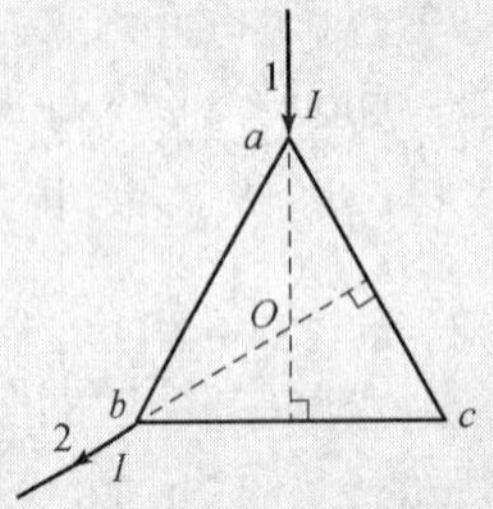

练习题 8-4 图

8-5　电流 I 沿 ac 边方向经长直导线 1 由点 a 流入一电阻均匀分布的正三角形线框,再由点 b 沿平行于 ac 边方向经长直导线 2 流出,如练习题 8-5 图所示,若长直导线 1、2 和三角形线框在线框中心 O 处产生的磁感应强度分别用 $\boldsymbol{B}_1$、$\boldsymbol{B}_2$ 和 $\boldsymbol{B}_3$ 表示,求点 O 处的磁感应强度。

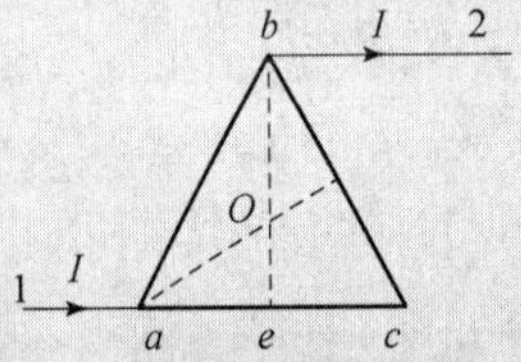

练习题 8-5 图

8-6　真空中有一无限长载流直导线 LL',它在点 A 处折成直角,如练习题 8-6 图所示。已知 $d=4.00$ cm,电流 $I=20.0$ A。在平面 LAL' 内,求点 P、R、S、T 处磁感应强度的大小。

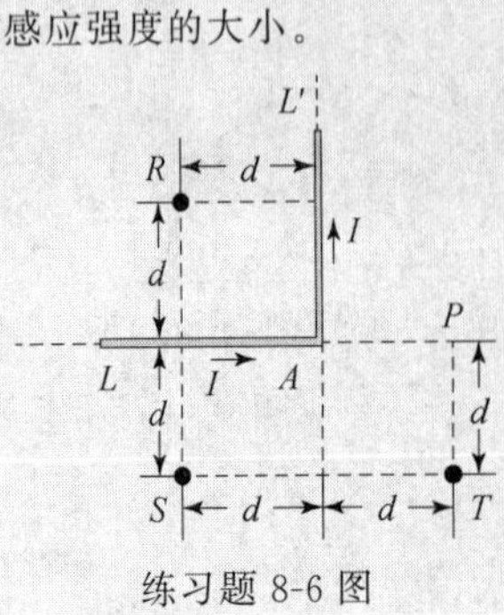

练习题 8-6 图

8-7　均匀带电刚性细杆 AB 的长度为 b,线电荷密度为 λ,绕过点 O 且垂直于纸面的轴以角速度 ω 匀速转动(点 O 在细杆 AB 的延长线上),A 端到点 O 的距离为 a。求点 O 的磁感应强度 $\boldsymbol{B}$。

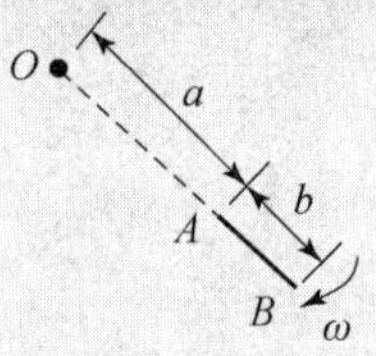

练习题 8-7 图

8-8　一边长为 $a=0.15$ m 的立方体如练习题 8-8图所示。有一均匀磁场通过立方体所在区域,磁感应强度 $\boldsymbol{B}=6\boldsymbol{i}+3\boldsymbol{j}+1.5\boldsymbol{k}$(T)。求:

(1)通过立方体上阴影部分的磁通量;

(2)通过立方体 6 个面的总磁通量。

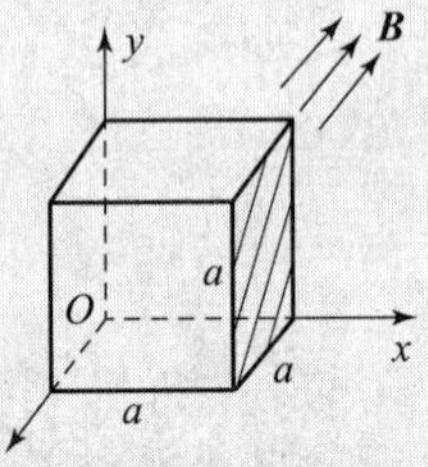

练习题 8-8 图

8-9　一根长直圆管导体的内半径为 a,外半径为 b,电流 I 沿管轴方向,并且均匀地分布在管壁的横截面上。空间某点 P 至管轴的距离为 r,求下列三种情况下,点 P 的磁感应强度:

(1)$r<a$;

(2)$a<r<b$;

(3)$r>b$。

8-10　一根很长的同轴电缆由一圆柱形导体(半径为 a)和一同轴的圆管形导体(内、外半径分别为 b、c)构成,如练习题 8-10 图所示。使用时,电流 I 从其中一导体流出,从另一导体流回。设电流均匀地分布在导体的横截面上,求下列区域中磁感应强度的大小:

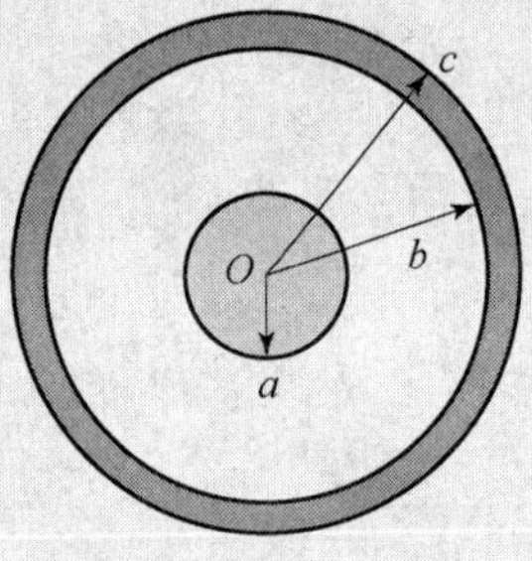

练习题 8-10 图

(1)圆柱形导体内($r<a$);

(2)两导体之间($a<r<b$);

(3)圆管形导体内($b<r<c$);

(4)电缆外($r>c$)。

8-11 两平行长直导线相距 $d=40$ cm,分别载有电流 I_1、I_2,且 $I_1=I_2=20$ A,电流流向如练习题 8-11 图所示。求:

(1)两导线所在平面内与两导线等距的一点 A 处的磁感应强度;

(2)通过练习题 8-11 图中阴影部分的磁通量($r_1=r_3=10$ cm,$L=25$ cm)。

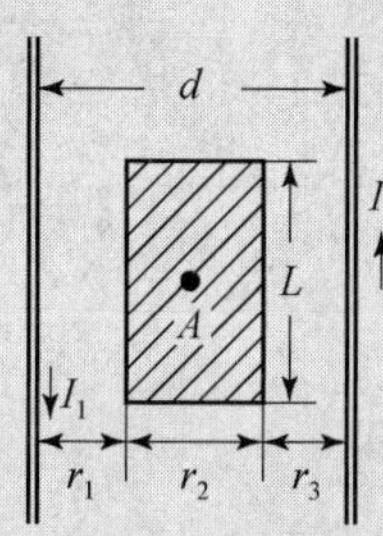

练习题 8-11 图

8-12 螺线管的长度为 0.50 m,总匝数 $N=2\ 000$,当通以 1 A 的电流时,管内中央部分的磁感应强度 $\boldsymbol{B}$ 的大小为多少?

8-13 试计算空心环形螺线管内的磁感应强度。已知总匝数为 $N=1\ 000$,电流 $I=1$ A,$R=0.1$ m,$d=2\times10^{-2}$ m。

8-14 横截面为矩形的环形螺线管的内、外半径分别为 R_1、R_2,线圈总匝数为 N,绕得很密,线圈中通有电流 I。求:

(1)管内材料的磁导率为 μ_0 时,管内的 H 和 B;

(2)通过管内横截面的磁通量;

(3)管内充满相对磁导率为 μ_r 的磁介质时,管内的 H 和 B。

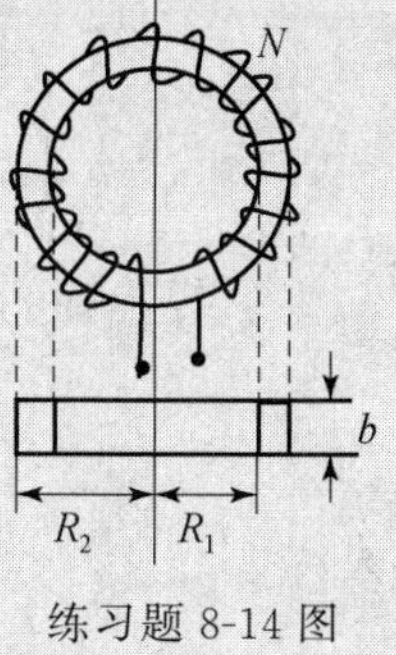

练习题 8-14 图

8-15 无限长圆柱形铜导体(磁导率为 μ_0)的半径为 R,通有均匀分布的电流 I。今取一矩形平面 S(长为 1 m,宽为 $2R$),位置如练习题 8-15 图中阴影部分所示,求通过该矩形平面的磁通量。

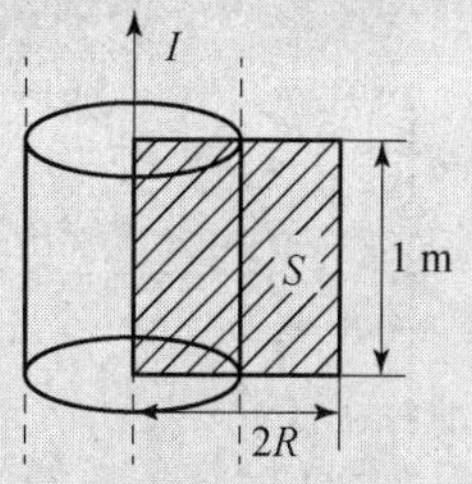

练习题 8-15 图

8-16 三角形回路与载流长直导线处于同一平面内,导线中电流为 I,求通过三角形回路的磁通量。

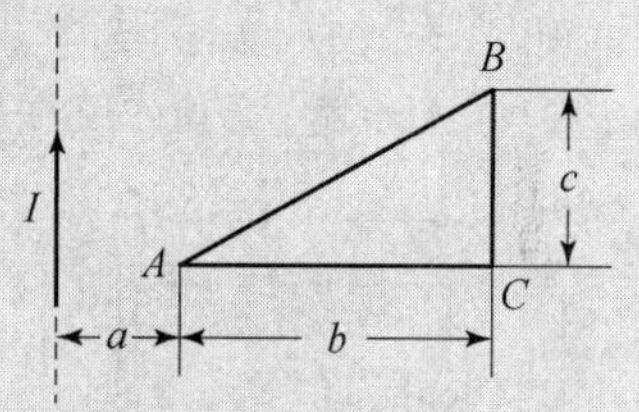

练习题 8-16 图

8-17 如练习题 8-17 图所示,导线中载有电流 $I=7.0$ A,转折处为半径 $R=0.10$ m 的四分之一圆周 ab。均匀外磁场的磁感应强度大小为 $B=1.0$ T,其方向垂直于导线所在的平面,求圆弧 ab 所受的安培力。

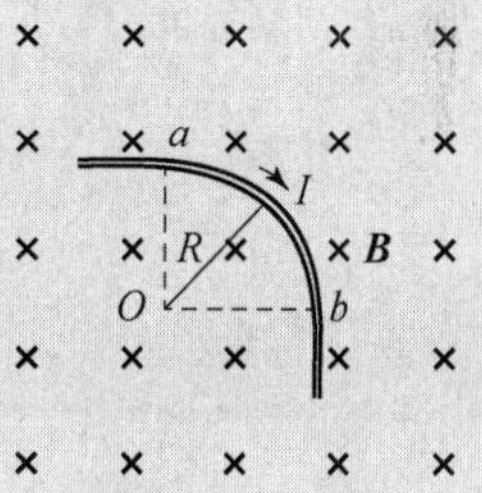

练习题 8-17 图

8-18 一通有电流 I 的长导线弯成如练习题 8-18 图所示的形状,放在磁感应强度为 $\boldsymbol{B}$ 的均匀磁场中,$\boldsymbol{B}$ 的方向为垂直于纸面向内,求此导线受到的安培力。

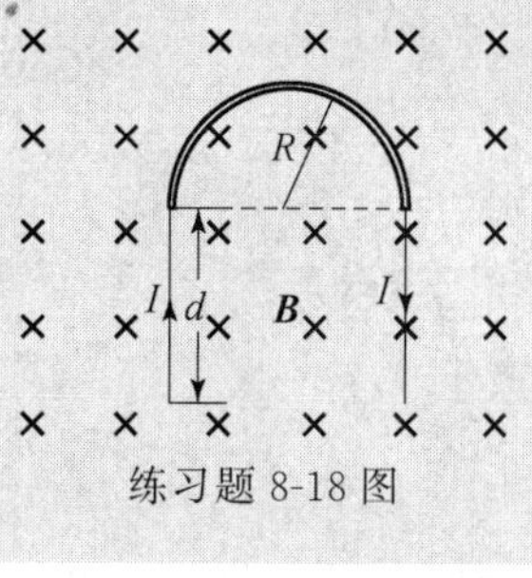

练习题 8-18 图

8-19 如练习题8-19图所示，在一个无限长载有电流 I_1 的直导线旁边有一直导线 AB，直导线 AB 中通有电流 I_2，直导线 AB 与水平方向的夹角 $\varphi=60°$。试求导线 AB 所受安培力的大小和方向。

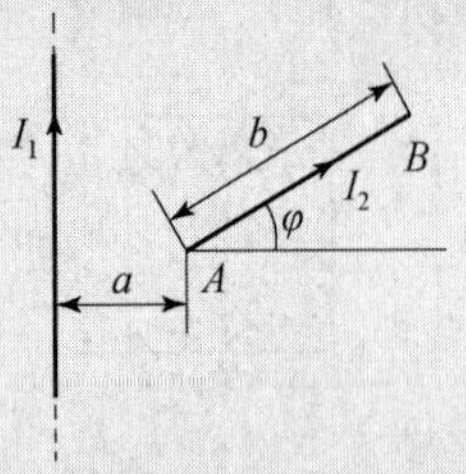

练习题8-19图

8-20 如练习题8-20图所示，在长直导线 AB 内通有电流 I_1，在矩形线圈 $CDEF$ 中通有电流 I_2，导线 AB 与线圈共面，且 CD、EF 都与 AB 平行。求导线 AB 激发的磁场对矩形线圈每边所作用的力。

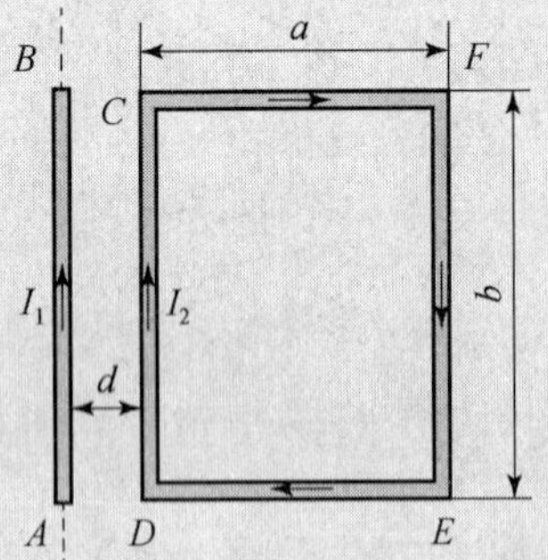

练习题8-20图

8-21 直径 $d=0.02$ m 的圆形线圈共10匝，通有0.1 A的电流。

(1)它的磁矩是多少？

(2)若将该线圈置于磁感应强度为1.5 T的磁场中，它受到的最大磁力矩是多少？

8-22 一半圆形闭合线圈的半径 $R=0.1$ m，通有电流 $I=10$ A，放在均匀磁场中，如练习题8-22图所示，磁感应强度的方向与线圈平面平行，大小为0.5 T。求线圈所受磁力矩的大小。

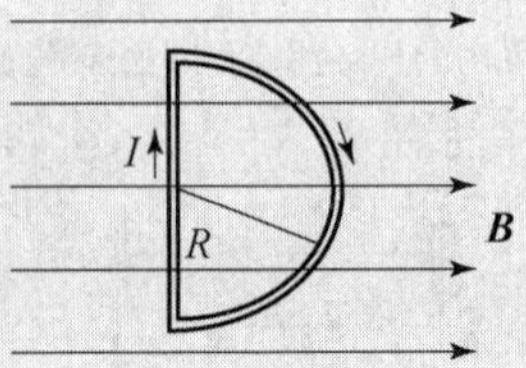

练习题8-22图

第 9 章
变化的电磁场

电流的磁效应被发现后，人们通过探索发现了磁能生电，从而发展了电磁理论，促进了第二次工业革命的发展，人类由此进入了电气化时代。本章主要讨论电磁感应现象，进而讨论磁场的能量，并对电磁场理论进行简要介绍。

9.1 电磁感应

9.1.1 电动势

研究电磁感应现象,首先需要掌握电动势的概念。导体两端具有电势差时,导体中的带电粒子会定向移动形成电流。要维持导体中的稳恒电流,导体两端电势差必须保持不变。以电容器放电时产生电流为例进行分析。在电容器放电过程中,极板上的带电粒子在静电力的作用下迁移并中和,造成导体两端的电势差逐渐减小,无法维持导体中的稳恒电流。

为了维持两极板之间的电势差不变,两极板之间必须有一种力,能够逆着两极板之间静电力的方向,源源不断地把带正电的粒子运到电势高的正极板上,同时把带负电的粒子运到电势低的负极板上,使得两极板之间的电势差保持不变,从而维持导体中的稳恒电流。这样的力称为**非静电力**,记为 $\boldsymbol{F}_k$。单位正电荷受到的非静电力的大小和方向与该非静电力场(简称非静电场)的电场强度 $\boldsymbol{E}_k$ 的大小和方向相同。能够提供非静电力的装置称为**电源**,如图 9-1 所示。

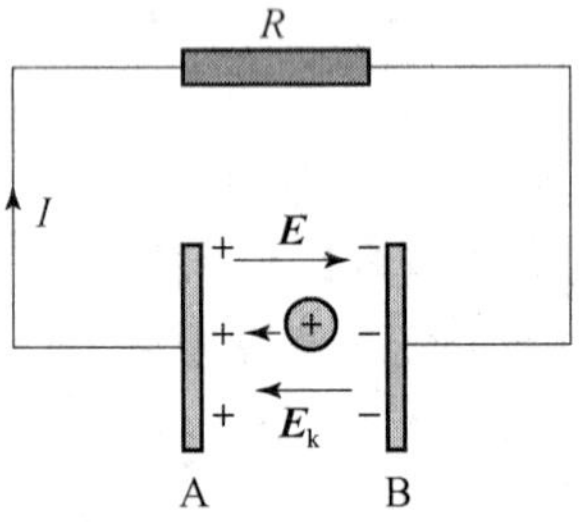

图 9-1 电源示意图

电源的种类很多,如干电池、蓄电池、发电机。不同类型的电源形成非静电力的原因不同,但无论哪种电源,其内部非静电力的方向始终与静电力的方向相反,因而非静电力在移动电荷时,是克服静电力做功的。这个过程是把其他形式的能量转化为电能的过程,即电源是把其他形式的能量转化为电能的一种装置。

把单位正电荷在电源内部从负极移到正极的过程中,电源内部非静电力所做的功称为**电源电动势**,用符号 ε 表示,定义式为

$$\varepsilon = \int_{-}^{+} \boldsymbol{E}_k \cdot \mathrm{d}\boldsymbol{l} \tag{9-1}$$

电源电动势是有大小也有方向的标量,规定在电源内部从负极指向正极的方向为电动势的方向。电动势的单位是 V(伏特)。

由于非静电力只存在于电源内部,在外电路上非静电力做的功为零,因此电源电动势又可以定义为单位正电荷绕闭合回路运动一周时,电源中非静电力所做的功,即

$$\varepsilon = \oint_l \boldsymbol{E}_k \cdot \mathrm{d}\boldsymbol{l} \tag{9-2}$$

根据此定义可以看出,电动势 ε 的方向与回路中电流的方向一致。

由式(9-2)可以得出结论,非静电场的电场强度对于闭合回路 l 的环流不等于零。可见,非静电场与静电场的性质不同,非静电场不是保守场。

9.1.2 电磁感应现象

英国物理学家法拉第通过大量实验发现了由磁产生电的规律。实验大致可以归结为三类。第一类实验如图 9-2(a)所示，当磁铁与导体回路发生相对运动时，线圈中会产生电流。第二类实验如图 9-2(b)所示，当一个回路里的电流发生变化时，其附近与其绝缘的另一导体回路中会产生电流。第三类实验如图 9-2(c)所示，当处于磁场中的闭合导体回路的某一段导体沿垂直于磁场方向运动时，回路中会产生电流。

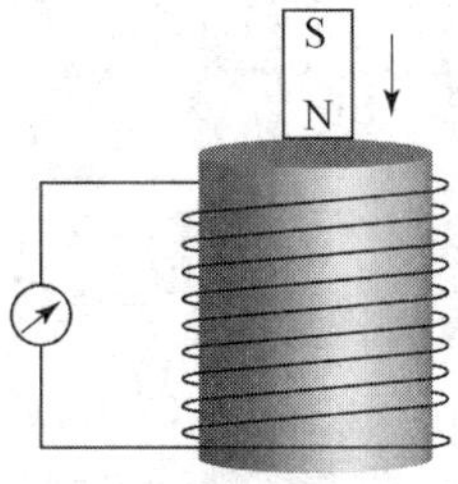

(a)

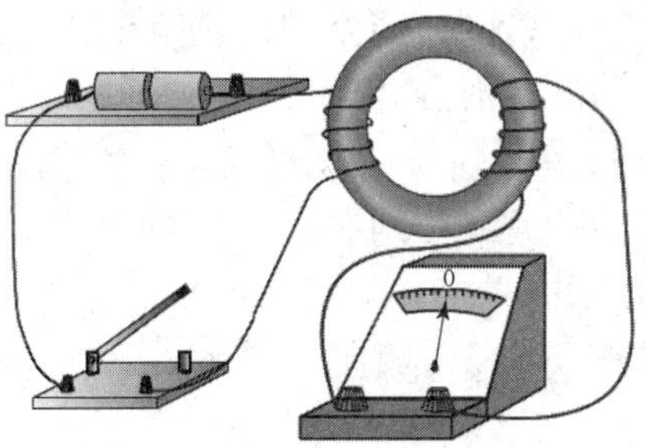

(b)

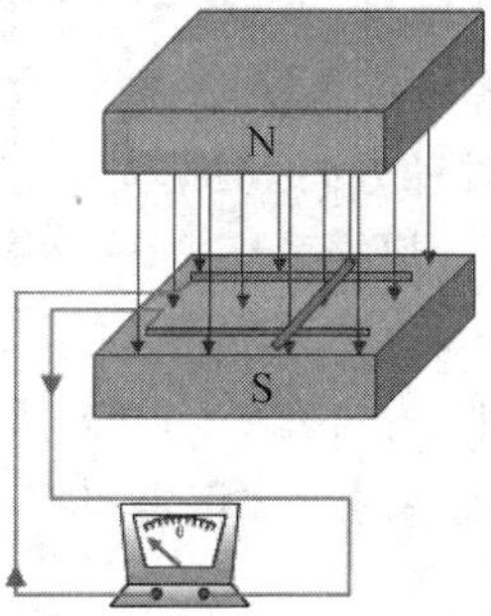

(c)

图 9-2　电磁感应实验

综合以上实验可以得出结论，当穿过闭合导体回路的磁通量发生变化时，回路中将产生电流。这个现象称为**电磁感应现象**，产生的电流称为**感应电流**，记作 I_i。有感应电流产生说明回路中存在电动势，产生感应电流的电动势称为**感应电动势**，记作 ε_i。

9.1.3 楞次定律

俄国物理学家楞次根据电磁感应实验结果，总结出判断感应电流方向的定律，称为**楞次定律**，表述如下：**感应电流在闭合回路中激发的磁场总是阻碍引起感应电流的磁通量的变化**。

如图 9-3(a)所示，在电磁感应实验中，当条形磁铁的 N 极穿入回路时，通过回路的磁通量增大，线圈中有感应电流产生，感应电流产生的磁场阻碍通过回路的磁通量的增大,因此感应磁场的方向与条形磁铁的磁场方向相反。如图 9-3(b)所示,当条形磁铁的 N 极移出回路时,通过回路的磁通量减小,线圈中也会有感应电流产生,感应电流产生的磁场阻碍通过回路的磁通量的减小,因此感应磁场的方向与条形磁铁的磁场方向相同。由此可以判断感应电流及感应电动势的方向。

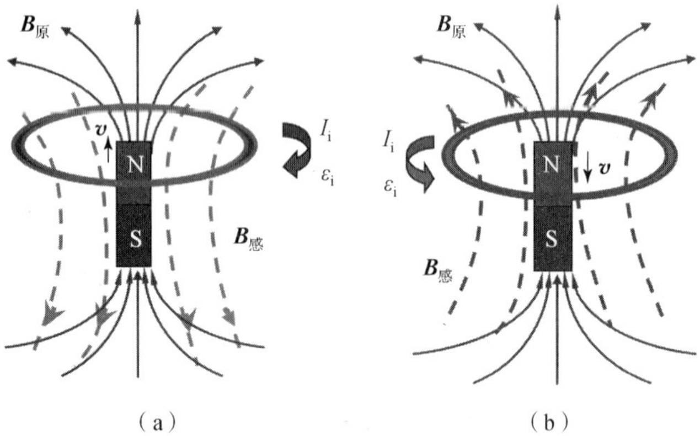

图 9-3 楞次定律示意图

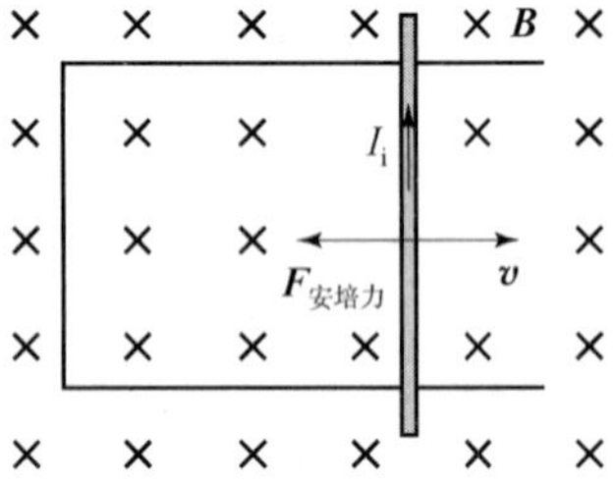

图 9-4 导体棒在磁场中运动时受到的安培力

在如图 9-2(c)所示的电磁感应实验中,当导体棒向右移动时,如图 9-4 所示,根据楞次定律可以判断,回路中的感应电流方向为逆时针方向,根据安培定律可知,此时导体棒受到向左的安培力作用,安培力的方向与导体棒的运动方向相反。因此,若要维持导体棒向右的运动,需要有向右的外力克服安培力做功。即若要维持回路中的感应电流,必然有其他形式的能量转化为电能。可见,楞次定律是能量守恒定律在电磁感应现象中的体现。

9.1.4 电磁感应定律

德国物理学家纽曼和韦伯从理论上得出了感应电动势与磁通量的变化之间满足的数学关系式:

$$\varepsilon_i = -\frac{d\Phi_m}{dt} \tag{9-3}$$

上式说明,**通过回路的磁通量发生变化时,回路中产生的感应电动势 ε_i 与磁通量 Φ_m 对时间的变化率的负值成正比**。这称为**电磁感应定律**。

若回路由 N 匝线圈串联而成,则

$$\varepsilon_i = -N\frac{d\Phi_m}{dt} \tag{9-4}$$

在实际计算过程中,可以用电磁感应定律计算感应电动势的大小 $|\varepsilon_i|$,再利用楞次定律判断感应电动势的方向。

若闭合回路的电阻为 R,则感应电流为

$$I_i=\frac{\varepsilon_i}{R}=-\frac{1}{R}\frac{d\Phi_m}{dt} \tag{9-5}$$

在 t_1 到 t_2 的时间间隔内，通过回路中任一横截面的感应电量为

$$q=\int_{t_1}^{t_2} I_i dt=-\frac{1}{R}\int_{\Phi_1}^{\Phi_2} d\Phi_m=\frac{1}{R}(\Phi_1-\Phi_2) \tag{9-6}$$

式中，Φ_1 和 Φ_2 分别是 t_1 和 t_2 时刻通过回路的磁通量。

由式(9-5)和式(9-6)可以看出，感应电流与磁通量的变化率有关，磁通量的变化越快，感应电流越大；而感应电量与磁通量的变化量有关，与磁通量的变化率无关。常用的测量磁感应强度的磁通计(又称高斯计)就是根据这个原理制成的。

例 9-1 如图 9-5 所示，在无限长直载流导线所在平面内放置一矩形导线框。该线框在垂直于导线方向上以速率 v 向右匀速运动。设初始时刻，矩形导线框的左边框与载流导线重合。求在任意时刻矩形导线框中的感应电动势的大小和方向。

解 无限长直载流导线周围产生的磁场呈轴对称分布，与导线的距离相等处磁感应强度的大小相等。建立图 9-5 所示的坐标轴，在距导线 x 的位置，取一与导线平行的狭长面元 dS，$dS=l dx$，则

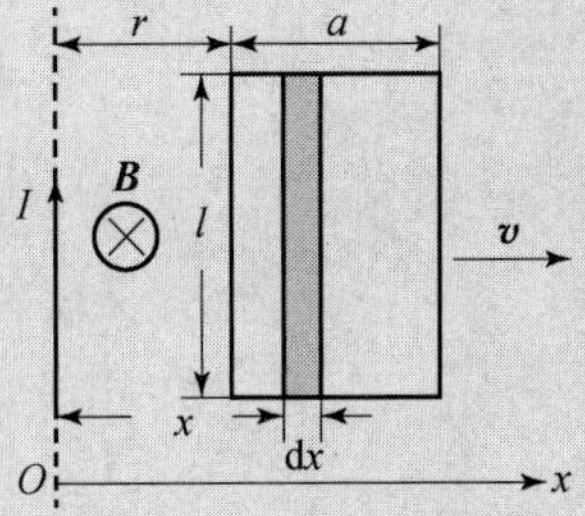

图 9-5 例 9-1 图

$$d\Phi_m=BdS=\frac{\mu_0 I}{2\pi x}l\,dx$$

设 t 时刻，矩形导线框位于图 9-5 所示位置，此时通过整个矩形导线框的磁通量为

$$\Phi_m=\int_S \boldsymbol{B}\cdot d\boldsymbol{S}=\frac{\mu_0 Il}{2\pi}\int_r^{a+r}\frac{dx}{x}=\frac{\mu_0 Il}{2\pi}[\ln(a+r)-\ln r]$$

由于矩形导线框以速率 v 向右匀速运动，故通过矩形导线框的磁通量也随时间变化，则导线框内的感应电动势的大小为

$$|\varepsilon_i|=\left|-\frac{d\Phi_m}{dt}\right|=\left|\frac{\mu_0 Il}{2\pi}\left(\frac{1}{r}-\frac{1}{r+a}\right)\frac{dr}{dt}\right|=\frac{\mu_0 Il}{2\pi}\left(\frac{1}{r}-\frac{1}{r+a}\right)v$$

由楞次定律可以判定，矩形导线框中感应电动势的方向为顺时针方向。

9.1.5 动生电动势与感生电动势

穿过回路的磁通量发生变化时，回路中有感应电动势产生。可以将磁通量变化的原因分为两类：一类是磁场不变，导体与磁场发生相对运动，造成回路面积变化或回路面积的取向变化，这种情况产生的感应电动势称为**动生电动势**；另一类是回路与磁场保持相对静止，回路面积和方向都不发生改变，仅磁场发生变化，这种情况产生的感应电动势称为**感生电动势**。

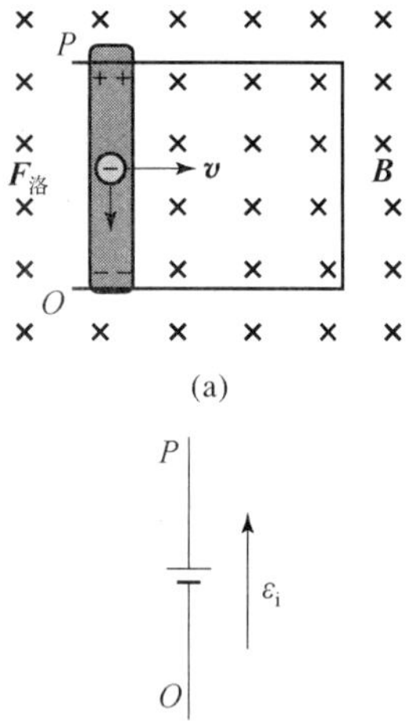

图 9-6　均匀磁场中的动生电动势

1. 动生电动势

如图 9-6(a)所示,在磁感应强度为 $\boldsymbol{B}$ 的均匀磁场中有一矩形导体回路,导体 OP 以恒定的速度 $\boldsymbol{v}$ 在垂直于 $\boldsymbol{B}$ 的平面内沿导轨向右滑动。导体 OP 内的自由电子随之以同一速度运动,因此每个电子受到的洛伦兹力为

$$\boldsymbol{F}_{洛}=(-e)\boldsymbol{v}\times\boldsymbol{B}$$

洛伦兹力的方向为从 P 端指向 O 端,造成自由电子向下定向漂移,在 O 端积累,使得 O 端带负电,P 端带正电,从而在导体 OP 内产生从 P 端指向 O 端的静电场。因此,可以将导体 OP 视为电源,如图 9-6(b)所示,它的非静电力就是洛伦兹力,此时 O、P 两端之间的非静电场的电场强度为

$$\boldsymbol{E}_{k}=\frac{\boldsymbol{F}_{洛}}{-e}=\boldsymbol{v}\times\boldsymbol{B} \tag{9-7}$$

将式(9-7)代入电动势定义式,得到导体 OP 产生的**动生电动势**为

$$\varepsilon_{i}=\int_{-}^{+}\boldsymbol{E}_{k}\cdot d\boldsymbol{l}=\int_{O}^{P}(\boldsymbol{v}\times\boldsymbol{B})\cdot d\boldsymbol{l} \tag{9-8}$$

式(9-8)就是动生电动势的计算公式。在具体应用时,首先要规定 $\boldsymbol{l}$ 的方向,分析线元 $d\boldsymbol{l}$ 的速度 $\boldsymbol{v}$ 和磁场的磁感应强度 $\boldsymbol{B}$ 的夹角,求二者的矢积与线元矢量的内积,得到动生电动势微元 $d\varepsilon_i$;然后对整个 $\boldsymbol{l}$ 路径上的 $d\varepsilon_i$ 进行积分,得到总动生电动势 ε_i。$\varepsilon_i>0$,说明动生电动势的方向与 $\boldsymbol{l}$ 的方向相同;$\varepsilon_i<0$,说明动生电动势的方向与 $\boldsymbol{l}$ 的方向相反。动生电动势的表达式不但适用于导体在均匀磁场中的平动的情况,也适用于导体在非均匀磁场中的情况和导体转动的情况。

例 9-2　如图 9-7 所示,一根无限长直导线中通有电流 I,有一根长为 l 的金属棒 AC,与水平方向成 α 角放置,它以速度 $\boldsymbol{v}$ 平行于长直导线做匀速运动。金属棒的 A 端与导线的距离为 a,求金属棒 AC 上感应电动势的大小和方向。

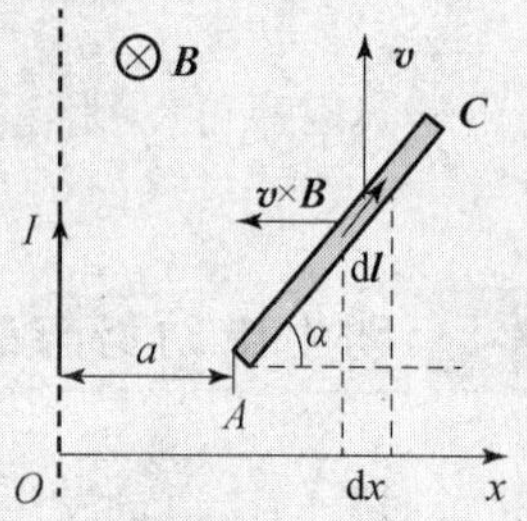

图 9-7　非均匀磁场中的动生电动势

解　建立如图 9-7 所示的坐标轴,沿金属棒 AC 取一有向线元 $d\boldsymbol{l}$,方向由 A 端指向 C 端,根据通电导线激发的磁场分布可知,线元 $d\boldsymbol{l}$ 处磁场方向垂直于纸面向内,大小为

$$B=\frac{\mu_0 I}{2\pi x}$$

对于线元 $d\boldsymbol{l}$,$\boldsymbol{v}\times\boldsymbol{B}$ 的方向为 x 轴负方向,因此与 $d\boldsymbol{l}$ 方向的夹角为 $\pi-\alpha$,可得 $d\boldsymbol{l}$ 上的电动势为

$$d\varepsilon=(\boldsymbol{v}\times\boldsymbol{B})\cdot d\boldsymbol{l}=Bv\cos(\pi-\alpha)dl=-\frac{\mu_0 vI}{2\pi x}\cos\alpha dl=-\frac{\mu_0 vI}{2\pi x}dx$$

金属棒 AC 上所有线元的动生电动势的方向都相同，因此金属棒 AC 上的总动生电动势为

$$\varepsilon_{AC}=\int \mathrm{d}\varepsilon=\int_a^{a+l\cos\alpha}\left(-\frac{\mu_0 vI}{2\pi x}\right)\mathrm{d}x=\frac{\mu_0 vI}{2\pi}\ln\frac{a}{a+l\cos\alpha}$$

由于 $\varepsilon_{AC}<0$，故其方向与 $\mathrm{d}\boldsymbol{l}$ 方向相反，即其方向为由 C 端指向 A 端，即 A 端电势高。

例 9-3　如图 9-8 所示，长为 l 的细导体棒在稳恒均匀磁场中，绕通过点 A 且垂直于纸面的轴以角速度 ω 匀速转动。求导体棒上的感应电动势。

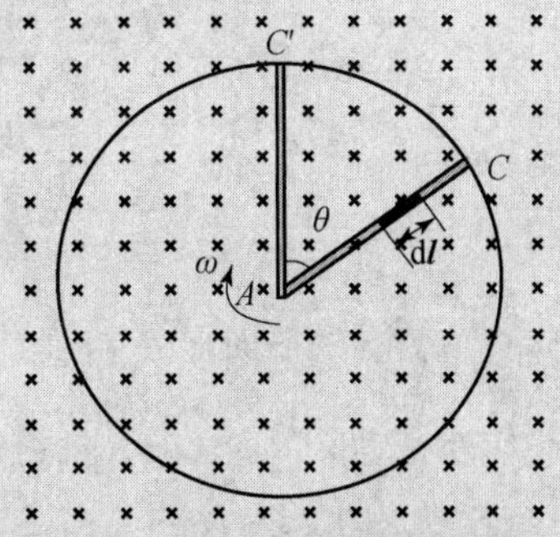

图 9-8　转动情况下的动生电动势

解　方法 1　利用动生电动势的定义式进行计算。

规定 $\boldsymbol{l}$ 的方向为由点 A 指向点 C，则线元 $\mathrm{d}\boldsymbol{l}$ 产生的动生电动势为

$$\mathrm{d}\varepsilon_i=(\boldsymbol{v}\times\boldsymbol{B})\cdot\mathrm{d}\boldsymbol{l}$$

根据右手螺旋定则可知，$\boldsymbol{v}\times\boldsymbol{B}$ 与 $\mathrm{d}\boldsymbol{l}$ 同向，则

$$\mathrm{d}\varepsilon_i=vB\mathrm{d}l$$

因此，导体棒产生的电动势为

$$\varepsilon_i=\int_0^l vB\mathrm{d}l=\int_0^l \omega lB\mathrm{d}l=\frac{1}{2}B\omega l^2$$

因为 $\varepsilon_i>0$，所以 ε_i 的方向为由点 A 指向点 C，即点 C 电势高。

方法 2　本例中的磁场是稳恒磁场，感应电动势为动生电动势，因此可以利用电磁感应定律求解导体棒上的感应电动势。

设 $t=0$ 时，导体棒位于 AC' 位置，t 时刻转到 AC 位置，取 $AC'CA$ 为绕行方向（将 $AC'CA$ 视为回路），则此时通过此回路的磁通量为

$$\Phi_m=\boldsymbol{B}\cdot\boldsymbol{S}=BS\cos 0=B\cdot\frac{1}{2}\omega t l^2$$

根据电磁感应定律 $\varepsilon_i=-\dfrac{\mathrm{d}\Phi_m}{\mathrm{d}t}$ 可知，感应电动势的大小为

$$|\varepsilon_i|=\left|-\frac{\mathrm{d}\Phi_m}{\mathrm{d}t}\right|=\frac{1}{2}B\omega l^2$$

根据楞次定律可知，感应电动势的方向为由点 A 指向点 C，即点 C 电势高。

2. 感生电动势

当回路所处空间的磁感应强度发生变化时，回路中会产生感生电动势。将电动势 ε 的表达式与电磁感应定律的表达式[式(9-3)]联立，得

$$\oint_l \boldsymbol{E}_k\cdot\mathrm{d}\boldsymbol{l}=\varepsilon_i=-\frac{\mathrm{d}\Phi_m}{\mathrm{d}t}\tag{9-9}$$

由于产生感生电动势的条件是回路的面积和方向都不发生改变，仅磁场发生变化，结合磁通量的定义式[式(8-21b)]，故式(9-9)可以写为

$$\oint_l \boldsymbol{E}_k\cdot\mathrm{d}\boldsymbol{l}=-\iint_S\frac{\partial\boldsymbol{B}}{\partial t}\cdot\mathrm{d}\boldsymbol{S}\tag{9-10}$$

上式表明，变化的磁场会在空间激发电场强度为 $\boldsymbol{E}_k$ 的电场，称

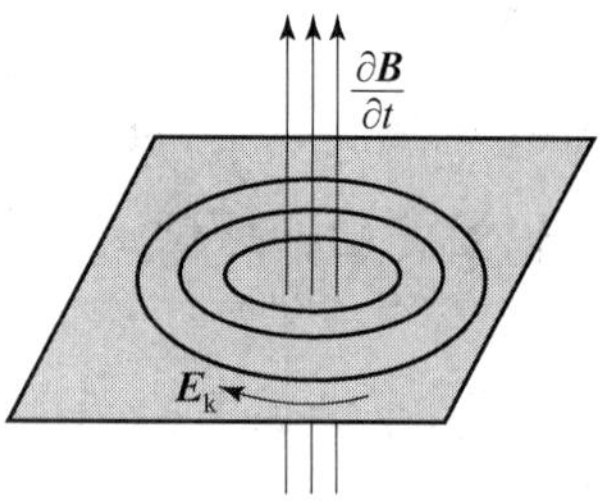

图 9-9 感生电场的方向

为**感生电场**。上式还表明,感生电场的环流不等于零,因此感生电场是涡旋场。$\boldsymbol{E}_k$ 的方向与 $-\partial \boldsymbol{B}/\partial t$ 的方向满足右手螺旋定则,两者方向的关系如图 9-9 所示。式(9-10)中,S 是以 l 为边界的任意曲面,l 可以是空间任意的闭合曲线,只要 S 面内任意一个位置的磁场发生变化,在 l 上就会有感生电场的环流,因此感生电场可扩展到原磁场未达到的区域。

感生电场和静电场有相同之处,两者都具有物质性,对电荷都有力的作用。感生电场和静电场也有显著的不同。静电场是由静止电荷激发的,是保守场,描述它的电场线是有起点和终点的,而感生电场是由变化的磁场激发的,属于非保守场,描述它的电场线是闭合的。

例 9-4 如图 9-10 所示,半径为 R 的载流密绕螺线管内部磁场的磁感应强度随时间发生线性变化,即 $\frac{\mathrm{d}B}{\mathrm{d}t}$ 是常量,求螺线管内的感生电场的电场强度。

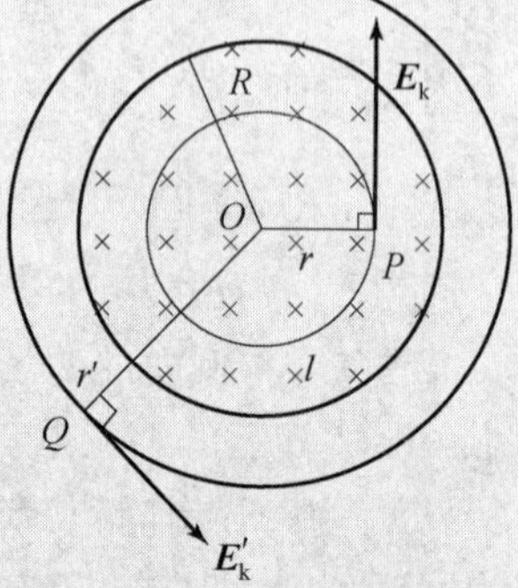

图 9-10 例 9-4 图

解 载流密绕螺线管内部的磁场可以视为均匀磁场,磁场方向沿螺线管的轴线方向。磁感应强度随时间变化,因此磁通量随时间变化,螺线管内产生感生电场。根据磁场分布的特征可知,该变化磁场产生的感生电场的电场线是一系列与螺线管同轴的同心圆。

取过螺线管内一点 P 的电场线为闭合回路 l,绕行方向取为顺时针方向,根据感生电动势的表达式

$$\oint_l \boldsymbol{E}_k \cdot \mathrm{d}\boldsymbol{l} = -\iint_S \frac{\partial \boldsymbol{B}}{\partial t} \cdot \mathrm{d}\boldsymbol{S}$$

有

$$E_k \cdot 2\pi r = -\frac{\mathrm{d}B}{\mathrm{d}t}\pi r^2$$

解得

$$E_k = -\frac{r}{2}\frac{\mathrm{d}B}{\mathrm{d}t}$$

讨论:下面分析螺线管外一点 Q 处的感生电场的电场强度。

取过点 Q 的电场线为闭合回路 l,绕行方向取为顺时针方向,同理有

$$\oint_l \boldsymbol{E}'_k \cdot \mathrm{d}\boldsymbol{l} = E'_k \cdot 2\pi r' = -\frac{\mathrm{d}B}{\mathrm{d}t}\pi R^2$$

则

$$E'_k = -\frac{R^2}{2r'}\frac{\mathrm{d}B}{\mathrm{d}t}$$

例 9-5 半径为 R 的无限长圆柱形空间内的均匀磁场的磁感应强度变化率为 $\mathrm{d}B/\mathrm{d}t = k(k>0)$,方向如图 9-11 所示。在垂直于磁场的方向放置一根长为 l 的金属棒 AC。求金属棒上的感应电动势的大小和方向。

解　连接 O、A 两点和 O、C 两点，与金属棒 AC 构成闭合回路 $OACO$。回路中的磁通量为

$$\Phi_m=\int_S \boldsymbol{B}\cdot \mathrm{d}\boldsymbol{S}=B\frac{l}{2}\sqrt{R^2-\left(\frac{l}{2}\right)^2}=\frac{1}{4}Bl\sqrt{4R^2-l^2}$$

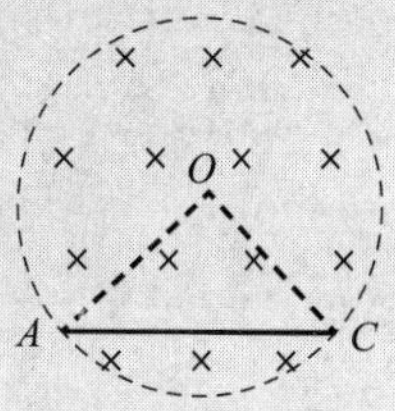

图 9-11　例 9-5 图

应用电磁感应定律，有

$$\varepsilon_i=-\frac{\mathrm{d}\Phi_m}{\mathrm{d}t}=-\frac{1}{4}kl\sqrt{4R^2-l^2}$$

根据电动势的定义式，有

$$\varepsilon_i=\oint_l \boldsymbol{E}_k\cdot \mathrm{d}\boldsymbol{l}=\int_{OA}\boldsymbol{E}_k\cdot \mathrm{d}\boldsymbol{l}+\int_{AC}\boldsymbol{E}_k\cdot \mathrm{d}\boldsymbol{l}+\int_{CO}\boldsymbol{E}_k\cdot \mathrm{d}\boldsymbol{l}=\varepsilon_{iOA}+\varepsilon_{iAC}+\varepsilon_{iCO}$$

由于感生电场是涡旋场，其电场线是一系列与螺线管同轴的同心圆，$\boldsymbol{E}_k$ 的方向与半径方向垂直，故 $\varepsilon_{iOA}=\varepsilon_{iCO}=0$，因此回路 $OACO$ 中的感应电动势就是金属棒 AC 上的感应电动势。

金属棒 AC 上的感应电动势大小为

$$|\varepsilon_{iAC}|=\frac{1}{4}kl\sqrt{4R^2-l^2}$$

根据楞次定律可知金属棒 AC 上的感应电动势方向为 $A\to C$，即点 C 电势高，点 A 电势低。

由例 9-5 可知，当大块的金属导体与磁场有相对运动或者其处在变化的磁场中时，金属导体内部会产生感应电流，称为**涡电流**。

涡电流具有热效应，利用涡电流的热效应使金属导体加热的方法称为感应加热。如图 9-12(a)所示，在冶炼难熔化或熔化时容易氧化的金属时，将金属放在坩锅里，坩埚外面套上线圈，线圈中通以高频电流，由此激发交变磁场，在金属中产生涡电流的热效应，从而把金属熔化。在真空技术方面，也广泛利用涡电流给待抽真空仪器内的金属部分加热，以清除附在其表面的气体。涡电流产生的热效应也有不利的一面。在变压器和发动机的运行方面，涡电流的热效应会导致铁芯温度升高，这不仅危及绝缘材料的寿命，还要消耗电能。为了减少涡电流发热，一般变压器、发电机和其他交流仪器的铁芯都做成层状，层与层之间用绝缘材料隔开。有时，也通过增大铁芯电阻，即采用电阻率较大的硅钢做铁芯材料的方式减小涡电流。此外，涡电流也有磁效应，涡电流的存在使导体受到安培力的作用，利用涡电流可使大块金属导体在磁场中运动。根据楞次定律，安培力的方向恰与金属导体的运动方向相反，因此金属受到一个阻尼力的作用，这就是电磁阻尼原理。图 9-12(b)所示是电磁阻尼摆。在一些电磁仪表中，常利用电磁阻尼原理使摆动的指针迅速停止在平衡位置。

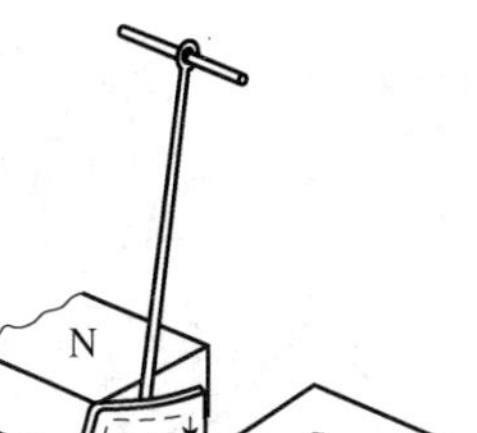

(a) 工频感应炉

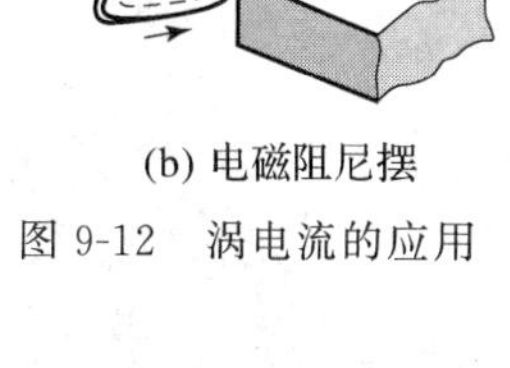

(b) 电磁阻尼摆

图 9-12　涡电流的应用

9.1.6　自感与互感

在研究电磁感应时按照磁通量的来源不同可以将电磁感应分为自感和互感。

1. 自感

若导线回路中通有电流 I,电流会激发磁场,磁场的磁通量会穿过该回路。当回路中电流发生变化、回路面积发生变化或回路周围磁介质发生变化时,其自身所激发的磁场穿过回路自身的磁通量也将发生变化,从而在线圈内产生感应电动势,该现象称为**自感现象**,相应的电动势称为**自感电动势**,用 ε_L 表示。

以无铁芯的载流密绕长直螺线管为例进行分析。由例 8-3 的可知,当螺线管长度 l 远大于其半径 R 时,螺线管内各点的磁感应强度的大小为

$$B=\mu_0 nI=\frac{\mu_0 NI}{l}$$

因此,通过每匝线圈横截面的磁通量为

$$\Phi_m=BS=\mu_0 nI\pi R^2=\frac{\mu_0 NI\pi R^2}{l} \tag{9-11}$$

螺线管由 N 匝线圈组成,总感应电动势为

$$\varepsilon_N=N\varepsilon=-N\frac{d\Phi_m}{dt}=-\frac{d(N\Phi_m)}{dt} \tag{9-12}$$

可见,总感应电动势与 $N\Phi_m$ 随时间的变化率有关。式(9-11)表明通过每匝线圈的磁通量 Φ_m 与线圈中的电流 I 成正比,因此 $N\Phi_m$ 也与线圈中的电流 I 成正比,令比例系数为 L,称为**自感系数**,简称**自感**,则

$$N\Phi_m=LI \tag{9-13}$$

因此

$$L=\frac{N\Phi_m}{I} \tag{9-14}$$

可见,密绕长直螺线管的自感系数为

$$L=\frac{\mu_0 N^2\pi R^2}{l}=\mu_0 n^2 V \tag{9-15}$$

式中,$V=\pi R^2 l$ 是螺线管的体积。

由以上分析可以看出,对于无铁芯的自感线圈,其自感系数 L 与 I 无关,仅与回路的形状、大小,线圈的匝数以及周围磁介质的情况有关。若采用较细的导线绕制螺线管,可增大单位长度的匝数 n,使 L 变大。若在螺线管中插入磁介质,可使 L 增大为原来的 μ_r 倍。但当以铁磁质作为铁芯时,由于铁磁质的磁导率 μ 与 I 有关,此时 L 将会与 I 有关。

将式(9-13)代入总感应电动势的表达式(9-12),可以得到自感电动势为

$$\varepsilon_L=-\frac{d(N\Phi_m)}{dt}=-L\frac{dI}{dt}-I\frac{dL}{dt} \tag{9-16}$$

式中,$-L\dfrac{dI}{dt}$表示由回路中电流变化引起通过回路的磁通量变化从

而产生的自感电动势；$-I\dfrac{\mathrm{d}L}{\mathrm{d}t}$表示由回路的几何形状以及周围磁介质的分布等情况发生变化从而产生的自感电动势。当回路的形状、大小，线圈的匝数以及周围磁介质都不随时间变化时，自感系数 L 将不随时间变化，此时自感电动势为

$$\varepsilon_L=-L\frac{\mathrm{d}I}{\mathrm{d}t} \tag{9-17}$$

式(9-17)中的负号说明，自感电动势的方向与回路中电流变化率的方向相反，即当回路电流减小时，$\varepsilon_L>0$，自感电动势的方向与回路中电流的方向相同，阻碍回路中电流的减小；当回路电流增大时，$\varepsilon_L<0$，自感电动势的方向与回路中电流的方向相反，阻碍回路中电流的增大。由此可见，如果回路中电流发生变化，那么回路中激发的自感电动势 ε_L 总是阻碍电流变化，自感系数越大，这种阻碍越强，回路中电流越不容易改变。可见，回路的自感系数有保持回路中原有电流不变的性质。因此，自感系数也可以看作回路本身电磁惯性的一种量度，自感系数大，电磁惯性就大。

回路的自感系数，在数值上等于当回路中的电流随时间的变化率为一个单位时，回路中产生的自感电动势的绝对值。自感现象是由物理学家亨利独立发现的，为了纪念他的贡献，自感系数的国际单位命名为亨利，用符号 H 表示，实际应用中常用的单位是 μH(微亨)或 mH(毫亨)。

在工程技术和日常生活中，自感现象的应用是很广泛的，如无线电技术和电工技术中常用的高频振流圈，日光灯上用的镇流器等。但是，自感现象也有不利的一面。例如，具有很大自感系数的电路(如自感线圈与电容器组成的谐振电路和滤波器等)在断开时，由于电路中的电流变化很快，可以产生很大的自感电动势，击穿线圈的绝缘层，或者在断开的间隙产生强烈的电弧，烧坏开关，这种现象在大功率的电力系统中尤为显著。因此，在实际应用中应该采用适当的措施，消除自感现象带来的不利影响。

例 9-6　同轴电缆常用于传输高频电流，由于电流具有趋肤效应，可以将其视为两个“无限长”同轴柱面。沿内圆柱面和外圆柱面流过的电流 I 大小相等、方向相反。两圆柱面的半径分别为 R_1 和 R_2，其间充满磁导率为 μ 的非铁磁介质，如图 9-13 所示，求电缆单位长度上的自感系数。

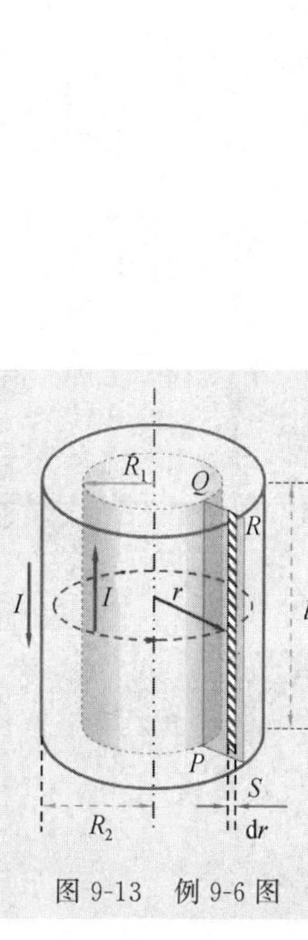

图 9-13　例 9-6 图

解　由安培环路定理可知，同轴电缆的内圆柱面里和外圆柱面外均无磁场分布，仅在两圆柱面之间有磁场分布，即当 $R_1<r<R_2$ 时，

$$B=\frac{\mu I}{2\pi r}$$

如图 9-13 所示,在两筒之间取一长为 l 的矩形平面 $PQRS$。由于矩形平面所在位置处的磁场为非均匀磁场,故采用微元法,将此矩形平面分成多个面元,穿过面元 $\mathrm{d}S$ 的磁通量为

$$\mathrm{d}\Phi_m=\boldsymbol{B}\cdot\mathrm{d}\boldsymbol{S}=Bl\mathrm{d}r$$

于是,穿过平面 $PQRS$ 的磁通量为

$$\Phi_m=\int_{R_1}^{R_2}\frac{\mu I}{2\pi r}l\,\mathrm{d}r=\frac{\mu Il}{2\pi}\ln\frac{R_2}{R_1}$$

由自感系数的定义,可得单位长度的自感系数为

$$L=\frac{\Phi_m}{Il}=\frac{\mu}{2\pi}\ln\frac{R_2}{R_1}$$

2. 互感

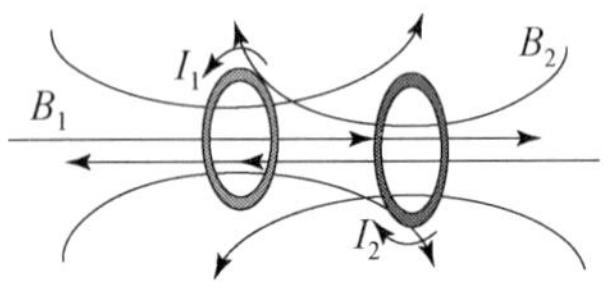

图 9-14 两个载流线圈的互感

设有两个邻近的载流线圈,其中任意一个线圈产生的磁场将部分穿过另一个线圈,即存在磁通量。如图 9-14 所示,当任意一个线圈中的电流发生变化时,穿过另一个线圈的磁通量将发生改变,因而产生感应电动势,该现象称为**互感现象**,相应的电动势称为**互感电动势**,用 ε_M 表示。

以无铁芯的两层线圈共轴密绕长直螺线管(见图 9-15)为例进行分析。

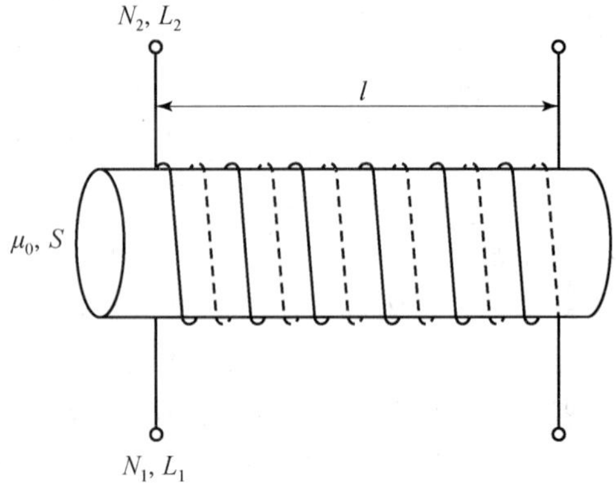

图 9-15 螺线管的互感

螺线管 1 产生的磁场在螺线管 2 的每匝线圈对应的横截面上的磁通量为

$$\Phi_{m2}=B_1S_2=\frac{\mu_0N_1I_1\pi R_2^2}{l}\tag{9-18}$$

$N_2\Phi_{m2}$ 与电流 I_1 成正比,令比例系数为 M_{21},则

$$N_2\Phi_{m2}=M_{21}I_1\tag{9-19}$$

$$M_{21}=\frac{N_2\Phi_{m2}}{I_1}=\frac{N_2B_1S_2}{I_1}=\frac{\mu_0N_1N_2\pi R_2^2}{l}\tag{9-20a}$$

利用以上的分析方法可以得到 M_{12} 为

$$M_{12}=\frac{N_1\Phi_{m1}}{I_2}=\frac{N_1B_2S_1}{I_2}=\frac{\mu_0N_1N_2\pi R_1^2}{l}\tag{9-20b}$$

当共轴螺线管两层线圈的大小、形状和匝数均相同时,$M_{12}=$

$M_{21}=M$。研究表明，对于任意形状的两个回路，关系式 $M_{12}=M_{21}$ 总是成立的，因此统一用符号 M 表示。该系数反映了两个相邻回路各自在另一个回路中产生互感电动势的能力，称为**互感系数**，简称**互感**。

由式(9-15)可知，共轴螺线管两层线圈的自感系数分别是

$$L_1=\frac{\mu_0 N_1^2 \pi R_1^2}{l},\ L_2=\frac{\mu_0 N_2^2 \pi R_2^2}{l}$$

可见

$$M^2=M_{12}M_{21}=L_1L_2$$

即

$$M=\sqrt{L_1L_2}$$

当一个线圈产生的磁场完全通过另一个线圈时，会有上述关系。对于一般的情况，有

$$M=k\sqrt{L_1L_2} \tag{9-21}$$

式中，$0\leqslant k\leqslant 1$，k 称为耦合因数，其值由两个线圈之间的磁耦合情况决定。当两个线圈相距很远时，无磁耦合，此时 $k=0$。

互感系数的国际单位也是 H。

若两共轴螺线管及周围磁介质都不随时间变化，则螺线管 1 和螺线管 2 中的互感电动势为

$$\varepsilon_{M_1}=-M\frac{\mathrm{d}I_2}{\mathrm{d}t} \tag{9-22a}$$

$$\varepsilon_{M_2}=-M\frac{\mathrm{d}I_1}{\mathrm{d}t} \tag{9-22b}$$

若回路中有铁磁质存在，则互感系数 M 的值将会与 I 相关，可以利用式(9-22a)和式(9-22b)计算得到。

互感现象在电工和无线电技术中获得了广泛的应用，利用互感现象可以非常方便地把电能或信号从一个回路传递给另外一个回路。互感现象在一些场合中是有害的。例如，架空明线与电话线之间会由于互感而发生串音，影响通话质量；电子仪器、仪表中，导线之间、导线与器件之间或器件之间存在互感作用，会影响器件的正常工作。此时，必须采取措施，尽量减少互感引起的相互干扰。

例 9-7　如图 9-16 所示，两同心共面线圈的半径分别为 r_1 和 r_2 ($r_1 \ll r_2$)，小线圈中通有电流 $I=kt$，k 为正常数，求大线圈上的感生电动势。

解　由于小线圈产生的磁场在大线圈内的分布是非均匀的，因此不便于以大线圈为研究对象来计算互感系数。由于小线圈的半径远小于大线圈的半径，若大线圈中通有电流 I_2，则其激发的磁场在小线圈内各点的磁感应强度近似相等，近似等于圆心处的磁感应强度 B_2，由此计算小线圈内的磁通量 Φ_{m1}，得到互感系数 M_{12}，再利用 $M_{12}=M_{21}=M$ 的关系，可以求得大线圈上的感生电动势。

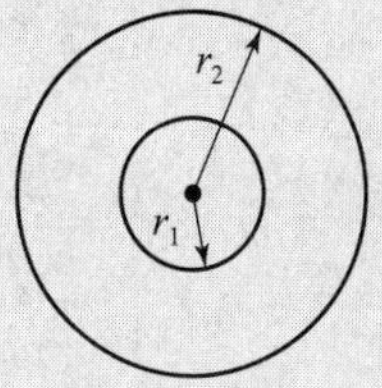

图 9-16　例 9-7 图

$$B_2=\frac{\mu_0 I_2}{2r_2}$$

$$\Phi_{m1}=B_2 S_1=\frac{\mu_0 I_2 \pi r_1^2}{2r_2}$$

$$M=M_{21}=M_{12}=\frac{\Phi_{m1}}{I_2}=\frac{\mu_0 \pi r_1^2}{2r_2}$$

$$\varepsilon_{M_2}=-M\frac{dI_1}{dt}=-k\frac{\mu_0 \pi r_1^2}{2r_2}$$

式中,负号表示大线圈中感生电动势的方向与小线圈中电流的方向相反。

9.2 磁场的能量

在 7.5 节中分析过,当电容器充电时,外力克服电容器的电场对电荷的力而做功,把其他形式的能量转化为电场的能量。磁场也同样具有能量。本节从能量转化的角度,分析电磁感应现象,得出磁场能量的表达式。

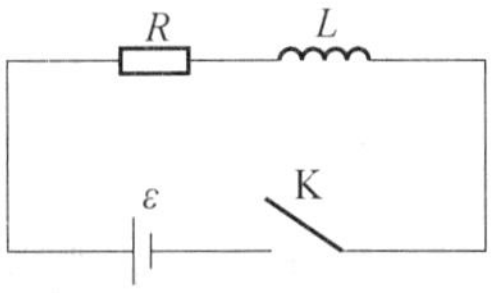

图 9-17 含有线圈的电路的能量

如图 9-17 所示,电路中含有自感系数为 L 的线圈。开关 K 未闭合时,回路中没有电流,这时线圈中没有磁场。当 K 闭合后,回路中产生电流,根据电磁感应定律可知,回路中会因此产生自感电动势,其方向与电源电动势方向相反,因此回路中的电流会经历从零到稳定值的变化过程。在这个过程中,电源提供的能量一部分转化为电阻 R 上的焦耳热,另一部分克服自感电动势做功。

设电路接通后回路中某瞬时的电流为 I,自感电动势为 $\varepsilon_L=-L\frac{dI}{dt}$,由闭合电路欧姆定律得

$$\varepsilon+\varepsilon_L=IR$$

即

$$\varepsilon-L\frac{dI}{dt}=IR$$

上式两边同时乘以 Idt,得

$$\varepsilon I dt-LIdI=RI^2 dt \tag{9-23a}$$

从 $t=0$ 开始,经过足够长的时间,回路中的电流从零增大到稳定值 I,若 L 与 I 无关,则在这段时间内电源电动势所做的功为

$$\int_0^t \varepsilon I\, dt=\int_0^t RI^2 dt+\frac{1}{2}LI^2 \tag{9-23b}$$

上式说明,电源电动势所做的功转化为两部分能量。其中 $\int_0^t RI^2 dt$ 是 t 时间内消耗在电阻 R 上的焦耳热;$\frac{1}{2}LI^2$ 是在电流逐渐稳定的过程中由电源克服自感电动势做功而消耗的能量,即随着电流增大

在回路周围建立起磁场的过程中消耗的能量，它转化为载流线圈里的磁场的能量，称为线圈的自感磁场能量。这个能量会伴随着线圈周围的磁场的消失，以自感电动势做功的形式释放出来。由此可见，自感磁场能量就是磁场的能量。磁场具有物质性，磁场本身具有能量，这种能量称为**磁场能量**，用 W_m 表示，即

$$W_m=\frac{1}{2}LI^2 \tag{9-24}$$

式(9-24)与电场能量表达式(7-47)对应。式(7-48)给出了电场能量与电场强度的关系，同样地，磁场能量也与磁感应强度有关。以密绕长直螺线管为例进行分析。

当长直螺线管内充满磁导率为 μ 的均匀磁介质(非铁磁质)时，$L=\mu n^2V$。当螺线管中通有电流 I 时，管内的磁场可以视为均匀磁场，磁感应强度 $B=\mu nI$，则 $I=\frac{B}{\mu n}$。把 L 和 I 的表达式代入式(9-24)，得到磁场能量的另一种表达式，即

$$W_m=\frac{1}{2}\mu n^2V\left(\frac{B}{\mu n}\right)^2=\frac{1}{2}\frac{B^2}{\mu}V \tag{9-25}$$

单位体积内的磁场能量称为**磁场能量密度**，用 w_m 表示。在各向同性均匀介质中，磁场能量密度为

$$w_m=\frac{W_m}{V}=\frac{1}{2}\frac{B^2}{\mu}=\frac{1}{2}\mu H^2=\frac{1}{2}BH \tag{9-26}$$

式(9-26)虽然是由螺线管内的均匀磁场的特例得出的，但可以证明，在一般情况下，任意磁场中某点的磁场能量密度都可以用式(9-26)表示，它是普遍适用的公式。

如果磁场是非均匀的，可以把磁场划分为无数体积元 dV，在每个体积元内，磁场可以近似看成均匀磁场，因此体积元 dV 内磁场能量为

$$dW_m=w_m dV=\frac{1}{2}BH dV \tag{9-27a}$$

则总磁场能量为

$$W_m=\int_V w_m dV=\int_V \frac{1}{2}BH dV \tag{9-27b}$$

例 9-8　如图 9-18 所示，传输高频电流的同轴导线可视为由两个无限长同轴圆柱面组成。沿内圆柱面和外圆柱面流过的电流 I 大小相等、方向相反，两圆柱面的半径分别为 R_1 和 R_2，两圆柱面之间充满磁导率为 μ 的非铁磁介质，求电缆单位长度上的磁场能量和自感系数。

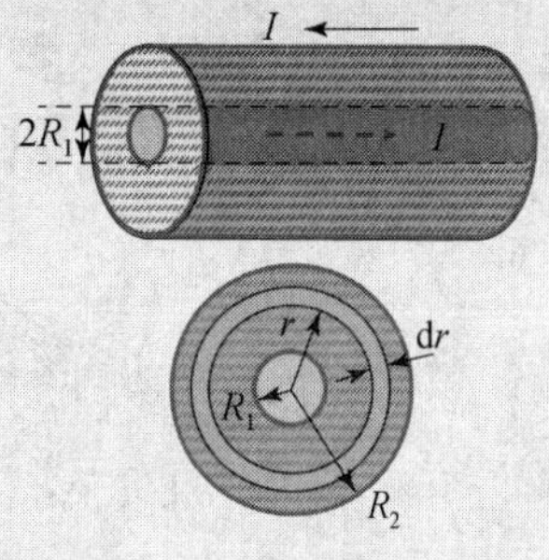

图 9-18　例 9-8 图

解　由安培环路定理可知，同轴电缆的内圆柱面里和外圆柱面外均无磁场分布，仅在两圆柱面之间有磁场分布，即当 $R_1<r<R_2$ 时，

$$B=\frac{\mu I}{2\pi r}$$

因此磁场能量储存在两圆柱面之间。在此空间距轴线 r 处,有

$$w_m=\frac{1}{2}\frac{B^2}{\mu}=\frac{\mu I^2}{8\pi^2 r^2}$$

则半径为 r、宽为 dr、长为 h 的薄圆筒内的磁场能量为

$$dW_m=w_m dV=\frac{\mu I^2}{8\pi^2 r^2}dV=\frac{\mu I^2}{8\pi^2 r^2}2\pi rh dr=\frac{\mu I^2 h}{4\pi r}dr$$

单位长度上的磁场能量为

$$W_m=\int_V w_m dV=\int_V \frac{\mu I^2}{4\pi r}dr=\frac{\mu I^2}{4\pi}\ln\frac{R_2}{R_1}$$

由磁场能量与自感系数的关系式 $W_m=\frac{1}{2}LI^2$,可得单位长度的同轴电缆的自感系数为

$$L=\frac{\mu}{2\pi}\ln\frac{R_2}{R_1}$$

该结果与例 9-6 的结果相符。

9.3 电磁场理论

9.3.1 位移电流

第 8 章研究了稳恒电流形成的稳恒磁场,本节分析当稳恒电流变为非稳恒电流时,对研究结果会产生怎样的影响。

以平行板电容器在交变电源下不断充放电的情况为例进行分析。

如图 9-19 所示,围绕传导电流取一闭合回路 l,然后以 l 为边界分别取有导线穿过的曲面 S_1 和无导线穿过的曲面 S_2。

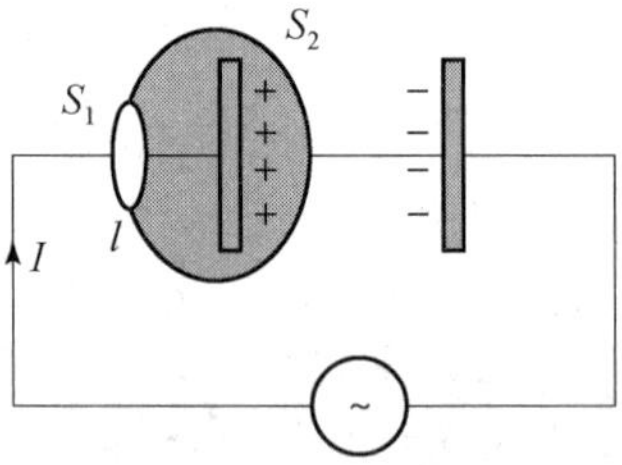

图 9-19 位移电流

对曲面 S_1 应用安培环路定理,有

$$\oint_l \boldsymbol{H}\cdot d\boldsymbol{l}=I_c=\iint_{S_1}\boldsymbol{j}_c\cdot d\boldsymbol{S}$$

式中,$\boldsymbol{j}_c$ 为传导电流密度。

对曲面 S_2 应用安培环路定理,有

$$\oint_l \boldsymbol{H}\cdot d\boldsymbol{l}=0$$

由以上两式可以看出,对同一环路两侧的曲面应用安培环路定理得到的结论不一致。

利用电荷守恒定律可以解决该问题。将图 9-19 中的曲面 S_1 和 S_2 构成一个闭合曲面,在此闭合曲面上应用有电介质时的高斯定理[式(7-35)],得

$$\oiint_{S_1+S_2} \boldsymbol{D} \cdot \mathrm{d}\boldsymbol{S} = q_0$$

式中，q_0 为闭合曲面内的自由电荷的总电量。

根据电流连续性方程[式(8-9)]，得

$$\oiint_{S_1+S_2} \boldsymbol{j}_c \cdot \mathrm{d}\boldsymbol{S} = -\frac{\mathrm{d}q}{\mathrm{d}t}$$

式中，q 为闭合面内电荷的总电量，$q=q_0$。

以上两式联立得到

$$\oiint_{S_1+S_2} \left(\boldsymbol{j}_c + \frac{\partial \boldsymbol{D}}{\partial t}\right) \cdot \mathrm{d}\boldsymbol{S} = 0$$

可以看出$\frac{\partial \boldsymbol{D}}{\partial t}$与传导电流密度 $\boldsymbol{j}_c$ 有相同的量纲，麦克斯韦称其为**位移电流密度**，用 $\boldsymbol{j}_d$ 表示，即

$$\boldsymbol{j}_d = \frac{\partial \boldsymbol{D}}{\partial t} \tag{9-28}$$

则对于任意曲面，**位移电流**可以表示为

$$I_d = \iint_S \left(\frac{\partial \boldsymbol{D}}{\partial t}\right) \cdot \mathrm{d}\boldsymbol{S} \tag{9-29}$$

由式(9-29)可以看出，位移电流并不是由电荷定向移动形成的，而是电位移通量随时间的变化率。

定义**全电流密度**为

$$\boldsymbol{j} = \boldsymbol{j}_c + \boldsymbol{j}_d$$

由此得到全电流的表达式为

$$I = I_c + I_d = \iint_S \left(\boldsymbol{j}_c + \frac{\partial \boldsymbol{D}}{\partial t}\right) \cdot \mathrm{d}\boldsymbol{S} \tag{9-30}$$

将安培环路定理推广后，得到

$$\oint_l \boldsymbol{H} \cdot \mathrm{d}\boldsymbol{l} = I = I_c + I_d = \iint_S \left(\boldsymbol{j}_c + \frac{\partial \boldsymbol{D}}{\partial t}\right) \cdot \mathrm{d}\boldsymbol{S} \tag{9-31}$$

上式称为全电流定律，它表明传导电流可以激发磁场，随时间变化的电场也会激发磁场。

9.3.2 麦克斯韦方程组

在以上关于电荷、电流、电场和磁场研究的基础上，麦克斯韦建立了统一的电磁场理论，把电磁场的普遍规律概括为 4 个方程，通常称为**麦克斯韦方程组**。麦克斯韦方程组的积分表达式如下：

$$\oiint_S \boldsymbol{D} \cdot \mathrm{d}\boldsymbol{S} = \sum_i q_{ci内}$$

$$\oint_l \boldsymbol{E} \cdot \mathrm{d}\boldsymbol{l} = -\iint_S \frac{\partial \boldsymbol{B}}{\partial t} \cdot \mathrm{d}\boldsymbol{S}$$

$$\oiint_S \boldsymbol{B} \cdot \mathrm{d}\boldsymbol{S} = 0$$

$$\oint_l \boldsymbol{H} \cdot \mathrm{d}\boldsymbol{l} = \iint_S \left(\boldsymbol{j}_c + \frac{\partial \boldsymbol{D}}{\partial t}\right) \cdot \mathrm{d}\boldsymbol{S}$$

在各向同性的介质中,有

$$D=\varepsilon E,\quad B=\mu H,\quad j=\gamma E$$

麦克斯韦指出,静止的电荷会激发无旋电场,随时间变化的磁场会激发涡旋电场,传导电流和变化的电场都会激发涡旋磁场,变化的电场和变化的磁场是相互联系的,由此预言了电磁波的存在。

9.3.3 电磁波

1886 年,德国物理学家赫兹利用感应线圈放电产生高频电磁振荡的原理进行了实验。他将两个两端带有金属小球的细铜棒弯成矩形的开路。当其中一个矩形开路与感应线圈的次级相连时,两球间的空气产生火花。此时,在附近的另一个矩形开路的两球间也产生了微弱的火花,说明第二个矩形开路收到了第一个矩形开路的电磁波,从而证实了电磁波的存在。此后数年,赫兹用实验进一步证明电磁波与光具有相同的速度,能够反射和折射,还具有干涉、衍射及偏振等特性,说明光具有电磁波的属性。

研究表明,平面电磁波是横波,且 $\boldsymbol{E}$ 分量和 $\boldsymbol{H}$ 分量相互垂直,二者振动的相位在任意时刻都相同,且 $\boldsymbol{E}\times\boldsymbol{H}$ 的方向指向电磁波的传播方向,电磁波的波速 $u=\dfrac{1}{\sqrt{\varepsilon\mu}}$。

电磁波的传播过程也是能量的传播过程。

设电磁场能量密度为 w,单位时间内流过垂直于电磁波传播方向截面的能流密度为

$$S=wu$$

电磁波的能量密度应包括电场的能量密度和磁场的能量密度,分别为

$$w_{\mathrm{e}}=\frac{1}{2}\varepsilon E^2,\quad w_{\mathrm{m}}=\frac{1}{2}\mu H^2$$

因此,电磁场的能量密度为

$$w=w_{\mathrm{e}}+w_{\mathrm{m}}=\frac{1}{2}(\varepsilon E^2+\mu H^2)$$

对于电磁波,有

$$S=EH$$

由于 $\boldsymbol{E}$、$\boldsymbol{H}$ 和电磁波的传播方向三者互相垂直,且满足右手螺旋定则,故上式可写成矢量式:

$$\boldsymbol{S}=\boldsymbol{E}\times\boldsymbol{H}\tag{9-32}$$

式中,$\boldsymbol{S}$ 称为**坡印亭矢量**(S 为电磁波的**能流密度**)。

电磁波的范围很广,从无线电波、红外线、可见光、紫外线到 X 射线和 γ 射线等都是电磁波。它们的波长和频率有很大差异,但基本性质完全相同。按照频率(或波长)大小依次排列可以形成电磁

坡印亭矢量的推导

波谱，如图 9-20 所示。

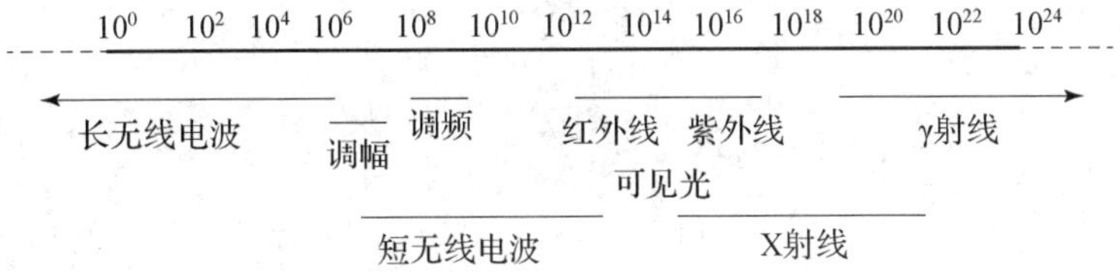

图 9-20　电磁波谱(单位为 Hz)

在电磁波谱中，波长最长的是无线电波，根据波长不同(几千米到几毫米)，其可分为长波、中波、短波、超短波和微波等。长波在空气中传播时损耗很小，故常用于远距离通信和导航；中波多用于航海、航空定向以及无线电广播；短波除可用于无线电广播外，还可用于电报、通信等；超短波和微波多用于电视、雷达以及无线电导航等。

红外线的波长在 0.76～1000 μm 之间，它在电磁波谱上处于红光外侧，由此得名。红外线主要用于雷达、摇控器和夜视仪等。因为红外线有显著的热效应，故可用来取暖。波长在 400～760 nm 之间的电磁波可以被人的眼睛感知，称为可见光。波长在 10～400 nm 之间的电磁波称为紫外线。由于紫外线具有化学效应和荧光效应，因此常用于杀菌。

X 射线(伦琴射线)的波长在 0.01～10 nm 之间，具有很强的穿透性。因此，X 射线可以用于医疗透视、检查金属内部损伤和分析物质的晶体结构等。

波长最短的是 γ 射线，其波长在 0.01 nm 以下。γ 射线的穿透能力比 X 射线还强，可以用来进行放射性试验和产生高能粒子，还可以用于天体和宇宙的研究。

思考题

9-1　一个导体圆线圈在均匀磁场中运动，分析在以下情况下是否会产生感应电流：

(1)线圈沿磁场方向平移；

(2)线圈沿垂直于磁场方向，在线圈所在平面内平移；

(3)线圈以自身直径为轴转动，轴与磁场方向平行；

(4)线圈以自身直径为轴转动，轴与磁场方向垂直。

9-2　如思考题 9-2 图所示，M、N 为水平面内两根平行金属导轨，ab 与 cd 为垂直于导轨并可在其上自由滑动的两根直裸导线。外磁场方向垂直于水平面向上。当外力使导线 ab 向右平移时，分析导线 cd 的运动状态。

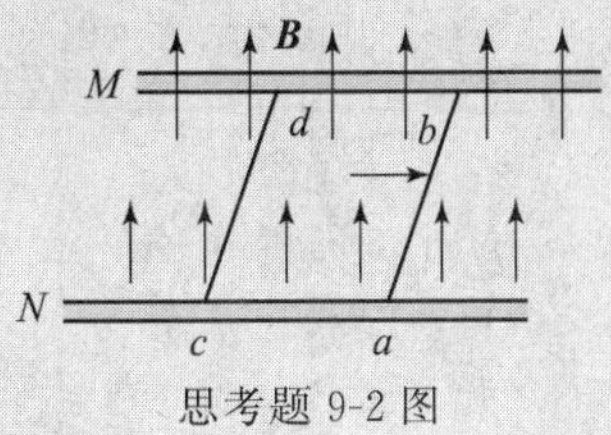

思考题 9-2 图

9-3　在圆柱形空间内有一磁感应强度为 $\boldsymbol{B}$ 的均匀磁场，如思考题 9-3 图所示，$\boldsymbol{B}$ 的大小以 $\frac{\mathrm{d}B}{\mathrm{d}t}$ 的变化率发生变化。将一长度为 l_0 的金属棒先后放在磁场的两个不同位置 1(ab)和 2($a'b'$)，分析金属棒在位置 1 时棒内的感应电动势 ε_1 与在位置 2 时棒内的感应电动势 ε_2 的大小关系。

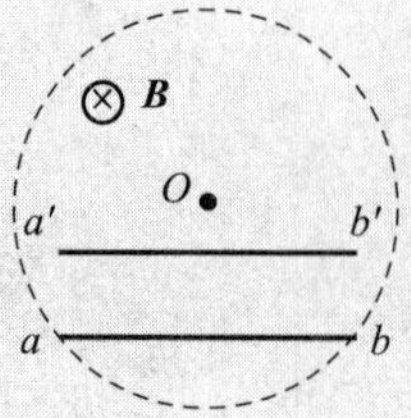

思考题 9-3 图

9-4 灵敏电流计的线圈处于永磁体的磁场中，通入电流后线圈会发生偏转。切断电流后线圈在回到原来位置前总要来回摆动几次。若用导线把线圈的两端连接，使线圈短路，线圈就会马上停止摆动，分析其中的原因。

9-5 一根磁铁在一根长直铁管内落下，若不计空气阻力，分析该磁铁的运动情况。

9-6 用金属线绕制标准电阻，要求标准电阻无自感，该如何进行绕制？

9-7 分析感生电场与静电场有何异同。

9-8 变化磁场激发的电场是否一定随时间变化？

练习题

9-1 一面积为 S 的单匝平面线圈，以恒定角速度 ω 在磁感应强度为 $\boldsymbol{B}=B_0\sin\omega t\boldsymbol{k}$（$\boldsymbol{k}$ 为沿 z 轴的单位矢量）的均匀外磁场中转动，转轴与线圈共面且与 $\boldsymbol{B}$ 垂直。设 $t=0$ 时线圈的正法向与 $\boldsymbol{k}$ 同方向，求线圈中的感应电动势。

9-2 如练习题 9-2 图所示，一长直导线中通有 $I=0.5$ A 的电流，在距导线 9.0 cm 处放一面积为 0.10 cm^2、10 匝的小圆线圈，线圈中的磁场可看作均匀磁场。今在 1.0×10^{-2} s 内把此线圈移至距长直导线 10.0 cm 处。

(1)求线圈中的平均感应电动势；

(2)设线圈的电阻为 $1.0\times10^{-2}\ \Omega$，求通过线圈横截面的感应电荷。

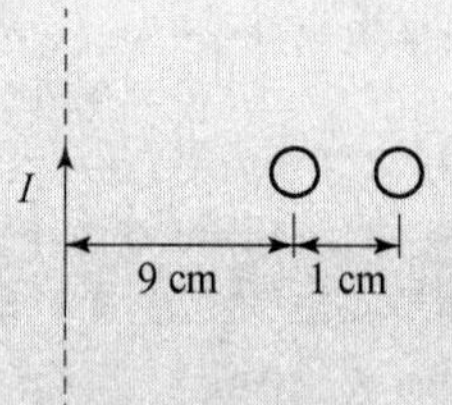

练习题 9-2 图

9-3 如练习题 9-3 图所示，直导线中通有交流电，将其置于磁导率为 μ 的磁介质中。已知 $I=I_0\sin\omega t$，其中 I_0、ω 是大于零的常量，求与其共面的 N 匝矩形回路中的感应电动势。

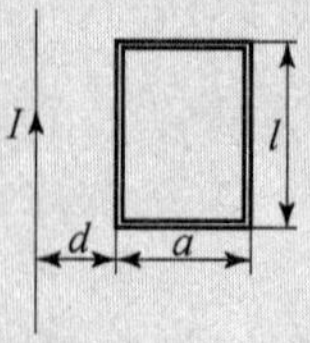

练习题 9-3 图

9-4 如练习题 9-4 图所示，通有电流 I 的长直导线附近放有一矩形导体线框，该线框以速度 $\boldsymbol{v}$ 沿垂直于长导线的方向向右运动，线框长为 l、宽为 a，求在与长直导线相距 d 处的线框中的感应电动势。

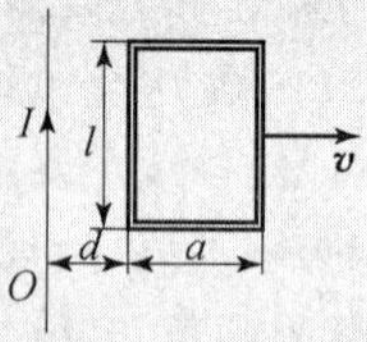

练习题 9-4 图

9-5 如练习题 9-5 图所示，长直导线中通有电流 I，一金属棒 AB 沿垂直于导线的方向运动，速度为 $\boldsymbol{v}$，点 A 到导线的距离为 R_A，点 B 到导线的距离为 R_B，求金属棒的感应电动势的大小和方向。

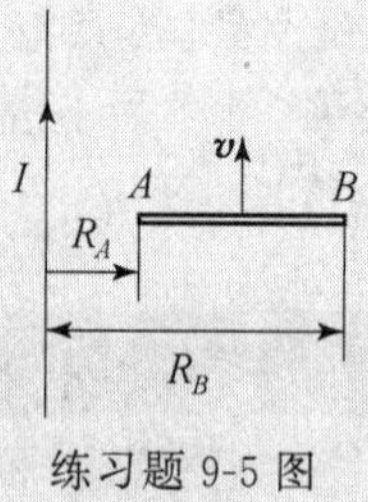

练习题 9-5 图

9-6 导线 ab 长为 l，绕过点 O 的垂直轴以角速度 ω 转动。$aO=\dfrac{l}{3}$，磁感应强度 $\boldsymbol{B}$ 平行于转轴，如练习题 9-6 图所示。

(1)求 a、b 两点的电势差；

(2)a、b 两点哪一点的电势高？

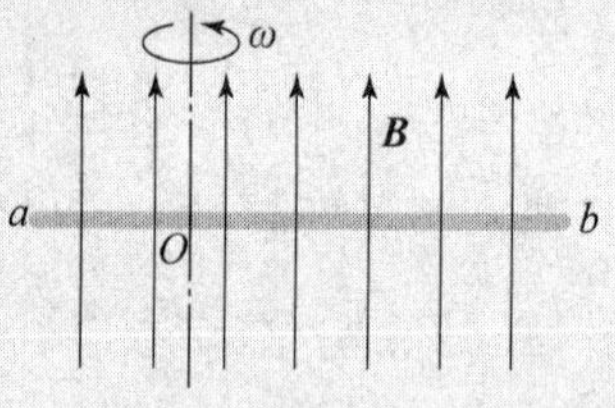

练习题 9-6 图

9-7　载有电流 I 的长直导线附近有一导体半圆环 MN，它与长直导线共面，且端点 M、N 的连线与长直导线垂直，如练习题 9-7 图所示。半圆环的半径为 R，点 M 与导线相距 d。设半圆环以速度 $\boldsymbol{v}$ 沿平行于导线的方向平移，求半圆环内感应电动势的大小和方向，以及 M、N 两点的电势的高低。

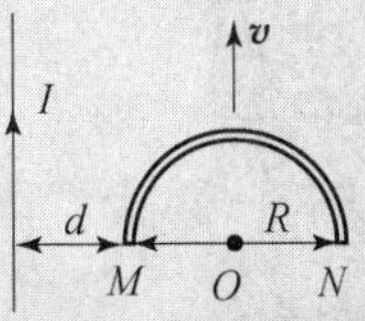

练习题 9-7 图

9-8　若有一三角形回路与载有电流 I 的长直导线处于同一平面内，如练习题 9-8 图所示，导线中的电流以 $\frac{\mathrm{d}I}{\mathrm{d}t}$ 的变化率减小。求：

(1)通过该三角形回路的磁通量；

(2)回路中感应电动势的大小和方向。

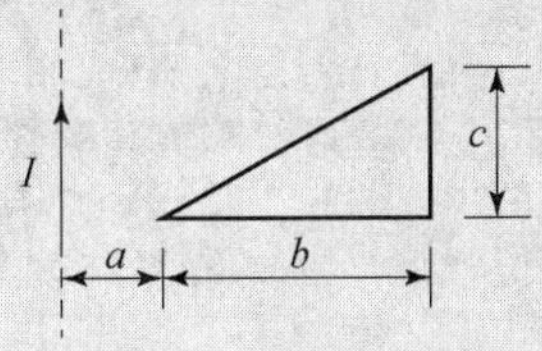

练习题 9-8 图

9-9　半径为 a 的长直螺线管中有 $\frac{\mathrm{d}B}{\mathrm{d}t}>0$ 的磁场，一直导线弯成等腰梯形的闭合回路 $ABCDA$，总电阻为 R，上底的长度为 a，下底的长度为 $2a$，如练习题 9-9 图所示，求 AD 段、BC 段和闭合回路中的感应电动势。

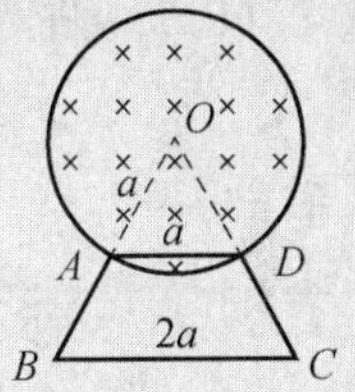

练习题 9-9 图

9-10　一长圆柱状磁场的半径为 R，其磁感应强度的变化率 $\frac{\mathrm{d}B}{\mathrm{d}t}$ 为正常数，方向为垂直于纸面向内，如练习题 9-10 图所示。

(1)求圆柱内外感生电场的分布；

(2)若 $\frac{\mathrm{d}B}{\mathrm{d}t}=0.01\ \mathrm{T/s}$，$R=0.02\ \mathrm{m}$，求距圆柱中心 $r=0.05\ \mathrm{m}$ 处感生电场的电场强度的大小和方向。

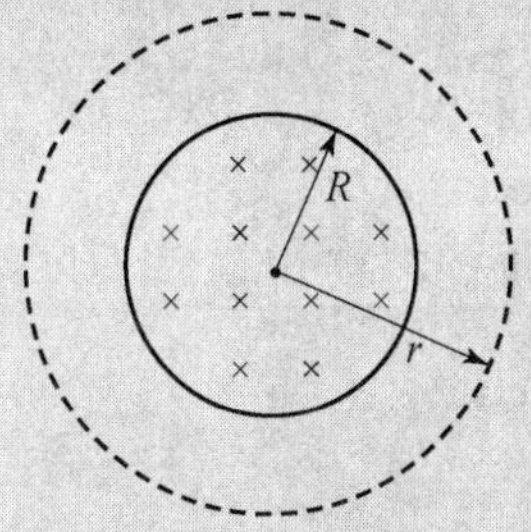

练习题 9-10 图

9-11　将一半径 $r=10\ \mathrm{cm}$ 的圆柱形回路放在 $B=0.8\ \mathrm{T}$ 的均匀磁场中，回路平面与磁场的方向垂直。当回路半径以恒定速率 $\frac{\mathrm{d}r}{\mathrm{d}t}=8\ \mathrm{cm\cdot s^{-1}}$ 收缩时，求回路中感应电动势的大小。

9-12　一同轴电缆由中心导体圆柱和外层导体圆筒组成，两者半径分别为 R_1 和 R_2，导体圆柱的磁导率为 μ_1，导体圆筒与导体圆柱之间充以磁导率为 μ_2 的磁介质。电流 I 可由导体圆柱流出，由导体圆筒流回。求单位长度电缆的自感系数。

9-13　有两个同轴长直螺线管，大管套着小管，其半径分别为 a 和 b，长为 $L(L\gg a, a>b)$，匝数分别为 N_1 和 N_2，求互感系数 M。

9-14　一横截面为矩形的螺绕环如练习题 9-14 图所示，共有 N 匝。

(1)求此螺绕环的自感系数；

(2)若导线内通有电流 I，则环内磁场能量为多少？

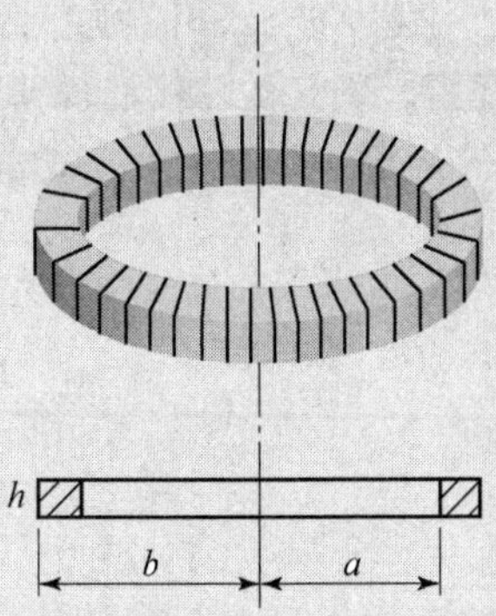

练习题 9-14 图

9-15　有一无限长圆柱形直导线，其横截面各处的电流密度相等，总电流为 I，求导线内部单位长度上所储存的磁场能量。

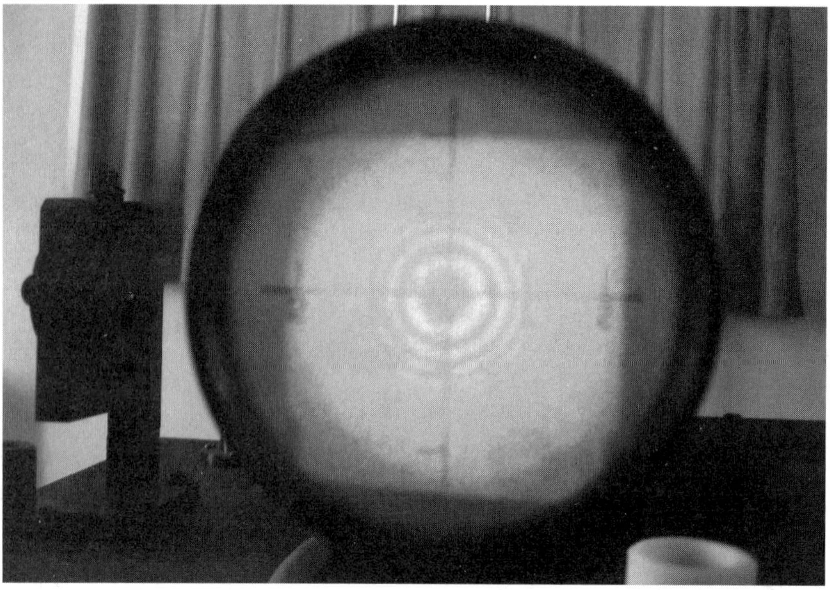

第 10 章 波动光学

光学是研究光的发射、传播、接收的规律，光与其他物质相互作用的规律，以及光的本性的科学。光学按照发展阶段大致可分为几何光学、波动光学和量子光学。几何光学以光的直线传播、光的反射和折射定律为基础，主要研究光的传播、成像等问题，不涉及光的本性问题，也不涉及波长、相位等波动概念。波动光学以光的波动性为基础，主要分析光的干涉、衍射和偏振现象，研究光的传播规律。量子光学以光的粒子性为基础，研究光的发射、光与物质的相互作用等问题。本章主要讨论光的波动性。光的量子性将在第 11 章中进行介绍。

10.1 光的波动理论基础知识

人类对于光的观察和思考有着悠久的历史,如我国春秋战国时期的《墨经》(约公元前 388 年)中记载了"光之人煦若射""景之小大,说在地正、远近"。公元前 300 年左右,欧几里得提出了反射定律,认为光是类似触须的投射。17 世纪初,斯涅耳和笛卡儿分别独立提出了折射定律。1637 年,笛卡儿在其著作《折光学》中对于光的本性提出了两种假说:光是类似于微粒的物质及光是以以太为介质的压力。1655 年,格里马第发现了光的衍射现象,推测光可能是与水波类似的一种流体。1663 年,胡克提出了"光是以太的一种纵向波"的假说。1690 年,惠更斯在其著作《光论》中提出光是弹性介质中的波动。1704 年,牛顿在其著作《光学》中提出光是微粒流。19 世纪 60 年代,麦克斯韦建立了电磁场理论,并提出光波也是一种电磁波。1886 年,赫兹通过实验证实了电磁波的存在,并测得了电磁波的传播速度等于光速,从而确定了光具有电磁波的属性。不同频率的电磁波在真空中的传播速度都相同,通常用 c 表示,有

$$c=\frac{1}{\sqrt{\mu_0\varepsilon_0}}$$

式中,ε_0 和 μ_0 分别是真空介电常量和真空磁导率。由此得到真空中的光速为

$$c=2.997\ 9\times10^{8}\ \mathrm{m}\cdot\mathrm{s}^{-1}$$

10.1.1 光的电磁波属性

近代物理研究表明,当处于高能级的原子跃迁到低能级上时,两能级之间的能量差将以电磁波(光波)的形式发射出去,如图 10-1 所示。普通光源的原子能级跃迁是自发的、随机的、间歇性的,每次发光的持续时间极短(约 10^{-8} s),光波的波列长度有限。此外,各原子各次发光均是独立的,因此普通光源发出的各个波列的频率、振动方向和相位都彼此独立。具有单一频率(或波长)的光称为单色光,具有一定频率范围的光称为复色光。

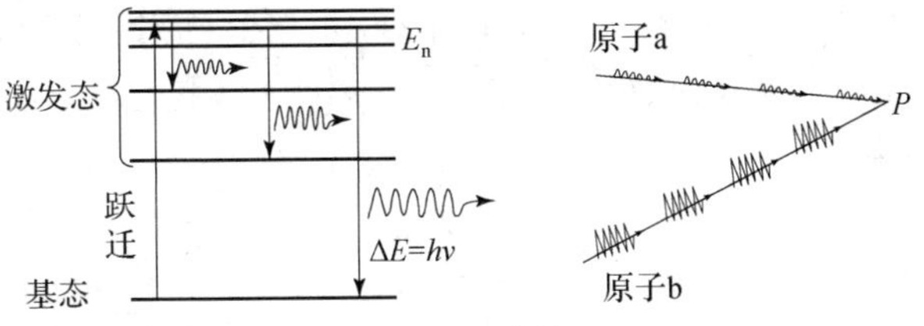

图 10-1 光波

光波传播伴随着能量的传播。能够对人眼视觉及器件感光起作用的主要因素是电矢量(电场强度分量),因此电矢量也称为**光矢量**。人眼和仪器所感受到的光强是由光波的电场强度分量的能流密度大小来决定的。光波的能流密度,指光波在单位时间内在与其传播方向垂直的单位面积上通过的能量,即通过单位面积的功率。该值在一个周期内的平均值称为平均能流密度(也称为光强)。光强 I 正比于振幅的平方。

10.1.2 光的相干条件

要使两列波形成稳定的干涉,它们必须同时满足**振动频率相同**、**振动方向相同**和**相位差恒定**这三个条件。满足以上条件的光波称为**相干光**,发出相干光的光源称为**相干光源**。普通光源发出的光在相遇处叠加时,由于各波列振动方向不尽相同,相位差不能保持恒定,因此不易获得稳定干涉。要设法将同一光源发出的同一波列分成两列,经过不同的路径,再使其相遇,获得相干光。

根据波动相关知识可知,两列相干光的光矢量在相遇处产生的合振动的振幅为

$$E_0=\sqrt{E_{01}^2+E_{02}^2+2E_{01}E_{02}\cos\Delta\varphi} \tag{10-1}$$

式中,E_{01} 和 E_{02} 是两相干光各自光矢量的振幅;$\Delta\varphi$ 是两相干光的光矢量在相遇处的相位差。合振动的光强为

$$I=I_1+I_2+2\sqrt{I_1I_2}\cos\Delta\varphi \tag{10-2}$$

相位差 $\Delta\varphi$ 为

$$\Delta\varphi=2\pi\left(\frac{r_2}{\lambda_2}-\frac{r_1}{\lambda_1}\right)+(\varphi_{02}-\varphi_{01}) \tag{10-3}$$

式中,φ_{01} 和 φ_{02} 是两相干光源各自光矢量的初相位;r_1 和 r_2 是两列光波从各自光源到相遇处的距离;λ_1 和 λ_2 是两列光波各自的波长。

可见,两相干光相遇处的光强是由两相干光的相位差决定的。

为便于讨论,假设两相干光从 $\varphi_{01}=\varphi_{02}$ 的两个初相位相同的相干光源 S_1 和 S_2 发出,分别在折射率为 n_1 和 n_2 的介质中传播,在界面上点 P 处相遇,如图 10-2 所示。

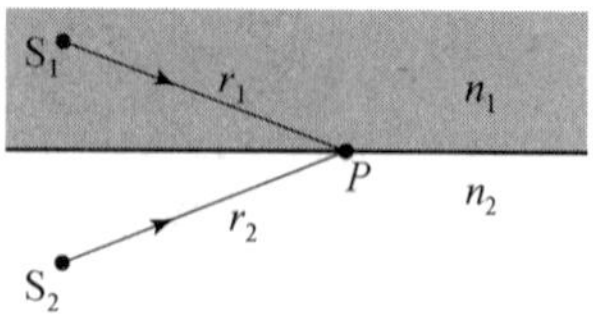

图 10-2 两束相干光在不同介质中的传播与相遇

由于频率由波源本身性质决定,波速由传播介质决定,因此两列波在不同介质中传播时,频率均不变,仍然保持相同,但波速会变得不同,由此造成两列波的波长变得不同,则两束光在点 P 处相遇的相位差为

$$\Delta\varphi=2\pi\left(\frac{r_2}{\lambda_2}-\frac{r_1}{\lambda_1}\right)$$

若光在真空中传播的波速为 c、波长为 λ_0,光在介质中传播的

波速为 u、波长为 λ_n，根据折射率的定义，得

$$n=\frac{c}{u}=\frac{\lambda_0\nu_0}{\lambda_n\nu_0}=\frac{\lambda_0}{\lambda_n}$$

于是光在介质中的波长与光在真空中的波长的关系为

$$\lambda_n=\frac{\lambda_0}{n} \tag{10-4}$$

即光进入介质后波长变为真空中波长的$\frac{1}{n}$，则相位差的表达式可改写为

$$\Delta\varphi=2\pi\left(\frac{r_2}{\lambda_2}-\frac{r_1}{\lambda_1}\right)=\frac{2\pi}{\lambda_0}(n_2r_2-n_1r_1) \tag{10-5}$$

上式表明，相位差与几何路程和介质的折射率有关。由于

$$2\pi\frac{nr}{\lambda}=2\pi\frac{c}{u}\frac{r}{\lambda}=\frac{2\pi}{\lambda}c\frac{r}{u}=\frac{2\pi}{\lambda}ct \tag{10-6}$$

可知，光在时间间隔 t 内在介质中通过的几何路程 r 与该介质的折射率 n 的乘积 nr 所引起的相位变化等于该时间间隔内光从真空中通过路程 ct 所引起的相位变化，因此将 nr 称为**光程**。

把两束光分别在两种介质中传播的光程的差值称为**光程差**，用 Δ 表示，即

$$\Delta=n_2r_2-n_1r_1 \tag{10-7}$$

则其相位差为

$$\Delta\varphi=2\pi\left(\frac{r_2}{\lambda_2}-\frac{r_1}{\lambda_1}\right)=\frac{2\pi}{\lambda_0}(n_2r_2-n_1r_1)=\frac{2\pi}{\lambda_0}\Delta \tag{10-8}$$

两束相干光的光程差 Δ 满足

$$\Delta=\pm k\frac{\lambda_0}{2},\quad k=0,1,2,\cdots \tag{10-9a}$$

时，干涉加强，叠加区域变得明亮。

两束相干光的光程差 Δ 满足

$$\Delta=\pm(2k+1)\frac{\lambda_0}{2},\quad k=0,1,2,\cdots \tag{10-9b}$$

时，干涉减弱，叠加区域变得黯淡。

惠更斯原理指出：波动在介质中传到的各点都可看作发射子波的波源，在其后任意时刻，这些子波的包络面就是新的波阵面。利用惠更斯原理可以解释波的衍射现象。菲涅耳发展了惠更斯原理用以分析光学现象，并提出：波在传播过程中，从同一波阵面上各点发出的子波，经传播在空间相遇时，会发生相干叠加。这就是**惠更斯-菲涅耳原理**，其数学表达式为

$$\mathrm{d}E=C\frac{a(S_i)K(\theta)}{r}\cos\left[\left(\omega t-\frac{2\pi r}{\lambda}\right)+\varphi_0\right]$$

式中，$\mathrm{d}E$ 表示从给定波阵面 S 上的面元 $\mathrm{d}S$ 发出的子波在场点引起的光振动振幅的大小，$\mathrm{d}E$ 与倾斜因子 $K(\theta)$、该波阵面上各点振幅的分布函数 $a(S_i)$ 以及面元到场点的距离 r 有关。

10.1.3 反射光的半波损失

在驻波实验中发现,当机械波从波疏介质入射到波密介质,在界面上发生反射时,反射波与入射波的相位差为 π;而当机械波从波密介质入射到波疏介质,在界面上发生反射时,反射波与入射波的相位始终相同。在波动光学里也有类似的结论。

理论和实验研究表明,当光从光疏(折射率小)介质垂直入射或掠入射到光密(折射率大)介质时,反射光的相位相对于入射光的相位发生了 π 的变化,相当于损失了半个波长,称为**半波损失**。当光从光密介质入射到光疏介质时,反射光没有半波损失。

10.1.4 费马原理

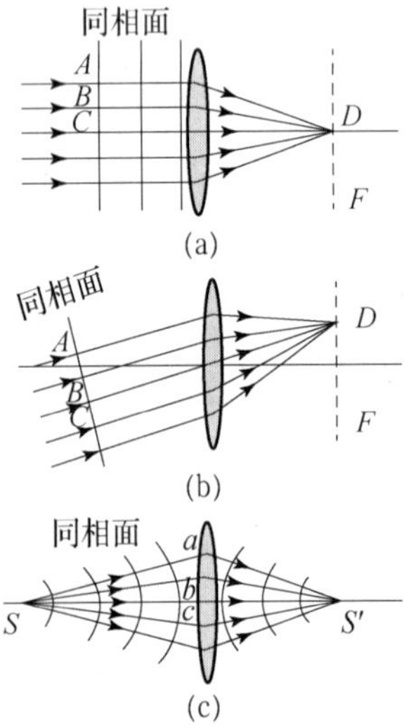

图 10-3 透镜不引起附加光程差

在光学实验中经常要利用薄透镜改变光的传播方向,下面利用光程的相关知识来定性分析透镜不会使平行光产生附加的光程差。

图 10-3(a)、(b)显示了平行光束在焦平面上的会聚。平行光束的同相面是与光线垂直的平面,点 A、B、C 的相位相同,光线 AD、BD、CD 的几何路程不同,虽然光线 CD 的几何路程最短,但是其在透镜中经过的几何路程是最长的,由于透镜材料的折射率大于真空的折射率,根据费马原理可以得出,光线 AD、BD、CD 的光程是相同的,三者产生了相同的相位变化,所以会聚时相干加强,得到明亮的实像。同理,图 10-3(c)中光线 SaS'、SbS'、ScS'的几何路程虽然不同,但是三者的光程相同。也就是说,从物点到像点,各光线产生了相同的相位变化,得到明亮的实像。可见,透镜仅改变光波的传播方向,从物点到像点的各光线都具有相同的光程,不会引起附加的光程差,这就是透镜成像的物像等光程性,它是费马原理的直接体现。

1660 年,法国科学家费马提出,光在任意介质中两个定点之间传播所用的时间是平稳的,这被称为**费马原理**。这里的“平稳”是数学概念,指泛函的一阶变分为零,可以类似地理解为一元函数的一阶导数为零,满足该条件的函数值可以是极大值、极小值,也可以是定值(常量)。结合光程的概念,费马原理还可以表述为,光在空间两个定点之间传播所经过的实际路径总是光程取极值的路径。

由费马原理可以很容易得到在均匀介质中光的直线传播定律、光在介质界面的反射定律和光在介质间传播的折射定律。以上三条定律均是实际路径的光程(实际传播时间)取极小值的情况,是费马原理最常见的情况。

以光在椭球内两焦点之间传播的例子可以看到光程分为极大值、极小值和定值三种情况。光从椭球的一个焦点发出,经过椭球内表面任意一点反射，均会会聚到椭圆镜的另一个焦点上，这是光程为定值的情况；光从椭球的一个焦点发出，经过与椭球内表面相切的凹面镜反射，到达椭球的另一个焦点上，此时光程为极大值；光从椭球的一个焦点发出，经过与椭球内表面相切的凸面镜反射，到达椭球的另一个焦点上，此时光程为极小值。

10.2 光的波动性

10.2.1 光的干涉

由同一光源获得两相干光源的常见方法有分波振面法和分振幅法。

分波振面法也称为波阵面分割法，是从同一个波阵面上取两部分作为两个相干的子光源。杨氏双缝干涉实验、劳埃德镜实验利用的就是分波振面法。如图10-4所示，在实验中，由光源S发出的光的波阵面同时到达S_1和S_2，根据惠更斯原理，S_1和S_2两个子光源具有与光源S相同的频率、相同的振动方向，S_1和S_2发出的子波在其后相遇处具有不随时间改变的光程差$\Delta=n_2r_2-n_1r_1$及相位差$\Delta\varphi=\frac{2\pi}{\lambda_0}\Delta$，因此$S_1$和$S_2$是两个相干光源，两列子波相遇会产生稳定的干涉图样。

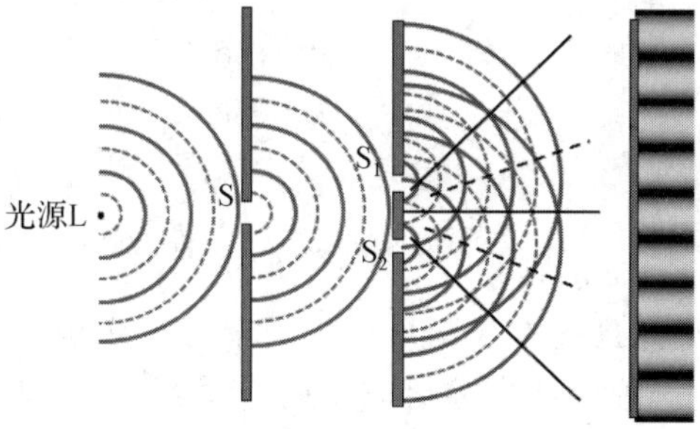

图10-4 分波振面法干涉

分振幅法是将一个波列入射到界面上发生反射和透射，反射光与透射光具有与原光源相同的频率、相同的振动方向和固定的相位差，成为两相干的子光源，由于两者分得了原光源的能量，而能量正比于振幅的平方，因此也称为振幅分割法。劈尖干涉实验、牛顿环干涉实验等薄膜干涉实验利用的就是分振幅法。

如图10-5所示，厚度为d、折射率为n_2的薄膜上表面上方介质的折射率为n_1，薄膜下表面下方介质的折射率为n_3，一束在真空中波长

为 λ_0 的单色光以入射角 i 入射到薄膜上表面的点 A。经薄膜的反射形成光束 2,同时以折射角 γ 进入薄膜,折射光到达薄膜下表面的点 B,在薄膜内反射回到薄膜上表面折射出去,形成光束 3。光束在点 B 发生反射的同时发生折射,产生光束 4。以此类推,在薄膜上表面会形成一系列与光束 2 和光束 3 平行的光束,它们均是由光束 1 获得的,具有相同的频率、相同的振动方向,以及不随时间改变的相位差,因此它们经过透镜会聚而相遇会产生稳定的干涉图样。理论研究表明,这一系列平行光中,光束 2 和光束 3 的光强相近,后续光束的光强迅速衰减,对相干叠加影响很小。因此,在一般情况下只需讨论光束 2 和光束 3 的相干叠加,可以将其视为等振幅的双光束干涉。

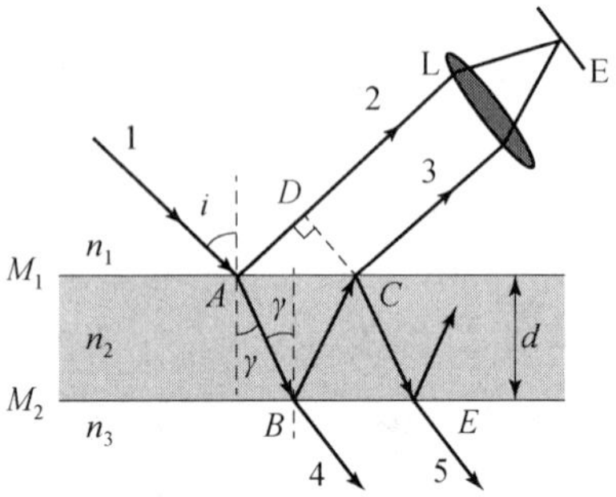

图 10-5　分振幅法干涉

光束 2 和光束 3 由几何路程造成的光程差为

$$\Delta_{23}=n_2(AB+BC)-n_1AD$$

式中,

$$AB=BC=\frac{d}{\cos\gamma}$$

$$AD=AC\sin i=2d\tan\gamma\sin i$$

根据折射定律,有

$$n_1\sin i=n_2\sin\gamma$$

得

$$\Delta_{23}=2n_2\frac{d}{\cos\gamma}-2n_1d\tan\gamma\sin i=2d\sqrt{n_2^2-n_1^2\sin^2 i}$$

此外,还要考虑光在界面反射时可能会发生半波损失,从而产生附加光程差。理论和实验研究表明,当折射率跃变时($n_1<n_2>n_3$ 或 $n_1>n_2<n_3$),光束 2 和光束 3 之间有附加相位差 π,即产生了 $\frac{\lambda_0}{2}$ 的附加光程差,因此光束 2 和光束 3 之间的总光程差为

$$\Delta_r=2d\sqrt{n_2^2-n_1^2\sin^2 i}+\frac{\lambda_0}{2} \tag{10-10a}$$

当折射率渐变时($n_1>n_2>n_3$ 或 $n_1<n_2<n_3$),光束 2 和光束 3 之间无附加相位差 π,即无附加光程差,因此光束 2 和光束 3 之间的总光程差为

$$\Delta_r=2d\sqrt{n_2^2-n_1^2\sin^2 i} \tag{10-10b}$$

同理，在薄膜下表面会形成一系列与光束 4 和光束 5 平行的光束，它们也是相干光。按照类似的方法可以计算出光束 4 和光束 5 经过透镜会聚而相遇时的总光程差。当折射率跃变时（$n_1<n_2>n_3$ 或 $n_1>n_2<n_3$），透射光束 4 和光束 5 的总光程差为

$$\Delta_t=2d\sqrt{n_2^2-n_3^2\sin^2 i} \tag{10-10c}$$

当折射率渐变时（$n_1>n_2>n_3$ 或 $n_1<n_2<n_3$），透射光束 4 和光束 5 之间有 $\frac{\lambda_0}{2}$ 的附加光程差，总的光程差为

$$\Delta_t=2d\sqrt{n_2^2-n_3^2\sin^2 i}+\frac{\lambda_0}{2} \tag{10-10d}$$

结合干涉条件可知，对于上、下表面不平行的薄膜，在平行光入射时，薄膜厚度相等的位置形成同一级干涉条纹，这种情况称为等厚干涉；对于上、下表面平行的薄膜，在非平行光入射时，入射角（倾角）i 相等的光线形成同一级干涉条纹，这种情况称为等倾干涉。实验室中常用迈克耳孙干涉仪采用分振幅法进行双光束干涉实验，用于对微小位移、介质折射率及光谱线波长等进行测定。

1. 杨氏双缝干涉实验

1801 年，英国物理学家托马斯·杨首先利用普通光源获得了稳定的光的干涉图样，为光的波动理论确定了实验基础。杨氏双缝干涉属于分波阵面干涉，实验装置如图 10-6 所示。在普通单色光源后放置一遮光屏，屏上有狭缝 S，S 被光源照射形成一个线光源，S 后又放置另一个遮光屏，屏上有与 S 平行且等间距的两平行狭缝 S_1 和 S_2，两狭缝之间的距离很小。在双缝后放置一观察屏，屏上出现一系列稳定的与狭缝平行的明暗相间的等间距条纹。

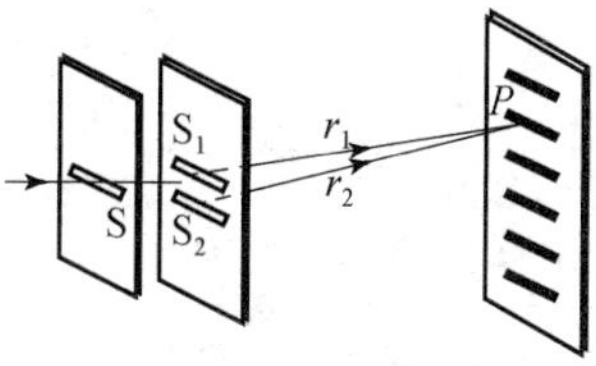

图 10-6　杨氏双缝干涉实验装置

利用光程及光程差来分析杨氏双缝干涉实验中观察屏上干涉条纹的位置，如图 10-7 所示。

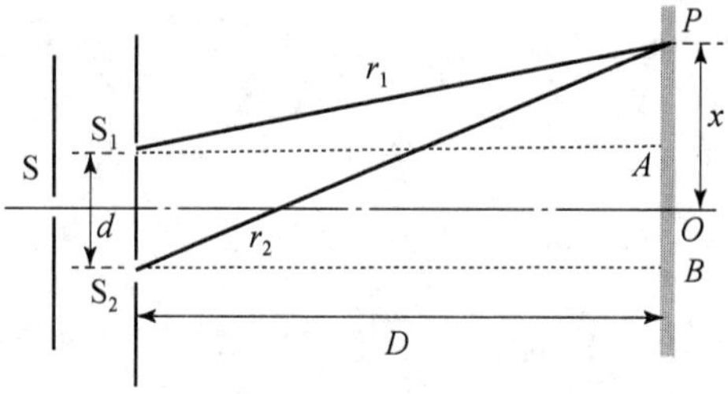

图 10-7　杨氏双缝干涉实验定量分析示意图

设相干光源 S_1 和 S_2 之间的距离为 d，双缝所在屏与观察屏的距离为 $D(D\gg d)$，设观察屏上任意一点 P 到 S_1 和 S_2 的距离分别为 r_1 和 r_2，点 P 到观察屏中心 O 的距离为 x。根据直角三角形的边长的关系，可得

$$r_1^2=D^2+\left(x-\frac{d}{2}\right)^2$$

$$r_2^2=D^2+\left(x+\frac{d}{2}\right)^2$$

由此推出

$$r_2^2-r_1^2=2xd$$

当 $D\gg d$ 时，近似得到

$$r_2^2-r_1^2=(r_2+r_1)(r_2-r_1)=2\sqrt{D^2+x^2}(r_2-r_1)$$

以上两式联立，得

$$r_2-r_1=\frac{xd}{\sqrt{D^2+x^2}}$$

由于 $D\gg d$，可以将 x^2 略去，得

$$r_2-r_1\approx\frac{xd}{D}$$

因此，S_1P 和 S_2P 的光程差为

$$\Delta=n_2r_2-n_1r_1=n(r_2-r_1)=n\frac{xd}{D}$$

式中，$n=n_1=n_2$(同种介质中折射率相等，用 n 表示)

将上式代入式(10-9a)，可以得到出现明纹的位置为

$$x=\pm k\frac{D\lambda_0}{nd},\ k=0,1,2,\cdots \tag{10-11a}$$

$k=0$ 对应的明纹称为中央明纹，$k=1,2,\cdots$ 对应的明纹分别称为第 1 级明纹、第 2 级明纹……

将光程差代入式(10-9b)，可以得到出现暗纹的位置为

$$x=\pm\left(k+\frac{1}{2}\right)\frac{D\lambda_0}{nd},\ k=0,1,2,\cdots \tag{10-11b}$$

$k=0,1,2,\cdots$ 对应的暗纹分别称为第 1 级暗纹、第 2 级暗纹、第 3 级暗纹……

可见，相邻明纹中心的间距等于相邻暗纹中心的间距，统称为条纹间距，用 Δx 表示，则

$$\Delta x=\frac{D\lambda_0}{nd} \tag{10-12}$$

杨氏双缝干涉实验的干涉图样是一系列明暗相间的等间距条纹。

例 10-1 如图 10-8 所示，在杨氏双缝干涉实验中，入射光波长 λ_0 为 550 nm，双缝间距 d 为 0.45 mm，双缝与观察屏的距离 D 为 1.2 m。(1)求此时观察屏上的条纹间距 Δx；(2)将一折射率为 1.58 的云母片遮盖住狭缝 S_1，造成屏上原中央明纹处变为第 5 级明纹，求云母片厚度 b。

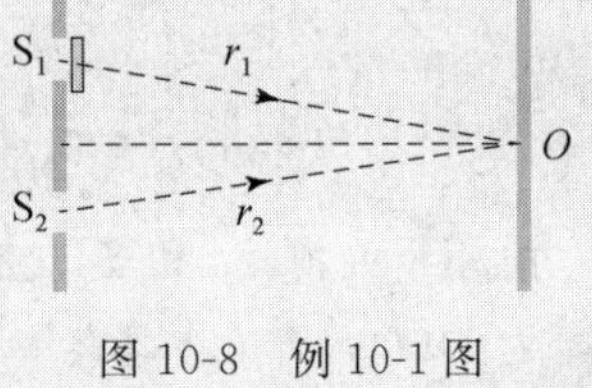

图 10-8 例 10-1 图

解 (1)将已知条件(空气的折射率为 1)代入杨氏双缝干涉实验的条纹间距公式：

$$\Delta x=\frac{D\lambda_0}{nd}$$

得

$$\Delta x=\frac{1.2\times 550\times 10^{-9}}{1\times 0.45\times 10^{-3}}\ \text{m}=1.47\times 10^{-3}\ \text{m}$$

(2)根据光路图可知,两相干光在相遇处的光程差为

$$\Delta=(r_1-b+nb)-r_2=(r_1-r_2)+(n-1)b$$

观察屏上原中央明纹处为屏幕中心,有

$$r_1=r_2$$

第 5 级明纹满足条件

$$\Delta=5\lambda_0$$

将以上 3 式联立,得

$$(n-1)b=5\lambda_0$$

解得

$$b=\frac{5\lambda_0}{n-1}=\frac{5\times 550\times 10^{-9}}{1.58-1}\ \text{m}=4.74\times 10^{-6}\ \text{m}$$

2. 劳埃德镜实验

劳埃德于 1834 年提出了一种比杨氏双缝干涉装置更简便的干涉装置,如图 10-9 所示。

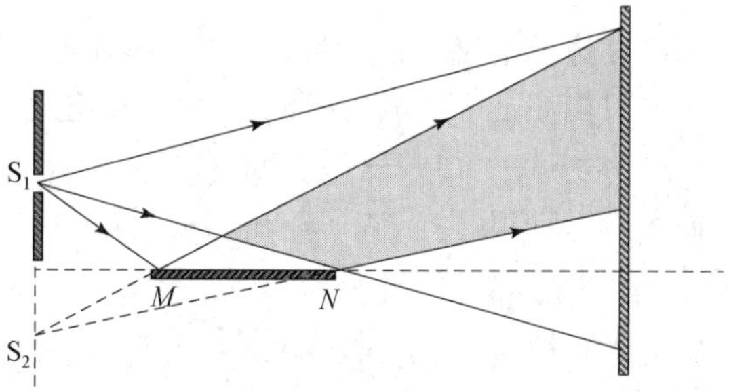

图 10-9　劳埃德镜实验装置

MN 是一块平板反射镜,S_1 是一条缝光源。从 S_1 发出的光波,一部分直接照射到观察屏上;另一部分掠射到平板反射镜上,经反射到达观察屏上。这两列光波是由分波阵面法得到的相干光,图 10-9 中阴影部分为相干区域。反射光可看作由虚光源 S_2 发出的,因此 S_1 和 S_2 可以视为一对相干光源。与杨氏双缝干涉实验类似,在相干区域内放置观察屏,可以看到一系列明暗相间的等间距条纹。当移动观察屏,使其与平板反射镜的 N 端相交时,N 端并没有出现类似杨氏双缝干涉实验的中央明纹,而是出现了暗纹,这说明反射光从光疏介质射到光密介质时相位变化了 π,相当于光波损失了半个波长的光程。

3. 劈尖干涉实验

劈尖干涉属于分振幅法的等厚干涉,劈尖干涉实验如图 10-10 所示。设有两玻璃片,将它们一端相互叠合,另一端用厚度为 D 的

薄物体隔开,此时两玻璃片之间形成一端薄、一端厚的楔形的空气薄膜,称为空气**劈尖**。

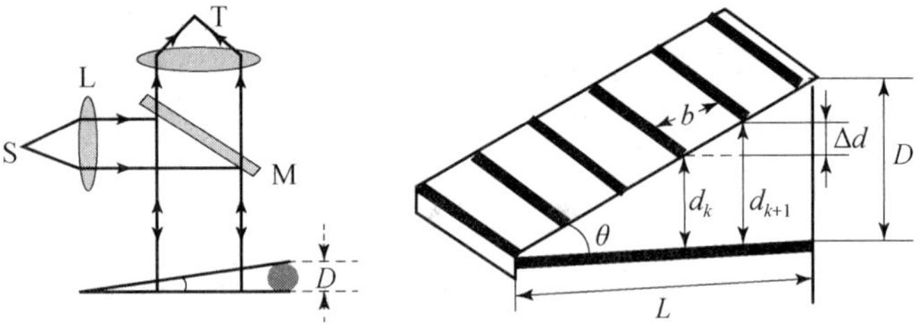

图 10-10 劈尖干涉实验

两玻璃片重合端的交线称为**棱边**,两玻璃片之间的夹角 θ 称为**劈尖角**。当平行单色光垂直($i=0$)照射在玻璃片上时,劈尖上、下两表面的反射光形成相干光,经透镜会聚而相遇,就会在劈尖上表面形成一系列平行于棱边的明暗相间的等间距条纹。

当劈尖是空气薄膜($n_2=1$)时,$n_1>n_2<n_3$,折射率跃变,空气薄膜上、下表面的反射光有附加光程差,则空气薄膜厚度为 d 处的上、下表面两束反射光的光程差为

$$\Delta=2d+\frac{\lambda_0}{2}$$

在劈尖角的棱边处空气膜层厚度趋于零,该处上、下表面两束反射光的光程差只能满足干涉减弱的条件,因此在空气劈尖的棱边处出现暗纹。

根据干涉条件[式(10-9a)、式(10-9b)]可以得出,任意相邻明纹或相邻暗纹对应的薄膜厚度差 Δd 为

$$\Delta d=d_{k+1}-d_k=\frac{\lambda_0}{2}$$

根据几何关系可以得到两条相邻明纹中心的间距等于两条相邻暗纹中心的间距,条纹间距 b 为

$$b=\frac{\Delta d}{\sin\theta}=\frac{\lambda_0}{2\sin\theta} \tag{10-13a}$$

可见,劈尖角 θ 越小,干涉条纹越稀疏;θ 越大,干涉条纹越密集。当 θ 达到一定值后,条纹将密得无法分辨。因此,干涉条纹只在劈尖角 θ 很小时才能看到。在小角度情况下,有

$$\sin\theta\approx\theta$$

此时,条纹间距可近似写为

$$b=\frac{\lambda_0}{2\theta} \tag{10-13b}$$

利用劈尖干涉可以测定细丝直径、薄膜的厚度,分析平面的平整度。

例 10-2　利用空气劈尖测细丝直径。采用钠光灯为光源，波长 λ_0 为 589.3 nm，金属丝与劈尖顶点的距离 L 为 25 mm，测得 30 条明纹的总宽度为 4.3 mm，求金属丝的直径。

解　根据几何关系有

$$\frac{D}{L}=\frac{\Delta d}{b}$$

结合两相邻条纹对应的薄膜厚度差公式

$$\Delta d=\frac{\lambda_0}{2}$$

得

$$D=\frac{\lambda_0}{2}\cdot\frac{L}{b}$$

将已知条件代入，得

$$D=\frac{589.3\times10^{-9}}{2}\times\frac{25\times10^{-3}}{\frac{4.3\times10^{-3}}{30-1}}\ \text{m}=4.97\times10^{-5}\ \text{m}$$

例 10-3　两光学平板玻璃间夹一细丝构成空气劈尖，上、下平板玻璃的折射率分别为 $n_1=1.3$ 和 $n_2=1.5$。用波长 λ_0 为 500 nm 的单色光垂直入射。(1)求第 10 级明纹中心 P 处对应的劈尖厚度；(2)若在上、下平板玻璃间充以某种液体形成液体劈尖，棱边处变为亮纹，点 P 变为第 14 级明纹中心，求该液体的折射率。

解　(1)劈尖内是空气时，$n_1>n_2<n_3$，折射率跃变，空气薄膜上、下表面反射光的光程差里有一个半波损失，光程差为

$$\Delta=2d+\frac{\lambda_0}{2}$$

此时，第 10 级明纹对应的光程差为

$$\Delta=10\,\lambda_0$$

以上两式联立，得

$$d=\frac{(2\times10-1)\times500\times10^{-9}}{4}\ \text{m}=2.375\times10^{-6}\ \text{m}$$

(2)充以某种液体形成液体劈尖时，棱边(液体薄膜厚度为零)处变为明纹，说明此时液体薄膜上、下表面反射光无附加光程差，此时的折射率应该是渐变的。设该液体折射率为 n_2'，则上、下表面反射光的光程差为

$$\Delta=2n_2'd$$

此时，第 14 级明纹对应的光程差为

$$\Delta=13\,\lambda_0$$

以上两式联立，将点 P 的薄膜厚度代入，得

$$n_2'=\frac{13\times500\times10^{-9}}{2\times2.375\times10^{-6}}=1.37$$

将该结果与已知条件比对，可以看出 $n_1>n_2'>n_3$，即折射率是渐变的，与前面的结论一致。

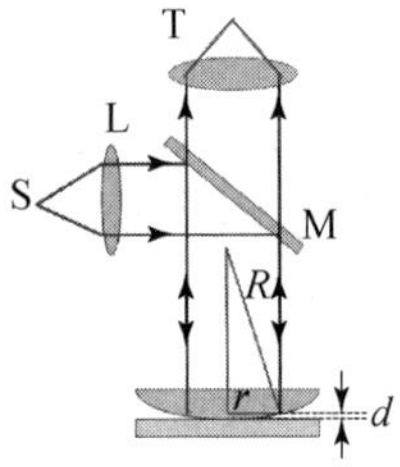

图 10-11 牛顿环干涉实验

4. 牛顿环干涉实验

牛顿环干涉实验如图 10-11 所示。在一块平板玻璃上放置一个曲率半径 R 很大的平凸透镜，在它们之间形成类似劈尖形的空气薄膜。当平行光垂直照射在平凸透镜上时，可以在透镜表面观测到干涉条纹。干涉条纹是一组以平凸透镜与平板玻璃接触点为中心的明暗相间的同心圆环，称为**牛顿环**。

当平凸透镜与平板玻璃之间是空气薄膜时，薄膜的上、下表面的两束反射光在膜厚为 d 处的光程差为

$$\Delta=2d+\frac{\lambda_0}{2}$$

与劈尖干涉实验类似，在牛顿环装置的中心位置，平凸透镜与平板玻璃相接触，空气膜层厚度趋于零，该处上、下表面两束反射光的光程差只能满足干涉减弱的条件，因此干涉图样的环心是暗斑。

根据几何关系可以得到干涉图样中的圆环半径 r 为

$$r^2=R^2-(R-d)^2=2dR-d^2$$

式中，d 为半径为 r 的干涉圆环对应的空气薄层厚度。由于 $R\gg d$，故可以将 d^2 略去，得到

$$r=\sqrt{2dR}$$

结合干涉加强条件[式(10-9a)]，可以得到干涉图样的明环半径为

$$r_k=\sqrt{\left(k-\frac{1}{2}\right)R\lambda_0},\quad k=1,2,3,\cdots \qquad (10\text{-}14a)$$

结合干涉减弱条件[式(10-9b)]，可以得到干涉图样的暗环半径为

$$r_k=\sqrt{kR\lambda_0},\quad k=0,1,2,\cdots \qquad (10\text{-}14b)$$

可见，干涉图样中相邻条纹的间距是变化的，离中心越远，级次越大，条纹越密集，即牛顿环干涉实验的图样是一系列明暗相间的内密外疏的同心圆环。

牛顿环干涉实验可以用于检测光学元件(透镜)的表面平整度及测量透镜的曲率半径。

例 10-4 用钠光灯发出的波长为 589.3 nm 的光垂直照射牛顿环装置，测得反射光第 k 级暗环的直径为 10.86 mm，第 $k+5$ 级暗环的直径为 15.36 mm；当用未知波长的单色光垂直照射牛顿环装置时，测得第 m 级暗环的直径为 11.26 mm，第 $m+5$ 级暗环的直径为 15.92 mm。求：(1)平凸透镜的曲率半径；(2)此单色光的波长。

解 根据牛顿环的暗环公式可以得到第 k 级暗环直径为

$$D_k=2\sqrt{kR\lambda_0}$$

则

$$\lambda_0 R=\frac{D_m^2-D_n^2}{4(m-n)} \tag{10-15}$$

(1)将已知条件代入上式,得到平凸透镜的曲率半径为

$$R=\frac{(15.36\times10^{-3})^2-(10.68\times10^{-3})^2}{4\times5\times589.3\times10^{-9}}\ \text{m}=10.34\ \text{m}$$

(2)同上分析可知,未知单色光波长为

$$\lambda_0=\frac{(15.92\times10^{-3})^2-(11.26\times10^{-3})^2}{4\times5\times10.31}\ \text{m}=612.5\ \text{nm}$$

5. 增透膜、增反膜

结合式(10-9)和式(10-10)可知,当非平行光入射到厚度均匀的薄膜时,入射角(倾角)i 相等的光束形成同一级干涉条纹,这种情况称为等倾干涉。观察等倾干涉的实验装置如图 10-12 所示。单色点光源发出的光束从一圆锥内入射到薄膜时,具有相同入射角的光束在同一圆锥面上,经由薄膜反射后通过透镜会聚在同一圆周上,不同入射角的光束将会聚在不同半径的圆周上。入射角越小的光束形成的圆环级次越高,半径越小,越靠近圆心。因此,等倾干涉的干涉图样是一系列明暗相间的内疏外密的同心圆环。

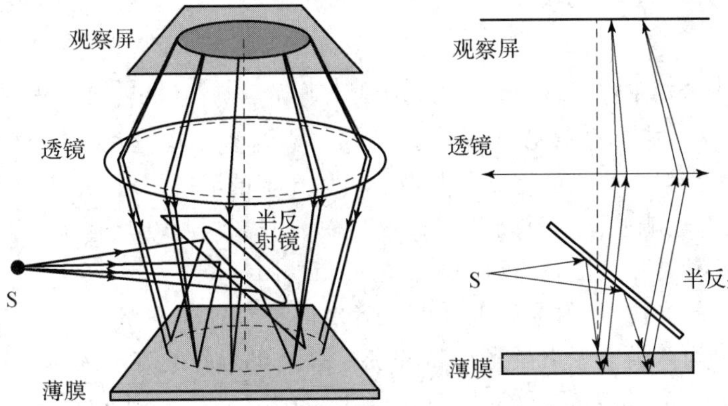

图 10-12　观察等倾干涉的实验装置

利用等倾干涉原理,在光学器件上镀膜,可以提高光学器件的透射率或反射率。

例如,为了减少光学系统中的光能的损失,通常在透镜表面镀一层薄膜,减小反射光光强,实现增大透射光光强的效果,这样的薄膜称为**增透膜**。最简单的单层增透膜如图 10-13 所示。

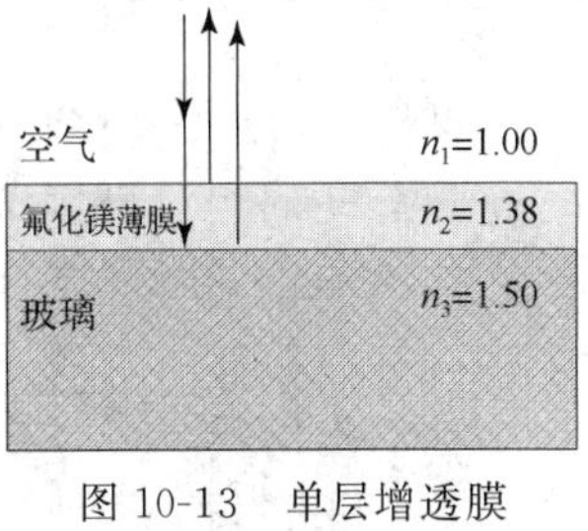

图 10-13　单层增透膜

在玻璃表面镀一层氟化镁(MgF_2)薄膜,空气、氟化镁、玻璃的折射率分别为 $n_1=1.00$,$n_2=1.38$,$n_3=1.50$。此时由于上、下两界面反射光均有半波损失,所以两反射光的光程差为 $2n_2d$,没有附加光程差。当光程差满足干涉减弱的条件时,两反射光干涉相消,即

$$2n_2 d=(2k+1)\frac{\lambda_0}{2},\quad k=0,1,2,\cdots$$

薄膜的最小厚度等于 $k=0$ 时的厚度,即

$$d=\frac{\lambda_0}{4n_2} \tag{10-16}$$

此时反射光相消减弱,透射光得到加强。在薄膜光学中,将 $n_2 d$ 称为薄膜的光学厚度,可见增透膜的光学厚度为入射光在真空中波长的$\frac{1}{4}$。

利用等倾干涉也可以制成**增反膜**(或**高反膜**)。将玻璃透镜上镀一层光学厚度等于$\frac{1}{4}$波长的硫化锌(ZnS)薄膜($n_{ZnS}=2.40$)时,折射率满足跃变关系,上、下两个界面的反射光光程差为 $2n_2 d+\frac{\lambda_0}{2}$,有附加光程差,因而反射光相干加强。

利用类似的方法,在光学元件上交替镀制光学厚度均等于$\frac{1}{4}$波长的高折射率薄膜和低折射率薄膜,形成多层膜结构,可以进一步提高反射率。

10.2.2 光的衍射

衍射和干涉一样,也是波动的基本特征。波在传播过程中遇到障碍物时,能绕过障碍物的边缘继续传播,这种偏离直线传播的现象称为**衍射**。当光波遇到与其波长可以比拟的障碍物时,光绕过障碍物,并还能使光强重新分布,产生衍射图样。图 10-14 给出了光经过几种常见孔隙及障碍物时产生的衍射图样。

(a) 圆孔

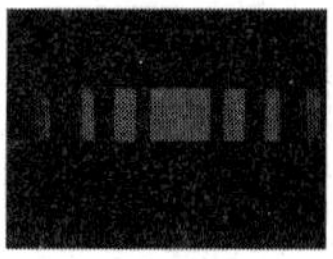
(b) 狭缝

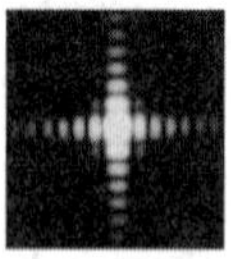
(c) 方孔

(d) 其他障碍物

图 10-14 光的衍射图样

根据光源、衍射屏和观察屏三者之间的位置关系不同,可以把衍射分为两类。一类是光源和观察屏都距离衍射屏有限远时的衍射,称为近场衍射,又称为菲涅耳衍射,如图 10-15(a)所示;另一类是把光源和观察屏都移至无穷远时的衍射,称为远场衍射,又称为夫琅禾费衍射,如图 10-15(b)所示。实验中通过透镜形成平行光束或者将平行光束会聚在有限空间中实现远场效果。把光源放在透镜 L_1 的焦平面上,光从透镜穿过形成平行光束,穿过衍射屏,经过透镜 L_2,会聚在透镜 L_2 的焦平面上。这样,到达单缝的光和衍射光都是平行光,实现了夫琅禾费衍射。夫琅禾费衍射有许多重要的应用,且数学处理相对简单,因此以夫琅禾费衍射为例分析光衍射的基本规律。

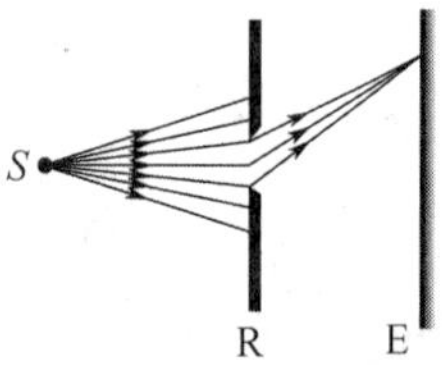

(a) 菲涅耳衍射

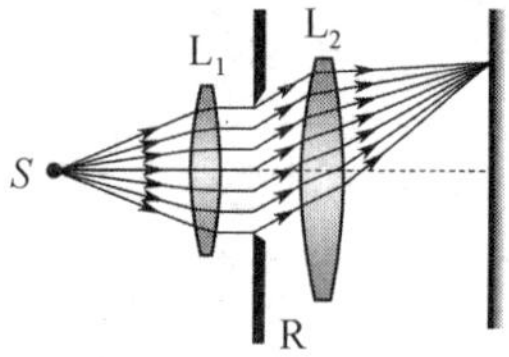

(b) 夫琅禾费衍射

图 10-15 光的衍射的分类

1. 单缝夫琅禾费衍射

单缝夫琅禾费衍射可以利用菲涅耳半波带法进行分析。如图 10-16 所示,在平行光垂直照射下,位于单缝所在处的波阵面

AB 上各点所发出的子波沿各个方向传播，根据惠更斯-菲涅耳原理可知，这些子波会相干叠加，相同衍射方向的子波通过透镜会聚在屏幕上同一个点，造成观察屏上出现明暗变化的图样。

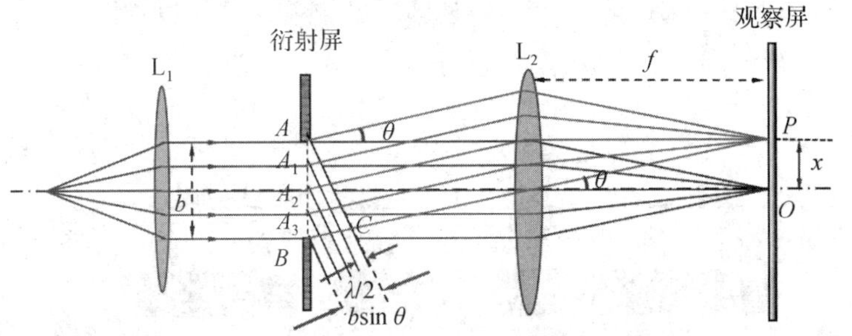

图 10-16　半波带法分析单缝夫琅禾费衍射

衍射光线与衍射屏法线之间的夹角 θ 称为衍射角。设单缝宽度为 b，则在单缝上、下两条边缘之间沿 θ 方向衍射光束的总光程差为

$$BC = b\sin\theta$$

将 θ 方向衍射光束的总光程差以半波长为单位分成的一系列波带称为**半波带**，各个半波带的面积相等，因此各个半波带发出的子波强度相等，且相邻两半波带的任意两个对应点发出的子波的光程差恒等于半波长，即相位差恒等于 π，则相邻的两个半波带的各子波在会聚点相遇时将会相互抵消。可见，对于确定的实验装置，衍射角 θ 不同会造成该衍射方向上能分出的半波带数目不同。因此，若沿 θ 方向衍射光束的总光程差 BC 能分为偶数个半波带，则所有半波带会成对地对应相消，因此在会聚点 P 形成暗纹中心；若 BC 能分为奇数个半波带，则其中相邻的偶数个半波带会成对地对应相消，最后剩下一个半波带的光经过透镜会聚在观察屏上，此时会聚点 P 为明纹中心。这种分析方法就是**菲涅尔半波带法**。

结合相干加强和相干减弱的公式，可以得到单缝衍射的明、暗纹条件：

$$b\sin\theta = \pm(2k+1)\frac{\lambda_0}{2},\quad k=1,2,\cdots \quad \text{明纹中心} \qquad (10\text{-}17\text{a})$$

$$b\sin\theta = \pm(2k)\frac{\lambda_0}{2},\quad k=1,2,\cdots \quad \text{暗纹中心} \qquad (10\text{-}17\text{b})$$

当衍射角 $\theta=0$ 时，光源经透镜产生的与光轴平行的光束通过单缝，再经透镜会聚到处于焦平面的观察屏中心，各光束光程差为零，形成中央明纹(零级明纹)，该处光强最大。对于其他不满足上述条件的衍射光束，在衍射角 θ 方向上的总光程差 BC 不能恰好被分为整数个半波带，此时衍射光束经透镜会聚在观察屏上时，光强处于最明与最暗之间。因此，屏幕中央明纹随着衍射角增大而变宽，直到衍射角 θ 满足第 1 级暗纹的条件为止。

由于随着衍射角 θ 增大，半波带数目增加，每个半波带面积相应减少，每个半波带的光强随之减小，而明纹是由 $2k+1$ 个半波带

中 $2k$ 个半波带对应相消后剩下的一个半波带形成的，因此在单缝衍射条纹中，光强分布是不均匀的，中央明纹的亮度最大，其他明纹的亮度远小于中央明纹的亮度，并且随着条纹级次的增大，明纹的亮度逐渐减小，图 10-17 所示为单缝夫琅禾费衍射的光强分布。

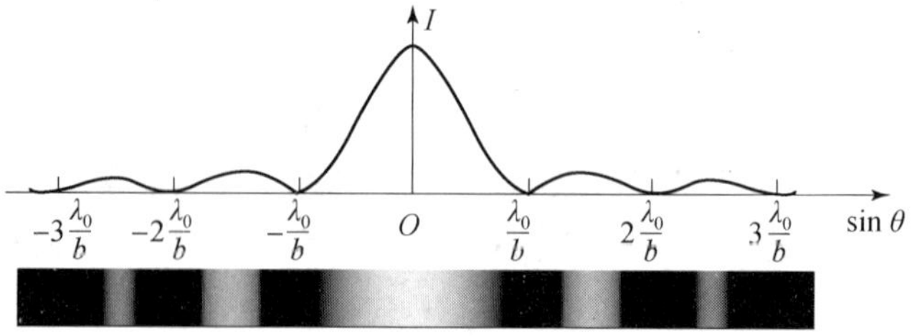

图 10-17　单缝夫琅禾费衍射的光强分布

第 k 级明纹中心对应的衍射角满足

$$\sin\theta=\pm\frac{2k+1}{b}\cdot\frac{\lambda_0}{2} \tag{10-18a}$$

第 k 级暗纹中心对应的衍射角满足

$$\sin\theta=\pm\frac{2k}{b}\cdot\frac{\lambda_0}{2} \tag{10-18b}$$

根据图 10-16 中的几何关系可以得到观察屏上的衍射条纹位置 x 与衍射角 θ 的关系为

$$x=f\tan\theta$$

当衍射角 θ 很小时，

$$\theta\approx\tan\theta\approx\sin\theta$$

故

$$x\approx f\theta$$

代入式(10-17a)、式(10-17b)，可以得到第 k 级明纹中心的位置为

$$x=\pm(2k+1)\frac{f}{b}\cdot\frac{\lambda_0}{2} \tag{10-19a}$$

第 k 级暗纹中心的位置为

$$x=\pm 2k\frac{f}{b}\cdot\frac{\lambda_0}{2} \tag{10-19b}$$

由此可以得到中央明纹宽度，即两侧第 1 级暗纹中心的间距为

$$\Delta x_0=2\frac{f}{b}\lambda_0 \tag{10-20a}$$

在衍射角 θ 是小角度的情况下，除中央明纹外，其他明纹宽度为

$$\Delta x=\frac{f}{b}\lambda_0 \tag{10-20b}$$

利用几何关系还可得到中央明纹的角宽度，即两侧的第 1 级暗纹中心对透镜中心的张角为

$$\Delta\theta_0\approx 2\sin\theta_1=2\frac{\lambda_0}{b} \tag{10-21a}$$

在衍射角 θ 是小角度的情况下，除中央明纹外，其他明纹的角宽度为

$$\Delta\theta \approx \sin\theta = \frac{\lambda_0}{b} \tag{10-21b}$$

因此，单缝夫琅禾费衍射图样是一系列明暗相间的不等间距的条纹，中央明纹亮且宽，两侧条纹暗且窄。当缝宽减小时，中央明纹的角宽度增大，当波长与缝宽接近时，中央明纹的角宽度趋于 π，衍射最明显；当缝宽增大时，中央明纹的角宽度减小。$\frac{\lambda_0}{b}$趋于 0 时，光线趋于直线传播，因此几何光学是波动光学在$\frac{\lambda_0}{b}$趋于 0 时的极限情况。

例 10-5　在单缝夫琅禾费衍射实验中，缝宽 $b=20\ \mu\text{m}$，透镜焦距 $f=30\ \text{cm}$，入射光的波长为 $\lambda_0=400\ \text{nm}$，$x=2.1\ \text{cm}$ 处的点 P 是明纹，试分析：(1)点 P 的条纹是第几级明纹？(2)会聚在点 P 的衍射光在该衍射方向上光程差分成多少个半波带？(3)若将缝宽变为原缝宽的 2 倍，则会聚在点 P 的衍射光在该衍射方向上光程差将变为多少个半波带？(4)若将缝宽变为原缝宽的 2 倍，点 P 的衍射条纹是明纹还是暗纹？此时的条纹级次是多少？(5)按照原始条件，中央明纹的宽度是多少？(6)按照原始条件，把装置浸入折射率为 1.33 的水中，中央明纹宽度变为多少？

解　(1)由单缝衍射明纹公式得

$$b\sin\theta = (2k+1)\frac{\lambda_0}{2}$$

结合几何关系得

$$b\frac{x}{f} = (2k+1)\frac{\lambda_0}{2}$$

代入已知条件，解得

$$k = \frac{bx}{f\lambda_0} - \frac{1}{2} = \frac{20\times10^{-6}\times2.1\times10^{-2}}{30\times10^{-2}\times400\times10^{-9}} - \frac{1}{2} = 3$$

(2)半波带数目为

$$N = 2k+1 = 7$$

(3)将缝宽变为原缝宽的 2 倍后，有

$$b'\frac{x}{f} = N'\frac{\lambda_0}{2}$$

解得，此时半波带数目为

$$N' = 14$$

(4)由于 N' 是偶数，根据菲涅耳半波带法可知，它满足单缝衍射的暗纹条件，此时点 P 处为暗纹，则

$$b'\frac{x}{f} = 2k'\frac{\lambda_0}{2}$$

解得

$$k' = 7$$

此时点 P 的条纹是第 7 级暗纹。

(5)将原始条件代入

$$\Delta x_0=2\frac{f}{b}\lambda_0$$

得到中央明纹原始宽度为

$$\Delta x_0=\frac{2\times30\times10^{-2}\times400\times10^{-9}}{20\times10^{-6}}\text{ m}=1.2\times10^{-2}\text{ m}$$

(6)将原始装置浸入水中，光波在传播过程中，介质的折射率发生变化，光程也相应发生变化，单缝衍射条纹公式变为

$$nb\sin\theta=\pm(2k+1)\frac{\lambda_0}{2},\ k=1,2,\cdots\quad 明纹中心 \tag{10-22a}$$

$$nb\sin\theta=\pm(2k)\frac{\lambda_0}{2},\ k=1,2,\cdots\quad 暗纹中心 \tag{10-22b}$$

因此，中央明纹宽度变为

$$\Delta x_0=2\frac{f}{b}\cdot\frac{\lambda_0}{n} \tag{10-23}$$

代入已知条件，得

$$\Delta x_0=\frac{2\times30\times10^{-2}\times400\times10^{-9}}{20\times10^{-6}\times1.33}\text{ m}=9.0\times10^{-3}\text{ m}$$

光波传播路径上折射率变大，条纹间距变小，条纹变得更密集。

2. 圆孔夫琅禾费衍射

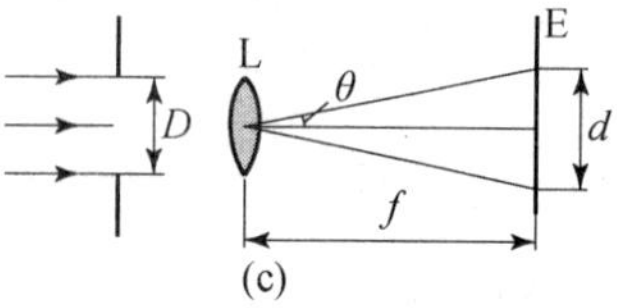

图 10-18　圆孔夫琅禾费衍射实验

由图 10-14 可知，当光通过圆孔时，也会产生衍射现象。如图 10-18 所示，若夫琅禾费衍射实验的衍射屏中央是一个小圆孔，用平行光束垂直照射圆孔，光束通过圆孔经焦距为 f 的透镜会聚在焦平面处的观察屏上形成衍射图样，这就是圆孔夫琅禾费衍射。

圆孔夫琅禾费衍射图样的明暗分布及光强分布具有与单缝夫琅禾费衍射图样相似的特点。圆孔夫琅禾费衍射图样是一系列明暗相间的同心圆环，衍射图样中央是由第 1 级暗环所围绕的中央亮斑，称为**艾里斑**。艾里斑半径对透镜 L 中心所形成的张角 θ 称为艾里斑的**半角宽度**。设艾里斑直径为 d，根据几何关系有

$$\tan\theta=\frac{d}{2f} \tag{10-24}$$

根据理论计算可得艾里斑的光强占入射光总光强的 80% 以上，艾里斑的半角宽度 θ、圆孔直径 D 以及入射光波长 λ_0 之间满足如下关系式：

$$\sin\theta=1.22\frac{\lambda_0}{D} \tag{10-25}$$

可见，当圆孔直径 D 越小或入射光波长 λ_0 越大时，艾里斑半角宽度越大，衍射现象越明显。

光学元件中的透镜、光阑等都相当于小圆孔，点光源经过这样的光学元件成的像是中央为亮斑的干涉图样。

如图 10-19(a)所示，当两个点光源相距很近时，它们通过圆孔所成的像是两个衍射亮斑。两个点光源相距足够近时两个衍射亮斑会相互重叠至无法分辨，如图 10-19(c)所示。当一个点光源的衍射图样的艾里斑中心恰与另一个点光源的衍射图样的第 1 级暗环重合时，恰好能够分辨出衍射图样是两个亮斑，如图 10-19(b)所示。这种依据衍射图样来判断光学仪器能否分辨两个物点的方法称为**瑞利判据**。当两个物点恰好能被分辨时，两个点光源对透镜中心的张角称为光学仪器的**最小分辨角**，用 θ_0 表示，根据几何关系可以看出最小分辨角恰好等于艾里斑的半角宽度。由于 θ_0 很小，故

$$\theta_0 \approx \tan\theta_0 \approx \sin\theta_0$$

代入式(10-25)，可以得到最小分辨角为

$$\theta_0 = 1.22\frac{\lambda_0}{D} \tag{10-26}$$

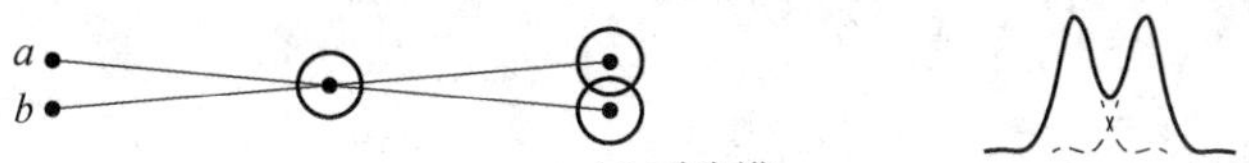

(a) 可分辨

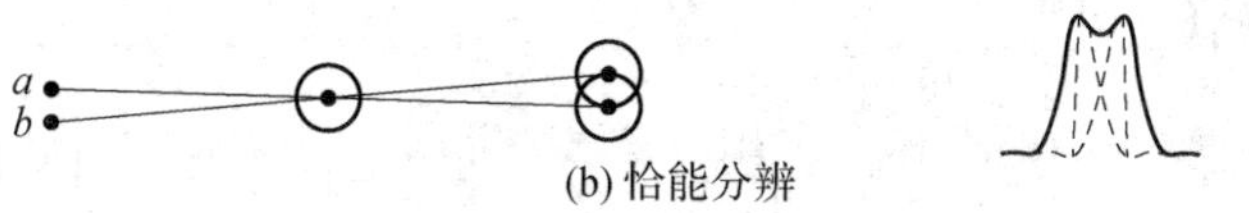

(b) 恰能分辨

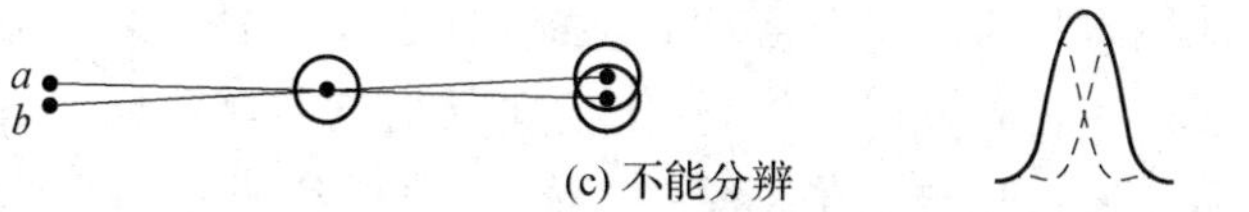

(c) 不能分辨

图 10-19 最小分辨角

人眼的瞳孔直径约为 2.5 mm，白光中人眼视觉最敏感的黄绿光的波长为 550 nm，利用式(10-26)计算可知，人眼的最小分辨角是 2.7×10^{-4} rad，该角与人眼视网膜上相邻两个视细胞的中心张角相应。我国“神舟”系列飞船距地最近的高度约 200 km，根据几何关系可以得出，飞船上的宇航员能够分辨出地面上尺度超过 50 m 的目标。

最小分辨角的倒数称为光学仪器的**分辨本领**(或**分辨率**)。由式(10-26)可知，光学仪器的分辨率与圆孔直径 D 成正比，与入射光波长 λ_0 成反比。因此，可以通过增大光学元件通光孔径或减小入射光波长这两种途径来提高光学仪器的分辨率。利用电子波动性(在几万伏加速电压下，电子束的波长可达 0.1 nm)成像的电子显微镜的分辨率比利用可见光作为入射光的普通光学显微镜的分辨率高几十万倍。

例 10-6 鹰的瞳孔直径约为 6.2 mm，以波长为 550 nm 的光入射，求：(1)鹰眼的最小分辨角；(2)鹰在高度为 1.5 km 的空中时，能分辨地面上的最小距离。

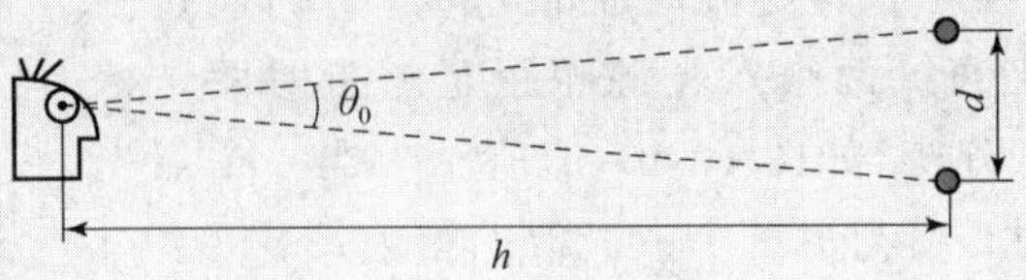

图 10-20 例 10-6 图

解 (1)根据最小分辨角的公式

$$\theta_0=1.22\frac{\lambda_0}{D}$$

可得

$$\theta_0=1.22\times\frac{550\times10^{-9}}{6.2\times10^{-3}}\ \text{rad}=1.08\times10^{-4}\ \text{rad}$$

(2)设鹰的高度为 h，能分辨的地面上的最小距离为 d，由图 10-20 中的几何关系可以得到

$$d=\theta_0 h=1.08\times10^{-4}\times1.5\times10^3\ \text{m}=0.16\ \text{m}$$

10.2.3 光栅

由许多等宽度、等距离且相互平行的狭缝周期性排列所构成的光学元件称为**光栅**。在平整光学表面上进行周期性刻划，刻划处无镜面反射也不透光，未刻划处发生镜面反射或者能透光，从而得到透射光栅和反射光栅。在高反射率金属面上刻划一系列等间距的平行刻痕，相邻刻痕之间的金属面可以反射光，这就构成了反射光栅。在透明平板玻璃上刻划出一系列等间距的平行刻痕，相邻刻痕之间的玻璃表面可以透光，这就构成了透射光栅。透射光栅实验如图 10-21 所示，光栅透光部分的宽度记为 a，不透光部分的宽度记为 b，相邻的一个透光部分和一个不透光部分的宽度之和记为 d，$d=a+b$，称为**光栅常量**。光栅常量一般为 $10^{-6}\sim10^{-5}$ m。

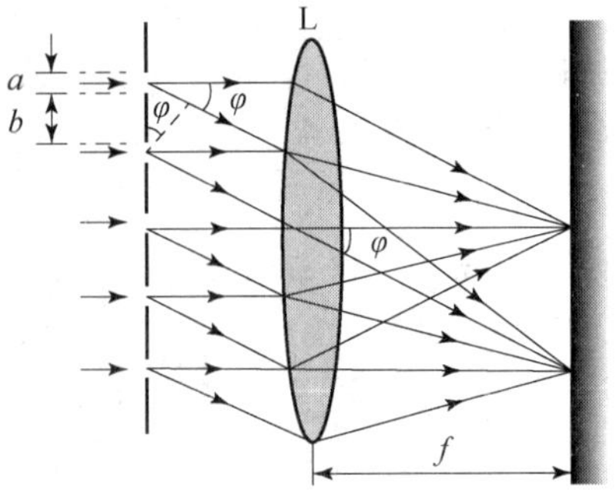

图 10-21 透射光栅实验

图 10-22 所示为光通过具有不同数目狭缝的光栅形成的光栅衍射图样。从图 10-22 中可以看出光栅衍射图样具有以下特点：光栅衍射图样是一系列互相平行的明暗相间的条纹；各级明纹的亮度及宽度并不相同，较强的明纹（主极大）之间有相对较弱的次级明纹（次极大）；光栅的狭缝数目越多，明纹越细越亮；在某些条件下，明纹会消失，出现缺级。

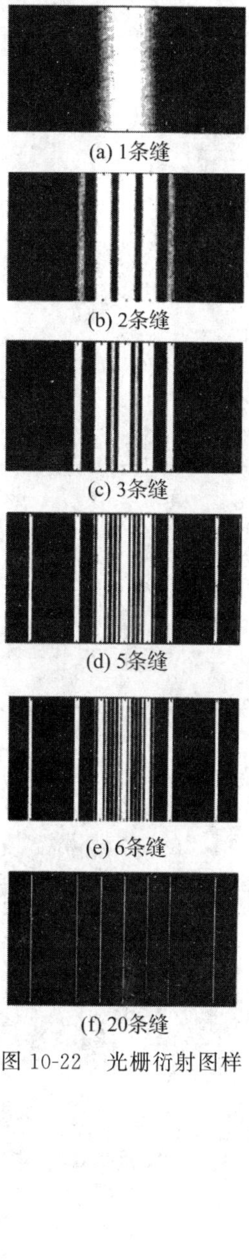

图 10-22　光栅衍射图样

可以利用前面介绍的单缝衍射和分振幅干涉实验的研究方法分析光栅衍射图样产生的原因。当光通过透射光栅时，从每条狭缝通过的光都会各自独立地发生单缝衍射，用平行光照射时，从每条狭缝独立产生的衍射条纹都会在透镜的焦平面上重合，产生与单缝衍射相似的衍射图样。同时，由于各狭缝都处在同一个波面上，从各狭缝通过的光都是相干光，在透镜的焦平面上形成干涉条纹。干涉形成的明纹亮度受到单缝衍射光强的调制。因此，光通过光栅产生的衍射图样是由透光部分的单缝衍射和缝与缝之间的多光束干涉叠加产生的总效果。图 10-23 所示为光栅衍射图样的光强分布。

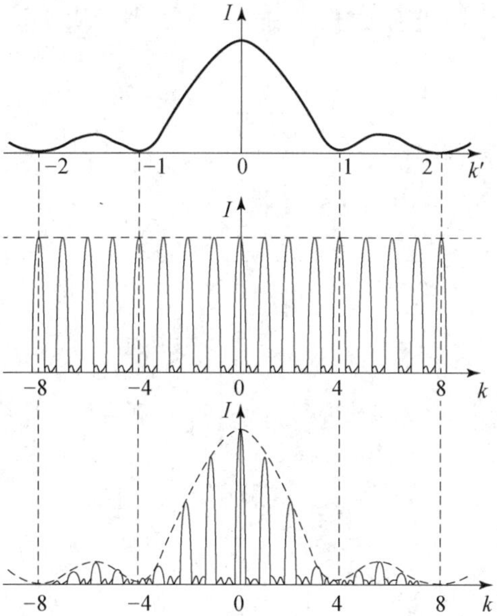

图 10-23　光栅衍射图样的光强分布

从相邻狭缝通过的两光束之间的干涉形成了光栅衍射图样的主极大。相邻两束沿衍射角 θ 方向传播的衍射光的光程差为 $(a+b)\sin\theta$，代入干涉加强条件［式（10-9a）］，得到光栅衍射图样的主极大满足的条件为

$$(a+b)\sin\theta=\pm k\lambda_0,\quad k=0,1,2,\cdots \tag{10-27}$$

式(10-27)称为**光栅方程**，k 称为条纹级次。$k=0$ 时衍射角 $\theta=0$，对应的明纹称为中央主极大；$k=1,2,\cdots$ 对应的明纹称为第 1 级主极大、第 2 级主极大……。各级主极大对称地分布在中央主极大两侧。衍射角越大，级次越大。衍射角最大值为 $\pi/2$，结合光栅

方程可以得到屏幕上能观测到的主极大级次的最大值 $k_{max} < \frac{a+b}{\lambda_0}$。

若从光栅通过的光束在某衍射方向(衍射角为 θ)同时满足缝间光束干涉极大和单缝衍射极小的条件,该方向的主极大会消失,这个现象称为**缺级**。消失的主极大的级次可以通过联立光栅方程[式(10-27)]和单缝衍射暗纹条件[式(10-17b)]来求解,得

$$(a+b)\sin\theta = \pm k\lambda_0,\quad k=0,1,2,\cdots$$

$$b\sin\theta = \pm k'\lambda_0,\quad k'=1,2,\cdots$$

由此得到消失的主极大的级次为

$$k=\frac{a+b}{b}k',\quad k'=\pm1,\pm2,\pm3,\cdots \tag{10-28}$$

若 $a+b=4b$,则级次 $k=4,8,12,\cdots$ 的主极大会缺级,图 10-23 所示情况就满足这个条件。

通过前文的分析可以看出,衍射现象和干涉现象都是由光波相干叠加引起光强重新分布的结果。通常,把有限条光束的相干叠加称为干涉,把无穷个子波的相干叠加称为衍射。对光栅而言,缝间干涉的条纹受到单缝衍射的调制,既属于多光束干涉,也属于光栅衍射。

例 10-7 用波长为 589.3 nm 的光垂直照射每厘米有 5 000 条刻痕的光栅,光栅每个基本单元的遮光部分宽度与透光狭缝宽度相等。(1)该光栅的光栅常量 d 是多少;(2)观察屏上最大能看到第几级主极大?(3)观察屏上一共出现几条主极大?

解 (1)根据已知条件,光栅常量为

$$d=\frac{0.01}{5\ 000}\ \text{m}=2\times10^{-6}\ \text{m}$$

(2)根据光栅方程可知,随着衍射角增大,主极大级次增大。衍射角的最大值为 $\pi/2$,此时

$$k=\frac{a+b}{\lambda_0}\sin\theta=\frac{2\times10^{-6}}{589.3\times10^{-9}}=3.4$$

可知,观察屏上能看到的主极大的最大级次 k_{max} 为 3。

(3)根据已知条件 $a=b$,可得缺级的主极大级次为

$$k=\frac{a+b}{b}=2$$

即第 ±2 级主极大缺级,因此观察屏上共出现 $1+2k_{max}-2=5$ 条主极大。

由于光栅衍射图样是一系列明暗相间的条纹,随着缝数的增加,主极大的亮度增大、宽度变小,因此可以利用衍射光栅来测量入射单色光波的波长。晶体具有规则排列的空间结构,其晶格距离的数量级为 10^{-10} m,与 X 射线波长数量级相当,是天然的三维衍射光栅。用 X 射线在晶体上发生衍射,可以对晶体进行结构分析。若用复色光照射光栅,各种不同波长的光将产生各自分开的主极大,除中央主极大重合外,其余条纹从中央向外侧依次出现按照波长从

短到长排列的第1级明纹，每级次都会出现一组类似排列的光谱，这种由光栅衍射产生的按照波长排列的谱线称为光栅光谱。各种元素和化合物都有其各自特定的谱线。通过测定光谱中各谱线的波长和相对光强，来确定物质的成分及含量的方法称为光谱分析，其在科学研究和工程技术上有广泛的应用。

10.3 光的横波属性

按照振动方向与传播方向的关系分类，波分为横波和纵波。以机械波为例，在机械波的传播路径上垂直放置一个狭缝。由于纵波的振动方向与传播方向一致，因此无论狭缝如何放置，纵波都能通过狭缝继续向前传播，如图10-24(a)、(b)所示。由于横波振动方向与传播方向垂直，因此当狭缝与横波的振动方向平行时，横波可以通过狭缝继续向前传播，如图10-24(c)所示；而当狭缝与横波的振动方向垂直时，横波不能通过狭缝，无法继续向前传播，如图10-24(d)所示。从17世纪末到19世纪初，主张光的波动说的科学家都认为光是纵波。但是该理论无法解释光的双折射现象和旋光现象。1817年，托马斯·杨通过研究光的双折射现象推断光是横波。菲涅耳也独立提出光是横波的观点，并用该观点成功解释了旋光现象。这些关于光的偏振现象的实验都表明了光具有横波性。最终麦克斯韦由电磁场理论推导出电磁波在传播过程中振动着的电矢量和磁矢量总是与电磁波的传播方向垂直，该理论通过赫兹的实验得到了验证，光的横波性从理论上得到了证实。

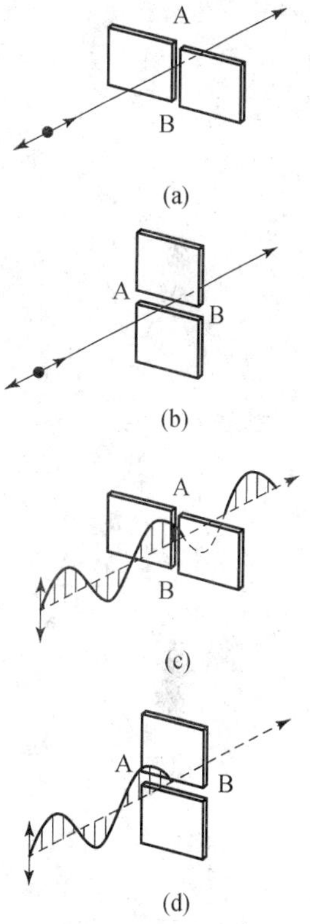

图10-24 机械波的横波与纵波的区别

10.3.1 光的偏振

光矢量的振动方向与光的传播方向组成的平面称为振动面。光的振动方向在与光的传播方向垂直的平面内呈现非对称分布的状态称为**偏振**。普通光源所发出的光是由大量原子跃迁所产生的持续时间很短的波列组成的，这些波列的振动方向和相位是无规律的、随机的，所以在垂直于光传播方向的平面上看，光矢量的振动在各个方向上的分布的概率是均等的，呈现对称分布，这样的光称为**自然光**，自然光是非偏振的。若光矢量始终在某一固定的方向振动，这样的光称为**线偏振光**，也称为**平面偏振光**。若光矢量的振动在与光传播方向垂直的平面内的各方向上都有分布，但是振幅分布不均等，且相互间无固定的相位差，这样的光称为**部分偏振光**。若光矢量的振动方向绕着传播方向以光波的圆频率旋转，且从传播方向看，光矢量端点的轨迹是一个圆，这样的光称为**圆偏振光**；若光矢量端点的轨迹是一个椭圆,这样的光称为**椭圆偏振光**。圆偏振光和椭圆偏振光都可以视为振动方向垂直、相位差为 $\pi/2$ 的两个线偏振光的合成。这两个线偏振光振幅相等时合成为圆偏振光,振幅不相等时合成为椭圆偏振光,可见圆偏振光是椭圆偏振光的特例。迎着光的传播方向观察时,光矢量振动面向右(顺时针方向)旋转的称为右旋偏振光,振动面向左(逆时针方向)旋转的称为左旋偏振光。

利用图示法可以简明地表示光的偏振。如图 10-25 所示,用黑点表示垂直于纸面的光振动,用短线表示平行于纸面的光振动。图 10-25(a)表示振动方向平行于纸面的线偏振光,图 10-25(b)表示振动方向垂直于纸面的线偏振光。由于自然光的光矢量的振动在各个方向上的分布是对称的,因此可以在与传播方向垂直的平面上将自然光的光矢量沿任意两个相互垂直的方向进行分解,视为振幅相同、彼此独立的两个线偏振光的合成,如图 10-25(c)所示。部分偏振光的光矢量在相互垂直的两个方向上分解得到的分量振幅不相等,可以视为线偏振光和自然光的混合,图 10-25(d)表示平行于纸面的光振动相对较强的部分偏振光,图 10-25(e)表示垂直于纸面的光振动相对较强的部分偏振光。

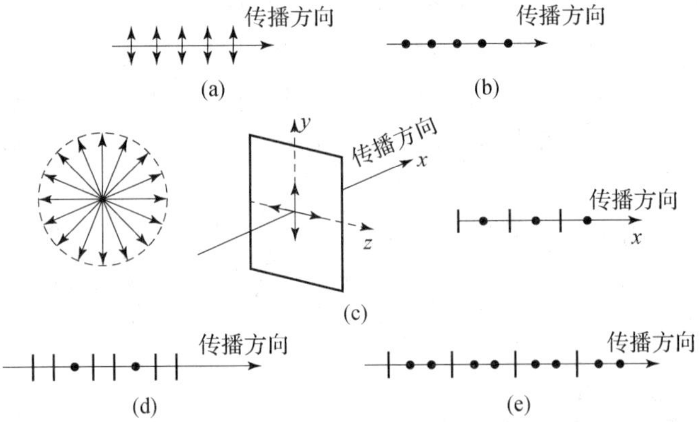

图 10-25 光偏振状态的图示法

大多数情况下,人们接触的光是自然光,由自然光获得偏振光的过程称为**起偏**,检验光的偏振状态的过程称为**检偏**。下面介绍几种常见的起偏和检偏的方法。

10.3.2 马吕斯定律

有些晶体对于不同方向振动的光矢量具有不同的吸收本领,这种性质称为**二向色性**。当自然光通过具有二向色性的晶体时,透射光将变为线偏振光。由具有二向色性的晶体制成的光学元件称为**偏振片**。最早被发现的具有二向色性的晶体是电气石,现在常用的偏振片是在透明基片上沉积有机化合物硫酸碘奎宁晶体制成的。偏振片允许通过的光振动的方向称为**偏振化方向**,通常用符号“↕”表示。

当自然光通过偏振片时，透射光为振动方向与偏振化方向一致的线偏振光，其光强 I 变为入射自然光的光强 I_0 的一半。由于自然光的光矢量可以沿任意两个相互垂直的方向分解为振幅相同的两个分量，因此当偏振片绕光的传播方向旋转时，透射光的振动方向虽然发生变化，但光强始终为 $I_0/2$，透射光亮度始终不变。如图 10-26 所示，自然光通过偏振片 P_1 后变为线偏振光，然后通过偏振片 P_2。当 P_2 的偏振化方向与 P_1 的偏振化方向一致时，透射光的光强最大；当 P_2 的偏振化方向与 P_1 的偏振化方向垂直时，透射光的光强最小，理想情况下透射光的光强为零，该现象称为**消光**。当 P_2 绕光的传播方向旋转一周时，透射光的光强出现从最大到最小的两次变化，在这个过程中偏振片 P_1 起的作用是**起偏**，偏振片 P_2 起的作用是**检偏**。

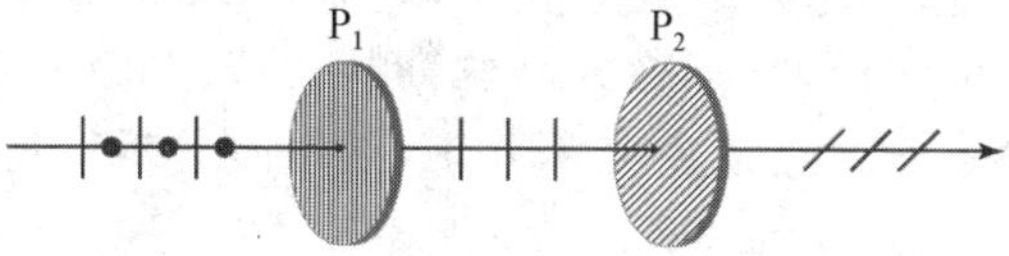

图 10-26 用偏振片起偏及检偏

线偏振光通过偏振片时透射光的光强可以通过矢量分析方法进行计算。如图 10-27 所示，ON 表示入射到偏振片的光矢量振幅为 E_0 的线偏振光的振动方向，OM 表示检偏器的偏振化方向，两者的夹角为 α。将光矢量分解为沿 OM 方向及垂直于 OM 方向的两个分量，其中平行于 OM 方向的分量可以通过检偏器，该分量的振幅为 $E_0\cos\alpha$。由于光强与振幅的平方成正比，所以通过检偏器的透射光的光强为

$$I = I_0\cos^2\alpha \tag{10-29}$$

该规律由法国工程师马吕斯在 1809 年发现，因此称为**马吕斯定律**。

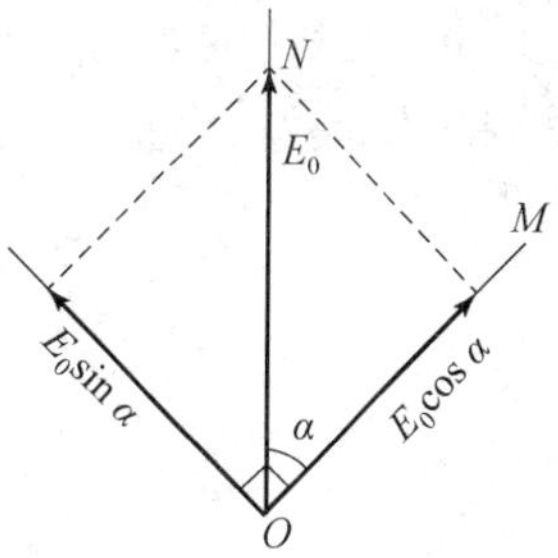

图 10-27 偏振光的分解

例 10-8 一束光由线偏振光和自然光混合而成，当它通过偏振片时，发现透射光的光强随偏振化方向变化，当偏振片绕光的传播方向连续旋转一周时，会出现两次最亮和两次最暗，最暗时不消光，最大光强是最小光强的 5 倍。求入射光中线偏振光和自然光的光强分别占入射光总光强的多少。

解 设入射光的总光强为 I，其中线偏振光的光强为 I_1，自然光的光强为 I_2，则 $I=I_1+I_2$。设透射光的光强的最大值为 I_{max}，最小值为 I_{min}，依题意有

$$\frac{I_{max}}{I_{min}}=\frac{\frac{1}{2}I_2}{\frac{1}{2}I_2+I_1}=5$$

由此得到

$$\frac{I_1}{I_2}=\frac{2}{1}$$

即入射光中线偏振光的光强为 $I_1=\frac{2}{3}I$，自然光的光强为 $I_2=\frac{1}{3}I$。

10.3.3 布儒斯特定律

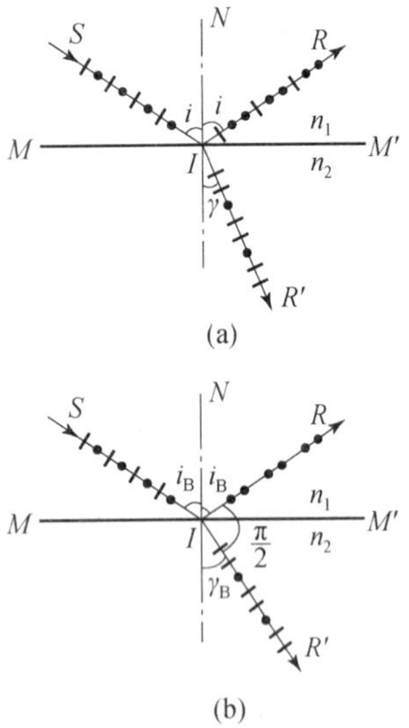

图 10-28　光在两种介质的界面上发生反射和折射时的偏振

自然光在两种介质的界面上反射和折射时，也会产生偏振光。实验表明，一般情况下，反射光是垂直于入射面的振动占优势的部分偏振光，而折射光是平行于入射面的振动占优势的部分偏振光。如图 10-28 所示，反射光的偏振化程度随着入射角 i 的变化而发生变化。当入射角满足

$$\tan i_B = \frac{n_2}{n_1} \tag{10-30}$$

时，反射光将变为光矢量的振动方向全部垂直于入射面的线偏振光，而折射光仍为部分偏振光。式(10-30)是英国物理学家布儒斯特从实验中得到的，称为**布儒斯特定律**。式中，i_B 称为**布儒斯特角**或**起偏角**。氦氖激光器中常装有布儒斯特窗，用以获得线偏振光。

将折射定律 $n_1 \sin i = n_2 \sin \gamma$ 代入布儒斯特定律，得到

$$\tan i_B = \frac{\sin i_B}{\cos i_B} = \frac{n_2}{n_1}$$

可得

$$\sin \gamma_B = \cos i_B$$

因此

$$i_B + \gamma_B = \frac{\pi}{2}$$

这表明当入射角为起偏角时，反射光与折射光相互垂直。

当自然光以起偏角从空气入射到普通的光学平板玻璃上时，反射光是完全线偏振光，但其光强只占入射光中垂直于入射面的光振动强度的很小一部分，而折射光的光强是由入射光中全部的平行于入射面的光振动强度和垂直于入射面的光振动强度的总和，可以说在起偏角处发生反射和折射时，反射光偏振化程度高，但光强很弱；而折射光的光强很强，但偏振化程度低。所以常用玻璃堆的方法获得振动相互垂直的两束线偏振光。玻璃堆是由多片彼此平行的光学平板玻璃堆放起来构成的。当自然光以起偏角入射到玻璃堆上时，入射光经多次反射和折射，最终可以获得偏振化程度很高的两束振动方向相互垂直的偏振光，如图 10-29 所示。

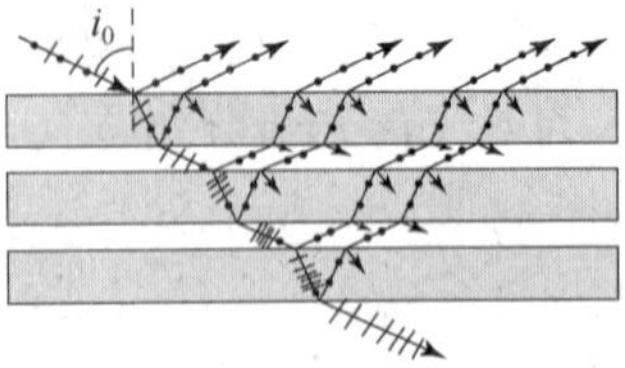

图 10-29　利用玻璃堆获得线偏振光

例 10-9　水的折射率为 1.33，空气的折射率近似为 1。当自然光从空气入射到水的表面时，起偏角是多少？当自然光从水中入射到空气的表面时，起偏角是多少？

解　由布儒斯特定律可得光从空气入射到水的表面时，

$$\tan i_B = \frac{n_2}{n_1} = 1.33$$

解得

$$i_B=53.1°$$

当光从水中入射到空气的表面时，

$$\tan i'_B=\frac{n_1}{n_2}=\frac{1}{1.33}$$

解得

$$i'_B=36.9°$$

10.3.4 双折射

当一束光垂直入射到各向异性的晶体(如方解石)上时，其折射光分成两束，沿不同的方向折射，这种现象称为**双折射**，如图 10-30 所示。

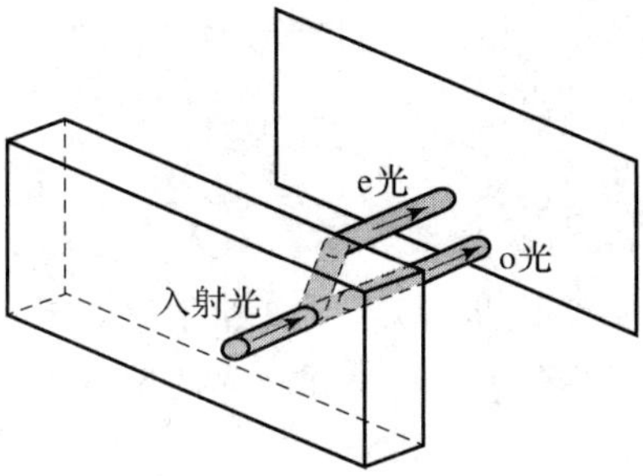

图 10-30　双折射现象

双折射现象可以利用晶体结构和光的电磁理论进行解释，也可以根据惠更斯原理进行定性分析。研究表明，两束折射光中的一束始终满足通常的折射定律，这一束光称为**寻常光**，简称 **o 光**；另一束折射光不遵循通常的折射定律，称为**非常光**，简称 **e 光**。o 光和 e 光的折射率不同。各向异性晶体中存在一特殊方向，当光沿该方向传播时，不发生双折射现象，该方向称为晶体的**光轴**。当入射光是自然光时，o 光和 e 光是振动方向相互垂直的线偏振光。用方解石制作的尼科尔棱镜正是利用该原理获得偏振光。如图 10-31 所示为寻常光和非常光的折射。

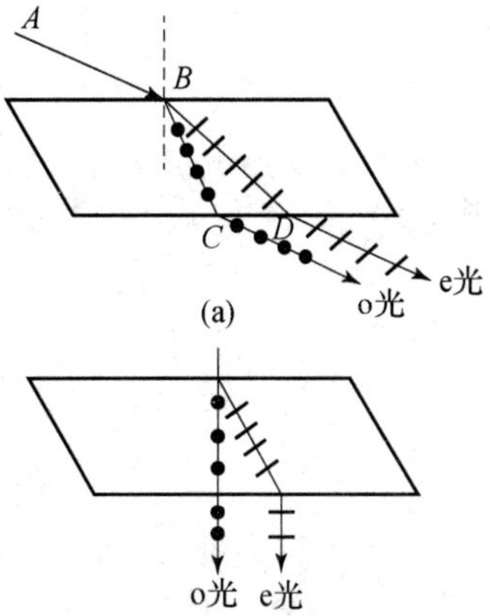

图 10-31　寻常光和非常光的折射

利用各向异性晶体的双折射现象，可以制作出在 o 光和 e 光之间引入有效附加相位差的光学元件，称为**波晶片**。能引入有效附加相位差为$\frac{\pi}{2}$的波晶片称为四分之一波片，能引入有效附加相位差为 π 的波晶片称为二分之一波片。通常将偏振片与四分之一波片按次序组合的装置称为圆偏振器，利用圆偏振器可以通过自然光入射得到圆偏振光。将四分之一波片与偏振片按先后次序组合，可以鉴别入射光是圆偏振光还是自然光。

10.3.5 旋光

当线偏振光在某些晶体(如石英)的光轴上传播时,它的振动面会发生连续的转动,这种现象称为**旋光**。物质使线偏振光的振动面旋转的性质称为旋光性。不同的旋光物质可以使线偏振光的振动面向不同的方向旋转。迎着光的传播方向观察,能使光振动面向右(顺时针)旋转的葡萄糖溶液等物质,称为右旋物质;能使光振动面向左(逆时针)旋转的果糖、石英晶体等物质,称为左旋物质。实验证明,振动面旋转的角度与旋光物质的性质、厚度以及入射光的波长等因素有关。线偏振光通过旋光物质时,其振动面旋转的角度 θ 与旋光物质的厚度 d 有关,即

$$\theta=\alpha d \tag{10-31}$$

式中,比例系数 α 称为该晶体的旋光率,通常 α 与入射光的波长有关。

线偏振光通过葡萄糖溶液、松节油等溶液时,振动面旋转的角度还与溶液的浓度 C 有关,即

$$\theta=\alpha Cd \tag{10-32}$$

对于旋光性溶液,旋光率 α 不但与入射光的波长有关,还与溶液的温度有关。在确定的温度下,通过测量 θ 和 d,可以得到溶液的浓度 C。在工业中依据这一原理制成的偏振计,可以用于测定旋光性溶液的浓度。

在外加磁场作用下,某些原本各向同性的介质变成旋光物质,这种现象称为**磁致旋光**,该现象首先由法拉第在 1845 年发现,因此也称为法拉第磁致旋光。经典电子论认为,电子在外加磁场中受到了洛伦兹力的作用,造成线偏振光分解出来的左旋圆偏振光和右旋圆偏振光在介质中传播速度出现了不同,使得线偏振光的振动面发生了旋转。利用磁致旋光效应制作的调制器可以实现电信号对系统输出光强的控制。

思考题

10-1 光程的物理意义是什么?

10-2 为什么透镜不会引起附加光程差?

10-3 在杨氏双缝干涉实验中,当双缝间距不断增大时,干涉图样如何变化?当狭缝光源沿垂直于轴线的方向上下移动时,干涉图样如何变化?

10-4 劈尖干涉实验中,如果将上方玻璃绕劈尖角处的棱边逆时针旋转,劈尖角增大,干涉图样会发生怎样的变化?如果将上方的玻璃向上平移,干涉图样会发生怎样的变化?如果将上方的玻璃左右平移,干涉图样会发生怎样的变化?

10-5 如思考题 10-5 图(a)所示,光学平板玻璃 A 与待测工件 B 之间形成空气劈尖,用波长为 500 nm 的单色光垂直照射。反射光的干涉条纹如思考题 10-5 图(b)所示,有些条纹弯曲部分的顶点恰好与其右边条纹的直线部分的连线相切。请分析工件的上表面缺陷是凸起还是凹陷,分析缺陷部分的最大厚度。

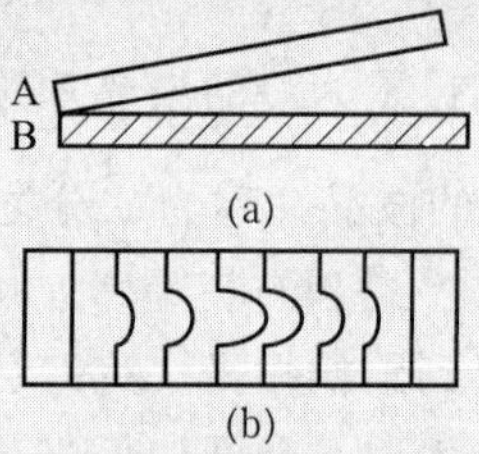

思考题 10-5 图

10-6 若牛顿环的平凸透镜、空气薄膜及平板玻璃三者的折射率关系为依次变大的渐变关系，试分析当单色光垂直入射时，反射光的干涉图样的特点。

10-7 白光垂直照射在空气中一厚度为 380 nm 的肥皂水膜上，肥皂水的折射率为 1.33，分析肥皂水膜正面和背面各呈现什么颜色。

10-8 日常生活中声波的衍射现象比光波的衍射现象易于被发现，分析其中的原因。

10-9 在夫琅禾费衍射实验中，透镜的作用是什么？

10-10 在单缝夫琅禾费衍射实验中，讨论以下情况图样的变化。(1)狭缝变窄；(2)入射光波长增大；(3)光源垂直于透镜光轴上下平移；(4)单缝垂直于透镜光轴上下平移；(5)单缝沿透镜光轴向观察屏平移。

10-11 如何提高光学仪器的分辨率？

10-12 一束光强为 I_0 的自然光垂直入射到偏振片上。开始时起偏器和检偏器的透光轴方向平行，然后使检偏器绕入射光的传播方向转过 30°、45°、60°，分析上述三种情况下，透过检偏器后光的光强是 I_0 的多少倍？

10-13 水的折射率是 1.33，玻璃的折射率是 1.50。(1)当光由水中射向玻璃表面发生反射时，起偏角是多少？(2)当光由玻璃中射向水面发生反射时，起偏角是多少？

10-14 当一束光入射到两种透明介质的分界面上时，发现只有透射光而无反射光，分析入射光的偏振状态和入射角度。

10-15 用起偏器、检偏器和自然光源如何鉴别偏振片、二分之一波片和四分之一波片？

练习题

10-1 在杨氏双缝干涉实验中，用波长为 632.8 nm 的激光束垂直照射到间距为 1.14 mm 的两个小孔上，小孔到屏幕的距离为 1.50 m，求以下两种情况下屏幕上干涉条纹的间距：

(1)整个装置放在空气中；

(2)整个装置放在折射率为 1.33 的介质中。

10-2 在杨氏双缝干涉实验中，双缝间距为 0.20 mm，缝、屏间距为 1.0 m。

(1)若第二级明纹到屏中心的距离为 6.0 mm，计算此单色光的波长；

(2)求相邻两明纹的距离。

10-3 在杨氏双缝干涉实验中，用一很薄的云母片($n=1.58$)覆盖其中的一条缝，光源的波长为 550 nm，观察到屏幕上的干涉条纹移动了 9 个条纹的距离，求此云母片的厚度。

10-4 一束平面单色光垂直照射在厚度均匀的薄油膜上，油膜覆盖在玻璃板上，所用单色光的波长可以连续变化，观察到 500 nm 和 700 nm 这两个波长的光在反射中消失。已知油的折射率为 1.30，玻璃的折射率为 1.50，求油膜的厚度。

10-5 在折射率为 1.52 的棱镜表面镀一层折射率为 1.30 的增透膜，要使此增透膜适用于波长为 550.0 nm 的光，膜的厚度应是多少？

10-6 折射率为 1.50 的人造水晶常在玻璃表面镀一层折射率为 2.0 的一氧化硅，要使波长为 560 nm 的光从空气中垂直照射时反射增强，求膜的厚度。

10-7 在很薄的劈尖的平板玻璃上，垂直地射入波长为 589.3 nm 的钠光。相邻暗纹间距为 5.0 mm，玻璃的折射率为 1.52，求此劈尖的夹角。

10-8 用两块平板玻璃和一根金属细丝构成空气劈尖，金属细丝距离劈尖端点为 12.40 cm，用波长为 546.0 nm 的光垂直照射到玻璃板上，测得条纹间距为 1.50 mm，求金属丝的直径。

10-9 用平凸透镜和平板玻璃构成牛顿环，用波长为 589 nm 的单色光照射，测得反射光第 k 级暗环的直径是 0.70 mm，第 $k+15$ 级暗环的直径是 2.20 mm。

(1)求该平凸透镜的凸面的曲率半径；

(2)若在平凸透镜和平板玻璃之间充满折射率为 1.33 的介质，则上述两个暗环的直径分别变为多少？

10-10 如练习题 10-10 图所示，单缝衍射实验中，狭缝的宽度 $b=0.60$ mm，透镜焦距 $f=0.40$ m，屏幕与狭缝平行，放置在透镜焦平面处，以波长为 600 nm 的单色平行光垂直照射到狭缝上，此时在屏幕上距屏幕中心 $x=1.4$ mm 处的点 P 出现的是明纹。

(1)求点 P 处的条纹级次；

(2)在点 P 处对该列通过狭缝的光波的波阵面而言，半波带的数目是多少？

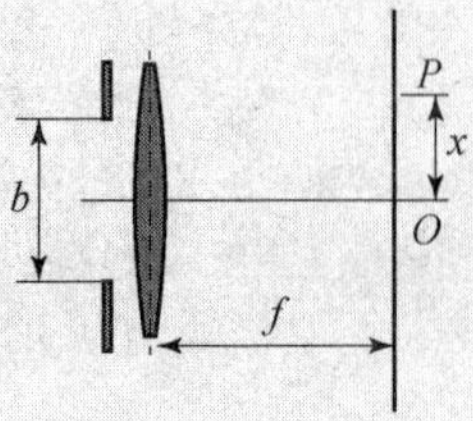

练习题 10-10 图

10-11 在圆孔夫琅禾费衍射中，设圆孔半径为 0.10 mm，透镜的焦距为 50 cm，所用单色光的波长为 500 nm，求位于透镜焦平面上的屏幕上呈现的艾里斑的半径。

10-12 鹰眼睛的瞳孔的直径约为 6 mm，假设空气中光的波长为 600 nm，则该鹰飞翔在多高处可以看清楚地面上身长为 5 cm 的老鼠?

10-13 一架生物显微镜物镜的最小分辨角为 0.25 rad，若用波长为 550 nm 的光照射，求该生物显微镜可分辨的最小距离。

10-14 用波长为 632.8 nm 的光垂直照射到平面透射光栅上，衍射图样第 1 级明纹出现在 38°方向上。

(1)求该光栅的光栅常量；

(2)该光栅在 1 cm 内有多少条狭缝?

10-15 某单色光垂直照射在每厘米刻有 6 000 条刻痕的光栅上。如果第 1 级谱线的衍射角为 20°，求：

(1)入射光的波长；

(2)该衍射图样第 2 级谱线对应的衍射角。

10-16 两种波长的光混合的平行光垂直照射到某光栅上，其波长分别为 440 nm、660 nm，在不计中央明纹的情况下，测得两种波长的光谱第二次重合在衍射角为 60°的方向上，求此光栅的光栅常量。

10-17 波长为 600 nm 的单色光垂直入射在光栅上，第 2 级明纹出现在 $\sin\theta=0.20$ 处，第 4 级明纹缺级。

(1)求该光栅的光栅常量 d；

(2)该光栅上每条狭缝的宽度 a 最小可能是多少?

(3)根据已求出的 d 和 a 值，计算光屏上能看到多少条明纹。

10-18 一束由自然光和线偏振光混合的光束垂直通过一个偏振片，偏振片可绕光轴连续旋转，发现透射光的光强会发生变化，最大光强是最小光强的 6 倍，求入射光中自然光的光强与线偏振光的光强的比值。

10-19 布儒斯特定律提供了一种测定不透明介质的折射率的方法。测得釉质在空气中的起偏角是 58°，求釉质的折射率。

10-20 已知某浓度的葡萄糖溶液的旋光率为 20.5° $cm^3/(dm\cdot g)$。为了测定它的浓度，将它装在 12.0 cm 长的玻璃管中，当一单色线偏振光垂直于玻璃管的端面入射，并沿着管的中心轴线通过玻璃管时，利用检偏器测得光的振动面旋转了 1.23°，求葡萄糖溶液的浓度。

第 11 章 量子物理基础

1887 年，赫兹发现了光电效应。1900 年，普朗克提出了热辐射的能量子假设。1905 年，爱因斯坦发展了能量子假设，提出光量子（光子）理论，解释了光电效应。光子理论被 1916 年的密立根所做的相关实验及 1923 年的康普顿散射实验等所证实，确定了光具有波粒二象性。1913 年，玻尔建立了原子的量子理论。1924 年，德布罗意提出物质波的理论。1925 年，薛定谔完成了对物质波的波函数的建立。1926 年，玻恩对物质波的波函数进行了概率解释。物质波假设在 1927 年被戴维孙和革末的电子束衍射实验所证实，确定了实物粒子也具有波粒二象性。量子力学由此创立起来。本章主要介绍量子力学的基本概念、基本研究方法和一些重要结论。

11.1 光的量子性

11.1.1 普朗克能量子假设

物体由于具有温度而向外辐射电磁波的现象称为**热辐射**，辐射出的能量称为**辐射能**。由于电磁波的传播无需任何介质，所以热辐射是在真空中唯一的传热方式。

中国古代人民在烧制陶瓷和冶炼金属的过程中，总结出热辐射温度与辐射出的电磁波颜色的关系。《考工记》中记载："凡铸金之状，金与锡，黑浊之气竭，黄白次之；黄白之气竭，青白次之；青白之气竭，青气次之，然后可铸也。"这反映了在冶铸青铜合金时，火焰颜色随着炉火温度的变化关系，实际上体现了熔炼物质受热发出的原子光谱及辐射能量谱与温度的关系特征。

实验表明物体辐射能取决于物理温度、辐射的波长、时间的长短和发射的面积。

单位时间内，从温度为 T 的物体单位面积上辐射出的波长在 λ 附近单位波长间隔的辐射能，称为**单色辐出度**，用 $M(\lambda,T)$ 表示，单位为瓦·米$^{-3}$，记为 $\mathrm{W \cdot m^3}$。单色辐出度反映了物体在不同温度下辐射能按波长分布的情况。

单位时间内，从物体表面单位面积上所发射的各种波长的总辐射能，称为物体的**辐出度**，用 $M(T)$ 表示，得

$$M(T)=\int_0^{\infty} M(\lambda,T)\mathrm{d}\lambda \tag{11-1}$$

实验表明，对于不同的物体，或者材料相同但表面情况（如粗糙程度）不同的物体，即使温度相同，它们的单色辐出度和辐出度也是不相同的。

物体在向外发射辐射能时，同时也吸收周围物体放出的辐射能。为了描述物体吸收周围物体发出的辐射能的本领，把吸收能量和入射的总能量的比值称为该物体的吸收本领，称为**单色吸收比**，以 $\alpha(\lambda,T)$ 表示。

若 $\alpha(\lambda,T)=1$，说明物体吸收所有入射的能量。能完全吸收到达自身表面的辐射的物体称为**黑体**。它能吸收各种频率的电磁波，是一种理想的模型。在自然界中吸收比最大的煤烟和黑色珐琅质，对太阳光的吸收比也不超过 99%。通常用不透明的材料制成仅开小孔的空腔，作为在任何温度能 100%吸收辐射能的黑体，如图 11-1 所示。

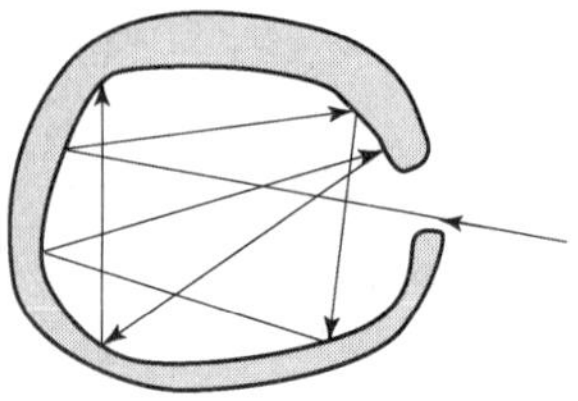

图 11-1 黑体

1860 年，基尔霍夫发现在一定温度下，波长 λ 附近单位波长内单色辐出度与单色吸收比的比值与材料及材料表面的性质无关，仅取决于物体的温度和波长，即

$$\frac{M_1(\lambda,T)}{\alpha_1(\lambda,T)}=\frac{M_2(\lambda,T)}{\alpha_2(\lambda,T)}=\cdots=M_B(\lambda,T) \tag{11-2}$$

式(11-2)称为**基尔霍夫定律**。式中，$M_B(\lambda,T)$称为**黑体的单色辐出度**。这条定律说明，辐射本领好的物体，吸收本领也好。黑体是完全的吸收体，因此也是理想的辐射体。

利用黑体模型，可用实验方法测得黑体的单色辐出度 $M_B(\lambda,T)$随波长变化的曲线，如图 11-2 所示。

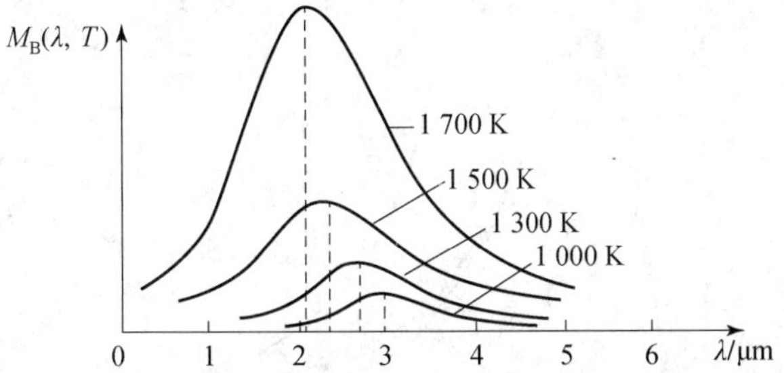

图 11-2　黑体的单色辐出度随波长变化的曲线

从图 11-2 中可以看出，该曲线有如下特点：各温度下的曲线在波长趋于零及波长趋于无穷时的单色辐出度都趋于零；在任意确定温度下，曲线都有一个极大值，极大值的波长随着对应的温度的增大而减小。

1893 年，物理学家维恩由经典电磁理论和热力学理论得出黑体单色辐出度的极值对应的波长 λ_m与黑体温度 T 之间的关系，即

$$T\lambda_m=b \tag{11-3}$$

式中，$b=2.898\times10^{-3}$ m·K 称为**维恩常量**。式(11-3)称为**维恩位移律**。

1897 年，物理学家斯特藩根据实验定律得出了黑体辐出度 M_B与温度 T 的关系。1884 年，玻尔兹曼利用经典物理理论也得出同样的结果，即

$$M_B(T)=\sigma T^4 \tag{11-4}$$

式中，$\sigma=5.67\times10^{-8}$ W·m^{-2}·K^{-4}称为**斯特藩常量**。式(11-4)称为**斯特藩-玻尔兹曼定律**。

斯特藩-玻尔兹曼定律表明，任意确定温度下黑体的辐出度(每条黑体辐射曲线下面的面积)与温度的 4 次方成正比。

这两条定律反映了热辐射的总功率随着温度的升高而增大，而且热辐射的峰值波长，随着温度的升高而向短波长方向移动。

热辐射的规律在现代科学技术上有着广泛的应用，它是高温、遥感、红外追踪等技术的物理基础。科学家利用热辐射规律对宇宙

背景辐射研究，得出宇宙具有 2.7 K 的热辐射，从而证实了宇宙大爆炸理论。

1896 年，维恩把黑体空腔的组成分子视为带电的线性谐振子，并假设黑体辐射能谱分布与麦克斯韦分子速率分布相似，基于经典统计理论得出了黑体单色辐出度的数学表达式，即维恩公式：

$$M_B(\lambda,T)=C_1\lambda^{-5}e^{-\frac{C_2}{\lambda T}} \tag{11-5}$$

式中，C_1、C_2 为常数。维恩公式在短波段与实验结果相符，当波长较长时与实验结果偏差较大，如图 11-3 所示。

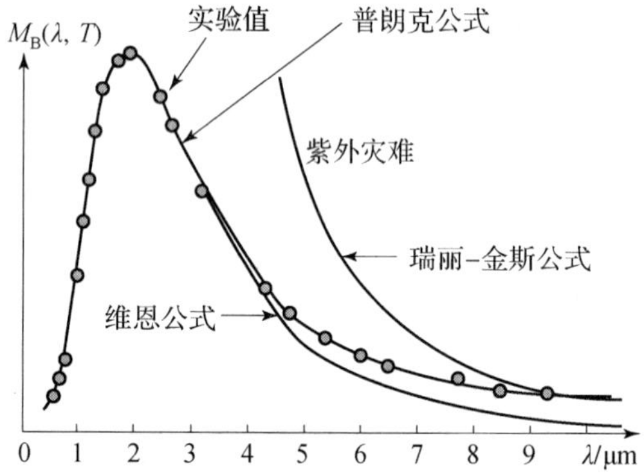

图 11-3　黑体辐射实验数据与经验公式对比曲线

1900 年，瑞利根据经典电动力学和统计物理学中的能量均分定理得出了一个黑体单色辐出度的公式。1905 年，金斯对该公式进行了修正，得到瑞利-金斯公式：

$$M_B(\lambda,T)=C_3\lambda^{-4}T \tag{11-6}$$

式中，C_3 为常数。瑞利-金斯公式在长波段与实验结果符合得特别好，在短波段与实验结果明显不符，特别是当波长趋于零时，单色辐出度趋于无穷大，物理学史上将其称为“紫外灾难”，如图 11-3 所示。

维恩公式和瑞利-金斯公式都是用经典物理学的方法研究热辐射所得到的结果，均与实验结果有明显的矛盾，暴露了经典物理学的缺陷。因此，开尔文认为黑体辐射实验是物理学晴朗天空中一朵令人不安的乌云。为了解决上述困难，1900 年，普朗克利用内插法将适用于短波段的维恩公式和适用于长波段的瑞利-金斯公式衔接起来，得出新的公式：

$$M_B(\lambda,T)=2\pi hc^2\lambda^{-5}\frac{1}{e^{\frac{hc}{k\lambda T}}-1} \tag{11-7}$$

式(11-7)称为**普朗克公式**。式中，c 为光速；k 为玻尔兹曼常量；h 为一个新引入的常量，称为普朗克常量，其值为

$$h=6.63\times10^{-34}\ \mathrm{J\cdot s}$$

普朗克公式很好地符合了实验数据。1900 年，普朗克对该公

式进行了解释并提出假设:(1)辐射黑体由大量带电谐振子组成,这些谐振子可以发射和吸收辐射能;(2)这些谐振子能量不是连续的,是分立的,只能是最小能量 ε(能量子)的整数倍,且

$$\varepsilon=h\nu$$

这种能量分立的概念称为能量的量子化。这些能量子的倍数是正整数,称为量子数。

能量子假设与经典物理学观点格格不入。直到 1905 年,爱因斯坦在普朗克的基础上提出光量子概念,成功地解释了光电效应,能量子假设才逐渐被人们接受,形成近代物理学中极为重要的量子理论。1918 年,因对量子理论的杰出贡献,普朗克获得了诺贝尔物理学奖。

11.1.2 爱因斯坦的光子理论

实验发现,当紫外光照射在抛光的金属表面时,回路中有电流产生,此现象称为**光电效应**。如图 11-4 所示,当光照射在光电管的阴极 K 上时,电子会从阴极表面逸出,逸出的电子称为光电子。如果在 A、K 两端加上电势差,则光电子在电场加速下向阳极 A 运动,形成光电流。

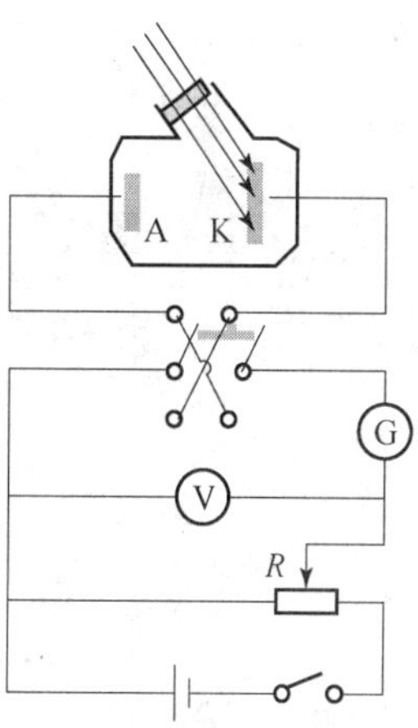

图 11-4　光电效应实验

实验结果可以归纳如下。

1. 饱和电流

单位时间内从阴极逸出的光电子数与入射光的光强成正比。光强一定时,两极板之间的加速电压越大,光电流也越大。当加速电压达到一定值时,光电流不再增加,此时的电流称为**饱和电流**,饱和电流值为 I_s,如图 11-5 所示。饱和现象说明,这时单位时间内从阴极逸出的光电子已全部被阳极接收。

2. 遏止电压

若降低加速电压值,光电流也随之减小。当加速电压降至零时,光电流值并不为零。仅当反向电压等于 U_a 时,光电流才等于零。该电压称为**遏止电压**(又称为**遏止电势差**)。遏止电压的存在,说明了光电子从金属表面逸出的初速度有最大值,即光电子具有最大初动能,遏止电压与光电子初动能之间的关系为

$$\frac{1}{2}mv_m^2=eU_a \tag{11-8}$$

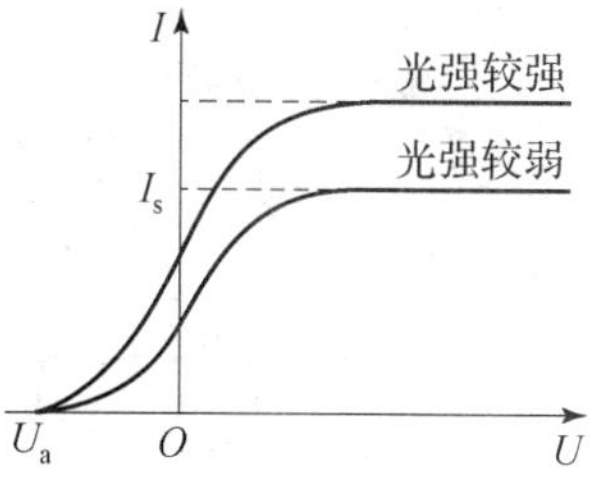

图 11-5　光电流与电压的关系

式中,v_m 为光电子的最大速度;m 和 e 分别是光电子的质量和电量。如图 11-6 所示,遏止电压的大小与入射光频率 ν 之间具有线性关系:

$$U_a=k\nu-U_0 \tag{11-9}$$

式中,k 和 U_0 都是正数。k 是直线的斜率,是与金属无关的量;金属确定时 U_0 确定,不同金属的 U_0 不同。

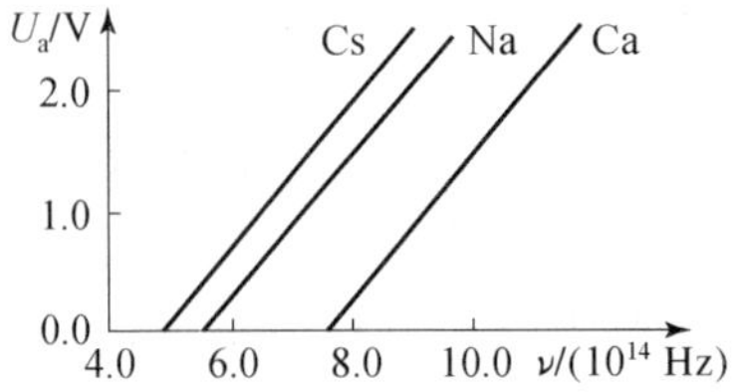

图 11-6 遏止电压和入射光频率的关系

3. 截止频率

对于一定材料的金属阴极，入射光的频率必须大于某一值 ν_0，照射金属才能有光电子逸出，该频率称为该金属的光电效应的**截止频率**（也称为**红限频率**），相应的波长称为**截止波长**（也称为**红限波长**）。不同的金属具有不同的截止频率。当入射光的频率小于截止频率时，无论入射光的光强有多大，照射时间有多长，都不会有光电子逸出。

4. 弛豫时间

无论入射光多微弱，从光开始照射直到光电子出现都只需要 10^{-9} s 的时间，即光电效应具有瞬时响应性质。

上述实验结果是无法用光的波动理论解释的。按照光的经典电磁理论，光波的能量与光的强度或振幅有关，与频率无关。一定强度的光照射金属表面一定时间后，只要电子吸收足够的能量即可逸出金属表面。若用极微弱的光照射，能量累积的时间需要较长时间。按经典理论计算表明，1 mW 的光照射逸出功为 1 eV 的金属，从光照射到阴极，到光电子逸出这一过程需要十几分钟。与实际的弛豫时间不相符。

爱因斯坦从普朗克的能量子假设中得到了启发，他认为不但黑体空腔内谐振子发射和吸收能量是量子化的，辐射能本身也是量子化的，即光在空间传播时，光能也是量子化的，光是以光速运动的粒子流，这些粒子称为光量子（光子），每一个光子的能量是 $\varepsilon=h\nu$，不同频率的光子能量不同。

光子理论可以很好地解释光电效应。当光子照射到金属表面时，一个光子的能量会被一个电子吸收。若电子吸收的能量大于它从金属逸出所需的逸出功 W，电子就会从金属表面逸出。根据能量守恒定律，该过程的方程为

$$h\nu=\frac{1}{2}mv_{m}^{2}+W \tag{11-10}$$

式中，$\frac{1}{2}mv_{m}{}^{2}$ 是逸出的光电子的最大初动能。式(11-10)称为**光电效应方程**。

若光子能量小于逸出功，则电子无法克服金属表面的束缚，没有光电现象。由此可以得出截止频率和逸出功的关系：

$$\nu_0=\frac{W}{h} \tag{11-11}$$

无论入射光的光强多微弱，只要入射光子的频率大于截止频率，就会有光电子逸出形成光电流，不需要时间累积。当频率确定时，入射光光强大说明光子数目多，逸出的光电子也多。当吸收到光子能量的电子全部逸出后，光电流达到饱和，因此入射光光强越大，饱和电流值越大。

1915 年，物理学家密立根通过实验得到了遏止电压和光子频率的严格线性关系，并通过对直线斜率的测量得到了普朗克常量 h 的精确值。该测量值与热辐射等实验结果符合，爱因斯坦的光量子理论得到证实。

11.1.3 光的波粒二象性

光子不仅具有能量，而且具有质量和动量等一般粒子所共有的特性，根据狭义相对论中的质能关系，可得

$$\varepsilon=h\nu=mc^2 \tag{11-12}$$

由此得到光子的动质量表达式，代入动量定义式，可以得到光子的动量为

$$p=mc=\frac{h\nu}{c}=\frac{h}{\lambda} \tag{11-13}$$

式(11-12)和式(11-13)中的动量和能量是描述粒子性的，频率和波长则是描述波动性的，光的这种双重性质称为**光的波粒二象性**。

例 11-1　波长为 450 nm 的单色光射到钠的表面上。(1)求这种光的光子能量和动量；(2)求光电子逸出钠表面时的动能；(3)若光子的能量为 2.40 eV，则其波长为多少？

解　(1)

$$\varepsilon=h\nu=\frac{hc}{\lambda}=4.42\times10^{-19}\ \text{J}=2.76\ \text{eV}$$

$$p=\frac{\varepsilon}{c}=\frac{h}{\lambda}=1.47\times10^{-27}\ \text{kg}\cdot\text{m}\cdot\text{s}^{-1}=2.76\ \text{eV}/c$$

(2)

$$E_k=\varepsilon-W=(2.76-2.28)\text{eV}=0.48\ \text{eV}$$

(3)

$$\lambda=\frac{hc}{\varepsilon}=5.18\times10^{-7}\ \text{m}=518\ \text{nm}$$

11.1.4 康普顿效应

1923 年，康普顿研究了 X 射线在石墨上的散射，发现在散射的 X 射线中不但存在与入射线波长相同的射线，同时存在波长大于入射线波长的射线成分，这一现象称为**康普顿效应**。图 11-7 所示为康普顿实验装置。

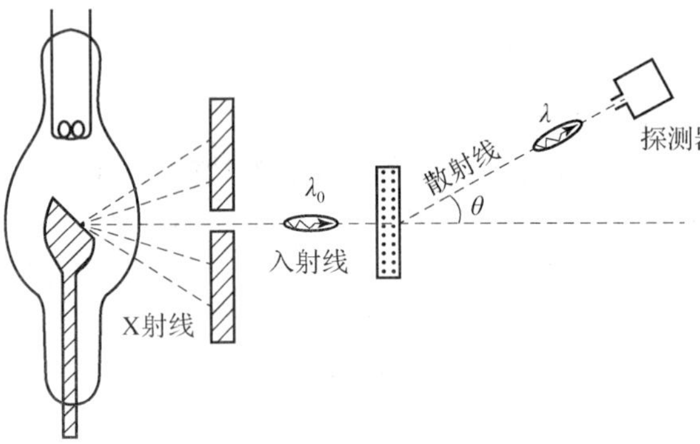

图 11-7　康普顿实验装置

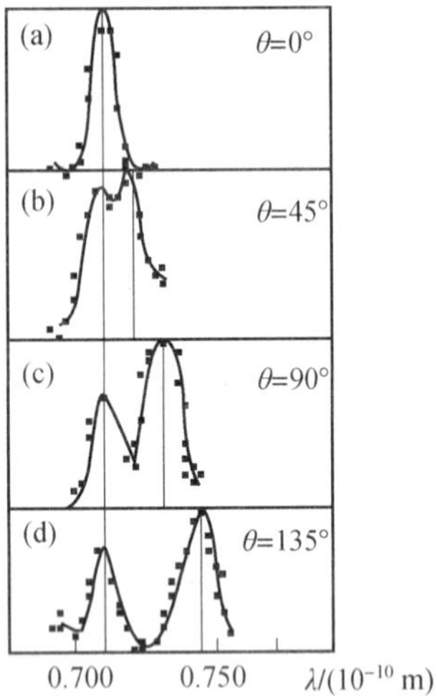

图 11-8　石墨的康普顿散射实验结果

图 11-8 所示为石墨的康普顿散射实验结果，由实验结果可以得出以下结论。

(1)散射线除波长 λ_0 外，还出现了波长大于入射线波长的新波长 λ。

(2)波长差 $\Delta\lambda=\lambda-\lambda_0$ 随散射角的增大而增大。

(3)对于不同的散射物质，只要在同一个散射角下，波长的改变量 $\Delta\lambda=\lambda-\lambda_0$ 都相同，与散射物质无关。

(4)波长为 λ 的散射线强度随散射物质原子序数的增大而减小。

按照经典电磁理论，当电磁波通过物体时，将引起物体中带电粒子做受迫振动，从入射波吸收能量，带电粒子将以与入射波相同的频率做电磁振动，并向四周辐射同一频率的电磁波，因此散射波的频率(或波长)是不会改变的。光的波动理论能够解释波长不变的散射，但是无法解释康普顿效应。

根据光子理论，X 射线的散射应是单个光子与原子内部电子碰撞的结果。可以得到以下结论。

(1)若光子和内层电子相碰撞时，由于内层电子与原子核结合得较为紧密，散射实际上可以看作发生在光子与质量很大的整体原子间的碰撞，光子基本上不损失能量，保持波长不变。

(2)当 X 射线光子与原子外层电子发生碰撞时，由于外层电子与原子结合较弱，可以看作自由电子。这些电子的热运动的平均动能和入射的 X 射线光子的能量相比，可以忽略不计，因而近似看成静止的自由电子。当光子与这些电子碰撞时，光子有一部分能量传给电子，光子的能量减少，因此波长变长，频率变低。

(3)因为碰撞中交换的能量和碰撞的角度有关，所以波长改变和散射角有关。

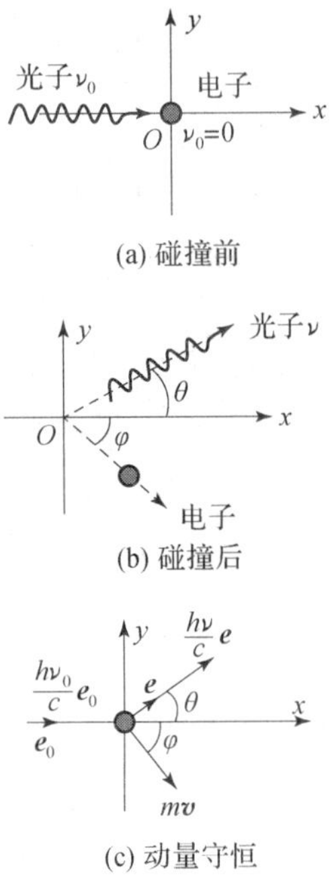

图 11-9　康普顿效应

下面给出康普顿效应的定量计算结果，如图 11-9 所示，X 射线光子与静止的自由电子发生弹性碰撞，碰撞过程动量守恒。

设碰撞前，电子的静止能量为 m_0c^2，动量为零；入射光的频率为 ν_0，则光子的能量为 $h\nu_0$，动量为$\frac{h\nu_0}{c}\boldsymbol{e}_0$。碰撞后，电子的能量变为 mc^2，动量变为 $m\boldsymbol{v}$；散射光子的能量为 $h\nu$，动量为$\frac{h\nu}{c}\boldsymbol{e}$，散射角为 θ。

其中，$\boldsymbol{e}_0$ 和 $\boldsymbol{e}$ 分别为碰撞前、后光子运动方向上的单位矢量。

根据动量守恒，有

$$\frac{h\nu_0}{c}\boldsymbol{e}_0=\frac{h\nu}{c}\boldsymbol{e}+m\boldsymbol{v} \tag{11-14}$$

根据能量守恒，有

$$h\nu_0+m_0c^2=h\nu+mc^2 \tag{11-15}$$

根据矢量三角形关系，式(11-14)变为

$$m^2v^2=\frac{h^2\nu_0^2}{c^2}+\frac{h^2\nu^2}{c^2}-2\frac{h^2\nu_0\nu}{c^2}\cos\theta \tag{11-16}$$

由式(11-15)得

$$mc^2=h(\nu_0-\nu)+m_0c^2 \tag{11-17}$$

将式(11-17)两边平方，得

$$m^2c^4=(h\nu_0)^2+(h\nu)^2-2h^2\nu\nu_0+m_0^2c^4+2hm_0c^2(\nu_0-\nu)$$

代入相对论效应下电子的质量的表达式：

$$m=\frac{m_0}{\sqrt{1-\frac{v^2}{c^2}}}$$

可得

$$\frac{c}{\nu}-\frac{c}{\nu_0}=\frac{h}{m_0c}(1-\cos\theta)$$

解得，波长的偏移量为

$$\Delta\lambda=\lambda-\lambda_0=\frac{h}{m_0c}(1-\cos\theta)=\frac{2h}{m_0c}\sin^2\frac{\theta}{2} \tag{11-18}$$

式(11-17)为**康普顿散射公式**。令 $\lambda_c=\frac{h}{m_0c}=2.43\times10^{-12}\ \mathrm{m}$，$\lambda_c$ 称为**康普顿波长**。

康普顿散射实验证明了 X 射线具有粒子性，进一步验证了光量子理论。

例 11-2 波长 $\lambda_0=1.00\times10^{-10}\ \mathrm{m}$ 的 X 射线与静止的自由电子进行弹性碰撞，在与入射角成 90°角的方向上观察，求：(1)散射光波长的改变量 $\Delta\lambda$；(2)反冲电子得到的动能；(3)在碰撞中，光子损失的能量。

解 (1)根据康普顿散射公式，得

$$\Delta\lambda=\lambda_c(1-\cos\theta)=\lambda_c(1-\cos 90^\circ)=\lambda_c=2.43\times10^{-12}\mathrm{m}$$

(2)因为

$$mc^2-m_0c^2=h(\nu-\nu_0)$$

故反冲电子的动能为

$$E_k=mc^2-m_0c^2=\frac{hc}{\lambda_0}-\frac{hc}{\lambda}=\frac{hc}{\lambda_0}\left(1-\frac{\lambda_0}{\lambda}\right)=295\ \mathrm{eV}$$

(3)光子损失的能量等于反冲电子的动能，为 295 eV。

11.2 粒子的波动性

11.2.1 德布罗意波

1924年,德布罗意在光的波粒二象性的启发下,提出实物粒子也具有波粒二象性的假设。德布罗意认为运动着的实物粒子的能量E、动量p和与它相关联的波的频率ν、波长λ之间满足以下关系式:

$$E=mc^2=h\nu \tag{11-19}$$

$$p=mv=\frac{h}{\lambda} \tag{11-20}$$

式中,h为普朗克常量。式(11-19)和式(11-20)称为**德布罗意公式**。与实物粒子相联系的波称为**德布罗意波**(也称为**物质波**)。

如果有一粒子,静止质量为m_0,速率$v \ll c$,则粒子的德布罗意波长为

$$\lambda=\frac{h}{p}=\frac{h}{m_0 v}$$

若粒子的速率$v \to c$,则根据相对论效应,粒子的动质量为$m=\dfrac{m_0}{\sqrt{1-\dfrac{v^2}{c^2}}}$,此时粒子的德布罗意波长为

$$\lambda=\frac{h}{m_0 v}\sqrt{1-\frac{v^2}{c^2}} \tag{11-21}$$

在通常情况下,由于普通物质的质量很大,而普朗克常量又非常小,因此宏观上的物质表现出来的波动性几乎观察不到。以子弹为例,质量为$m_0=0.01\ \mathrm{kg}$、速率为$v=300\ \mathrm{m \cdot s^{-1}}$的子弹的德布罗意波长为$\lambda=\dfrac{h}{m_0 v}=2.21\times10^{-34}\ \mathrm{m}$。对于子弹这一宏观物体,它的波长小到难以通过实验测量的程度,因而仅表现出粒子性。

在微观世界中,粒子的质量非常小,因此波动性非常大。以电子为例,被加速电压U加速后,若不考虑相对论效应,则电子的速度满足

$$v=\sqrt{\frac{2eU}{m}}$$

代入德布罗意公式,可得

$$\lambda=\frac{h}{mv}=\frac{h}{\sqrt{2eUm}} \tag{11-22}$$

电子质量 $m_0=9.1\times10^{-31}$ kg，若加速电压 $U=15$ V，则电子的德布罗意波长约为 10^{-10} m。

例 11-3　计算温度为 25 ℃时慢中子的德布罗意波长。

解　按照能量均分定理，慢中子的平均平动动能为

$$\varepsilon=\frac{3}{2}kT$$

已知 $T=298$ K，则慢中子的平均平动动能为

$$\varepsilon=3.85\times10^{-2}\ \text{eV}$$

考虑到慢中子的质量 $m_n=1.67\times10^{-27}$ kg，其动能与动量的关系为 $p=\sqrt{2m_n\varepsilon}$，则慢中子的动量为

$$p=4.54\times10^{-24}\ \text{kg}\cdot\text{m}\cdot\text{s}^{-1}$$

因此，慢中子的德布罗意波长为

$$\lambda=\frac{h}{p}=0.146\ \text{nm}$$

对德布罗意波理论最强有力的证明是电子衍射实验。1927 年，戴维孙和革末将加速后的电子投射到晶体上进行电子衍射实验，得到了和 X 射线衍射类似的电子衍射现象，首次证实了电子的波动性。同年，汤姆孙实验也证明了电子具有晶体衍射图案。电子能够进行衍射，说明电子也具有波动性。此后，物理学家陆续证实质子、中子等微观粒子都具有波动性。这些实验结果均证实德布罗意假设，即微观粒子也具有波粒二象性。

微观粒子的波动性在现代科学技术上得到了广泛应用。由于电子的波长远小于光的波长，因此电子显微镜的分辨率比光学显微镜高。由于技术上的原因，电子显微镜在 1932 年才由德国人鲁斯卡研究成功。1981 年，扫描隧道显微镜被研制出来，它的分辨率可以达到 0.001 nm。对纳米材料、生命科学和微电子学的研究发展起到了巨大的促进作用。

11.2.2　不确定关系

在微观状态下，微观粒子具有明显的波动性，微观粒子的位置是不确定的。这种不确定性可以用图 11-10 所示的电子单缝衍射实验来说明。

单缝宽度为 b，电子波长为 λ，动量为 p。根据德布罗意波的理论，电子是一列波，当电子通过单缝时，无法确定电子从缝的具体哪

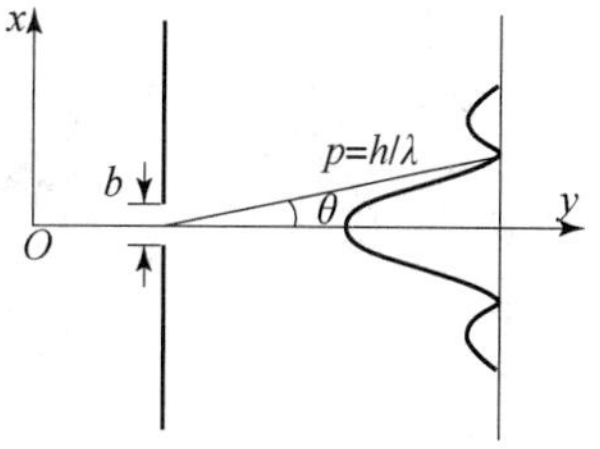

图 11-10　电子单缝衍射实验

个位置通过,但是可以认定该位置处于缝的范围内,因此坐标位置的不确定量为

$$\Delta x = b \tag{11-23}$$

同一瞬间,由于衍射,电子动量的大小没有变化,但是动量的方向发生了改变。若仅考虑第1级衍射极小图样,则电子被限制在第1级衍射角范围内,有 $\sin\theta=\frac{\lambda}{b}$。因此,电子的动量沿缝宽的方向($x$ 轴方向)的分量的不确定量为

$$\Delta p_x = p\sin\theta - 0 = p\cdot\frac{\lambda}{b} \tag{11-24}$$

结合德布罗意公式,式(11-24)可写为

$$\Delta p_x = \frac{h}{b} \tag{11-25}$$

联立式(11-23)和式(11-25),可以得到

$$\Delta x \Delta p_x = h \tag{11-26}$$

考虑到电子可以到达更高级次的条纹,上式可以改写为

$$\Delta x \Delta p_x \geqslant h \tag{11-27}$$

上式是粗略的计算结果,更一般的关系式为

$$\Delta x \Delta p_x \geqslant \frac{\hbar}{2} \tag{11-28}$$

式(11-28)由海森伯在1927年提出,称为**坐标和动量的不确定关系**。式中,$\hbar=\frac{h}{2\pi}=1.054\ 588\ 7\times10^{-34}\ \mathrm{J\cdot s}$ 称为约化普朗克常量。

不确定关系指出,微观粒子位置的不确定量 Δx 越小,该方向动量的不确定量 Δp_x 就越大。不确定关系不是由仪器或技术不够精确造成的,而是微观粒子的波粒二象性及粒子空间分布遵从统计规律的必然结果。

不确定关系不仅存在于坐标和动量之间,也存在于能量和时间之间。如果微观粒子处于某一状态的时间为 Δt,则其能量必有一个不确定量 ΔE。由量子力学可知,二者之间的关系为

$$\Delta E \Delta t \geqslant \frac{\hbar}{2} \tag{11-29}$$

上式称为能量和时间的不确定关系。例如,原子在激发态的平均寿命约为 $\Delta t\approx10^{-8}$ s,由不确定关系可知,原子激发态的能量值一定有不确定量 $\Delta E\geqslant\frac{\hbar}{2\Delta t}\approx10^{-8}$ eV,这就是激发态的能级宽度。显然除基态外,原子的激发态平均寿命越长,能级宽度就越小。

例 11-4　原子线度为 10^{-10} m，求原子中电子速度的不确定量。

解　按照经典理论，电子在原子中的位置的不确定量为 $\Delta x=10^{-10}$ m，根据不确定关系，有

$$\Delta v_x=\frac{\hbar}{m\Delta x}=\frac{1.05\times10^{-34}}{0.91\times10^{-30}\times10^{-10}}\ \mathrm{m\cdot s^{-1}}=1.2\times10^{6}\ \mathrm{m\cdot s^{-1}}$$

按照经典理论，氢原子中电子的轨道运动速度为 $10^6\ \mathrm{m\cdot s^{-1}}$，该值与例 11-4 的结果具有相同的数量级。可见，讨论原子范围内的电子的轨道和速度是没有意义的，需要用空间概率分布的电子云的概念对其进行分析。

11.3　波函数与薛定谔方程

11.3.1　物质波的波函数及其统计诠释

薛定谔提出了用波函数描述微观粒子的运动状态。

平面波的波函数为

$$y(x,t)=y_0\cos 2\pi\left(\nu t-\frac{x}{\lambda}\right)$$

它的复数形式为

$$y(x,t)=y_0\mathrm{e}^{-\mathrm{i}2\pi\left(\nu t-\frac{x}{\lambda}\right)}$$

将物质波的波长和频率表达式代入其中，并用 Ψ 代替 y 以示区别，可以得到沿 x 轴方向运动的能量为 E、动量大小为 p 的自由粒子的**物质波的波函数**为

$$\Psi(x,t)=\Psi_0\mathrm{e}^{-\mathrm{i}\frac{2\pi}{h}(Et-px)}=\Psi_0\mathrm{e}^{-\frac{\mathrm{i}}{\hbar}(Et-px)}\tag{11-30}$$

玻恩对物质波的波函数提出了统计诠释。他认为实物粒子波是概率波，个别微观粒子出现在何处有一定的偶然性，大量微观粒子在空间的分布服从一定的统计规律。实物粒子波在某处的强度与粒子在该处出现的概率成正比。

可以用物质波与光波的类比，来阐述物质波的波函数的物理意义。按照波动性来分析，在光衍射图样中，亮处光强大，暗处光强小。光强正比于振幅的平方。按照光子理论分析，光强正比于光子个数，亮度大的位置在单位时间内到达的光子多，亮度小的位置在单位时间内到达的光子少。可见某点的光强与光子在该处出现的概率成正比，即物质波是概率波。

由于物质波的波函数是复数，而概率总是正实数，因此用波函

数与其共轭复数的乘积来表示微观粒子在某时刻出现在空间某点单位体积内的可能性,即

$$|\Psi|^2=\Psi\Psi^* \quad (11\text{-}31)$$

$|\Psi|^2$ 称为概率密度。微观粒子该点附近的体积元 dV 内出现的概率为

$$|\Psi|^2 dV=\Psi\Psi^* dV \quad (11\text{-}32)$$

理论上微观粒子在波函数不为零的空间范围内的任意位置都有可能出现,因此在波函数不为零的整个空间出现的概率总和等于1,因此有

$$\int_V |\Psi|^2 dV=1 \quad (11\text{-}33)$$

式(11-33)称为**归一化条件**。物质波的波函数是用于描述粒子出现概率的数学量,本身不表征实际的物理量。由于粒子任意时刻在空间任意给定点出现的概率是唯一的,并且是有限的,概率空间分布不能发生突变,所以波函数必须满足单值、有限、连续这三个条件。

11.3.2 薛定谔方程

薛定谔建立了描述微观粒子的运动的波函数(又称波动方程)。基本思路是对物质波的波函数进行求导,代入在非相对论情况下自由粒子的能量与动量的关系式,得到其动力学方程。

由式(11-30)得

$$\frac{\partial\Psi}{\partial t}=-\frac{\mathrm{i}}{\hbar}E\Psi \quad (11\text{-}34)$$

$$\frac{\partial^2\Psi}{\partial x^2}=-\frac{p^2}{\hbar^2}\Psi \quad (11\text{-}35)$$

当自由粒子的速度远小于光速时,其动量与动能之间的关系为

$$E=\frac{p^2}{2m}$$

将式(11-34)、式(11-35)代入上式,得

$$-\frac{\hbar^2}{2m}\frac{\partial^2\Psi}{\partial x^2}=\mathrm{i}\hbar\frac{\partial\Psi}{\partial t} \quad (11\text{-}36)$$

这就是**做一维运动的自由粒子的含时薛定谔方程**。

若粒子处于保守外力场中,则粒子具有动能和势能 $U(x,t)$,其总能量为

$$E=\frac{p^2}{2m}+U(x,t)$$

此时

$$\frac{\partial \Psi}{\partial t}=-\frac{\mathrm{i}}{\hbar}\left[\frac{p^2}{2m}+U(x,t)\right]\Psi \tag{11-37}$$

与式(11-35)联立得

$$-\frac{\hbar^2}{2m}\frac{\partial^2 \Psi}{\partial x^2}+U(x,t)\Psi=\mathrm{i}\hbar\frac{\partial \Psi}{\partial t} \tag{11-38}$$

这就是**在势场中做一维运动的粒子的含时薛定谔方程**。

若粒子做三维运动，则式(11-38)可以写为

$$-\frac{\hbar^2}{2m}\left(\frac{\partial^2 \Psi}{\partial x^2}+\frac{\partial^2 \Psi}{\partial y^2}+\frac{\partial^2 \Psi}{\partial z^2}\right)+U(x,y,z,t)\Psi=\mathrm{i}\hbar\frac{\partial \Psi}{\partial t} \tag{11-39a}$$

采用拉普拉斯算符

$$\nabla^2=\frac{\partial^2 \Psi}{\partial x^2}+\frac{\partial^2 \Psi}{\partial y^2}+\frac{\partial^2 \Psi}{\partial z^2}$$

式(11-39a)可以简写为

$$-\frac{\hbar^2}{2m}\nabla^2\Psi+U(x,y,z,t)\Psi=\mathrm{i}\hbar\frac{\partial \Psi}{\partial t} \tag{11-39b}$$

式(11-39)是一般的**薛定谔方程**，它是量子力学的基本方程，根据给定的初始条件和边界条件，可以解出粒子的波函数，进而得出概率密度。

若微观粒子的势能仅是空间坐标的函数，与时间无关，则波函数可以写成坐标函数和时间函数的乘积：

$$\Psi(x,y,z,t)=\psi(x,y,z)f(t) \tag{11-40}$$

代入式(11-39b)，得

$$\frac{1}{\psi(x,y,z)}\left[-\frac{\hbar^2}{2m}\nabla^2\psi(x,y,z)+U(x,y,z)\psi(x,y,z)\right]=\frac{\mathrm{i}\hbar}{f(t)}\frac{\mathrm{d}f(t)}{\mathrm{d}t} \tag{11-41}$$

式(11-41)中等号左边仅是空间坐标的函数，等号右边仅是时间 t 的函数，只有当两边都等于同一个常数时，等式才成立。设该常数为 A，则有

$$\frac{\mathrm{i}\hbar}{f(t)}\frac{\mathrm{d}f(t)}{\mathrm{d}t}=A \tag{11-42}$$

积分得

$$f(t)=\mathrm{e}^{-\frac{\mathrm{i}}{\hbar}At} \tag{11-43}$$

与式(11-30)对比可知

$$A=E$$

因此，式(11-41)可以写为

$$-\frac{\hbar^2}{2m}\nabla^2\psi+U\psi=E\psi \tag{11-44}$$

由此得到概率密度为

$$|\Psi|^2=\Psi\Psi^*=|\psi|^2\mathrm{e}^{-\frac{\mathrm{i}}{\hbar}Et}\cdot\mathrm{e}^{+\frac{\mathrm{i}}{\hbar}Et}=|\psi|^2$$

由此可知，概率分布与时间无关，仅与空间有关，称为定态。式(11-44)称为**定态薛定谔方程**。

11.3.3 量子力学中的氢原子问题

根据静电场理论,电子在氢原子核外 r 处所具有的电势能为

$$U=-\frac{e^2}{4\pi\varepsilon_0 r}$$

则电子的定态薛定谔方程为

$$\nabla^2\psi+\frac{2m}{\hbar^2}\left(E+\frac{e^2}{4\pi\varepsilon_0 r}\right)\psi=0 \tag{11-45}$$

该方程的求解过程较复杂,下面仅介绍相关的重要结论。

1. 能量量子化

当氢原子的总能量 $E>0$ 时,薛定谔方程对 E 的一切值都有解,即 E 可以连续取值。但当 $E<0$ 时,方程仅对某些分立值才有解,说明氢原子的能量是量子化的。

$$E=-\frac{1}{n^2}\frac{me^4}{8\varepsilon_0^2 h^2} \tag{11-46}$$

式中,$n=1,2,3,\cdots$,称为**主量子数**。$n=1$ 时,原子处于基态;$n>1$ 时,原子处于激发态。

2. 角动量大小量子化

由薛定谔方程还可以解得电子绕核运动的角动量的大小是不连续的,即

$$L=\sqrt{l(l+1)}\hbar \tag{11-47}$$

式中,$l=0,1,2,\cdots,n-1$,称为**角量子数**。

3. 角动量空间量子化

由薛定谔方程还可以解得电子绕核运动的角动量的空间取向也是量子化的。角动量在外磁场方向上的投影只能取一系列分立值:

$$L_z=m_l\hbar \tag{11-48}$$

式中,$m_l=0,\pm1,\pm2,\cdots,\pm l$,称为**磁量子数**。

1921 年,施特恩和格拉赫通过实验验证了电子角动量的空间量子化。实验中发现原子束在经过非均匀磁场后分成两束。

4. 自旋量子化

1925 年,荷兰物理学家乌伦贝克和古兹密特为了解释施特恩-格拉赫实验的现象,提出了电子自旋假说。他们认为,电子除绕原子核运动外还存在自旋,具有自旋角动量和磁矩。其自旋磁矩与角动量大小成正比,但方向相反,因而自旋产生的角动量也是量子化的。

设电子自旋的角动量为

$$S=\sqrt{s(s+1)}\hbar \tag{11-49}$$

其在外磁场方向上的分量为

$$S_z = m_s \hbar \tag{11-50}$$

式中，s 为**自旋量子数**；m_s 为**自旋磁量子数**。

由实验得出，自旋量子数只有一个取值：

$$s = \frac{1}{2}$$

因此，自旋磁量子数有两个取值：

$$m_s = \pm \frac{1}{2}$$

由此可得，电子自旋的角动量为

$$S = \sqrt{\frac{3}{4}}\hbar \tag{11-51}$$

其在外磁场方向上的分量为

$$S_z = \pm \frac{1}{2}\hbar \tag{11-52}$$

式(11-52)表明，自旋磁矩在外磁场方向上只有两个分量。电子自旋理论使得钠黄光的双谱线(589.0 nm 和 589.6 nm)得到了合理的解释。

通过以上分析可以看出，原子中的电子状态是由以下四个量子数来确定的：

(1)主量子数 n 决定电子的总能量；

(2)角量子数 l 决定电子绕原子核运动的角动量的大小；

(3)磁量子数 m_l 决定电子绕核运动时角动量在外磁场中的取向；

(4)自旋磁量子数 m_s 决定电子自旋角动量在外磁场中的指向。

1925 年，物理学家泡利指出：在一个原子系统内，不可能有两个或两个以上的电子具有相同的状态，即不可能有相同的四个量子数的两个电子，这称为**泡利不相容原理**。

思考题

11-1　什么是绝对黑体？绝对黑体和日常生活中的黑色物体有何区别？绝对黑体在任何温度下都是黑色吗？在相同的温度下，绝对黑体和一般的黑色物体的辐出度是否一样？

11-2　请举例说明在物体热辐射的各种波长中，辐射峰值波长随温度的升高而减小。

11-3　两个颜色不同，其他属性都相同的物体，一个是黑色的，另一个是白色的。当它们处于相同的高温环境中时，哪个颜色的物体升温快？当它们处于相同的低温环境中时，哪个颜色的物体降温快？

11-4　普朗克提出了能量量子化的概念，在经典物理学范畴内，是否有量子化的物理量？

11-5　什么是爱因斯坦的光量子假说，光子的能量和动量与哪些因素有关？

11-6　“光强越大，光子的能量就越大”这种说法正确吗？

11-7　为什么说不确定性原理与实验技术及仪器的精度无关？

11-8　在经典力学中，用粒子的位置和速度来描述其运动状态，在量子力学中如何描述粒子的运动状态？

11-9　波函数的物理意义是什么？它必须满足哪些条件？

11-10　日常生活中为何察觉不到粒子的波动性和电磁辐射的粒子性？

11-11　怎样理解微观粒子的波粒二象性？

练习题

11-1 已知天狼星的温度大约是 11 000 ℃,利用维恩位移律求出其辐射峰值的波长。

11-2 实验表明,黑体辐射实验曲线的峰值波长 λ_m 和黑体温度的乘积为一常数,即 $\lambda_m T=b=2.897\times10^{-3}$ m·K。实验测得太阳辐射波谱的峰值波长 $\lambda_m=510$ nm,设太阳可近似看作黑体,试估算太阳表面的温度。

11-3 已知钾的红限波长为 558 nm,求它的逸出功。如果用波长为 400 nm 的入射光照射,试求光电子的最大初动能和遏止电压。

11-4 铝表面电子的逸出功为 6.72×10^{-19} J,今有波长为 $\lambda=2.0\times10^{-7}$ m 的光投射到铝表面上。试求:

(1)由此产生的光电子的最大初动能;

(2)遏止电压;

(3)铝的红限波长。

11-5 求波长分别为 $\lambda_1=7.0\times10^{-7}$ m 的红光,$\lambda_2=0.25\times10^{-10}$ m 的 X 射线的能量、动量和质量。

11-6 在康普顿效应中,入射光子的波长为 3×10^{-3} nm,反冲电子的速度为光速的 0.6 倍,求散射光子的波长和散射角。

11-7 在康普顿散射中,如果设反冲电子的速度为光速的 60%,则因散射使电子获得的能量是其静止能量的多少倍?

11-8 波长 $\lambda_0=0.070\ 8$ nm 的 X 射线在石蜡上受到康普顿散射,在 $\frac{\pi}{2}$ 和 π 方向上所散射的 X 射线波长分别是多少?

11-9 若氢原子中电子从 $n=2$ 的状态被电离出去,则这个过程需要多少能量?

11-10 当基态氢原子被 12.09 eV 的光子激发后,其电子的轨道半径将增加多少倍?

11-11 为使电子的德布罗意波长为 0.1 nm,需加多大的加速电压?

11-12 假定对某个粒子动量的测定可精确到千分之一,在以下两种情况下,试确定这个粒子位置的最小不确定量:

(1)该粒子质量为 5×10^{-3} kg,以 2 m·s^{-1} 的速度运动;

(2)该粒子是速度为 1.8×10^{8} m·s^{-1}的电子。

11-13 一质量为 m 的粒子,约束在长度为 L 的线段上,试计算其最小能量值。

练习题参考答案

第 7 章　静电场

7-1

3.245×10^4 N·C^{-1},方向与 CB 之间的夹角为 33.69°

7-2

(1)$q_3=-1\times10^{-8}$ C;

(2)$E=1.8\times10^4$ V·m^{-1}

7-3

$$\boldsymbol{E}=-\frac{\lambda_0}{8\varepsilon_0 R}\boldsymbol{j}$$

7-4

(1)$\dfrac{1}{2\pi\varepsilon_0}\dfrac{\lambda r_0}{x(r_0-x)}\boldsymbol{i}$;

(2)$\pm\dfrac{1}{2\pi\varepsilon_0}\dfrac{\lambda^2}{r_0}\boldsymbol{i}$

7-5

$E\pi R^2$

7-6

2 V/m,3 V/m,1 V/m

7-7

当 $0<r<R_1$ 时,$E=-\dfrac{q}{4\pi\varepsilon_0 r^2}$;

当 $R_1<r<R_2$ 时,$E=-\dfrac{q}{4\pi\varepsilon_0 r^2}+\dfrac{Q(r^3-R_1^3)}{4\pi\varepsilon_0 r^2(R_2^3-R_1^3)}$;

当 $r>R_2$ 时,$E=\dfrac{Q-q}{4\pi\varepsilon_0 r^2}$

7-8

$$\boldsymbol{E}=\begin{cases}\dfrac{\rho}{3\varepsilon_0}\boldsymbol{r}\ (r<R)\\[2ex]\dfrac{\rho R^3}{3\varepsilon_0 r^2}\boldsymbol{e}_r\ (r>R)\end{cases}$$

7-9

(1)$E=0(r<R_1)$

(2)$E=\dfrac{\lambda}{2\pi\varepsilon_0 r}(R_1<r<R_2)$

(3)$E=0(r>R_2)$

7-10

$\boldsymbol{E}_O=\mathbf{0}$;

$E_P=\dfrac{2\sqrt{6}q}{9\pi\varepsilon_0 a^2}$,方向沿 OP 向上;

$V_O=\dfrac{\sqrt{2}q}{\pi\varepsilon_0 a}$;

$V_P=\dfrac{\sqrt{2}q}{\pi\varepsilon_0 a}$

7-11

$E=\dfrac{\lambda}{2\pi\varepsilon_0 R}$,方向垂直于直导线向下;$V=\dfrac{\lambda}{2\pi\varepsilon_0}\ln 2+\dfrac{\lambda}{4\varepsilon_0}$

7-12

(1)当 $0<r<R_1$ 时,$V_1=\dfrac{Q_1}{4\pi\varepsilon_0 R_1}+\dfrac{Q_2}{4\pi\varepsilon_0 R_2}$;

当 $R_1<r<R_2$ 时,$V_2=\dfrac{Q_1}{4\pi\varepsilon_0 r}+\dfrac{Q_2}{4\pi\varepsilon_0 R_2}$;

当 $r>R_2$ 时,$V_3=\dfrac{Q_1+Q_2}{4\pi\varepsilon_0 r}$;

(2)$U_{1,2}=\dfrac{Q_1}{4\pi\varepsilon_0}\left(\dfrac{1}{R_1}-\dfrac{1}{R_2}\right)$

7-13

(1)$8.85\times10^{-9}\ \mathrm{C\cdot m^{-2}}$;

(2)$6.67\times10^{-9}\ \mathrm{C}$

7-14

(1)$\dfrac{qQ}{4\pi\varepsilon_0 L}$;

(2) $\dfrac{qQ}{8\pi\varepsilon_0 L}$

7-15

$2pE\cos\theta$

7-16

$\dfrac{qq_0}{6\pi\varepsilon_0 R}$

7-17

(1)$2.1\times10^{-8}\ \mathrm{C\cdot m^{-1}}$;

(2)$3.74\times10^{2}\ \mathrm{V\cdot m^{-1}}$

7-18

(1)内表面上带电量为$-q$,外表面上带电量为$q+Q$;

(2)$-\dfrac{q}{4\pi\varepsilon_0 a}$;

(3)$\dfrac{q}{4\pi\varepsilon_0}\left(\dfrac{1}{r}-\dfrac{1}{a}+\dfrac{1}{b}\right)+\dfrac{Q}{4\pi\varepsilon_0 b}$

7-19

(1)$E=\dfrac{U}{\varepsilon_r d+(1-\varepsilon_r)a}$,$D=\dfrac{U\varepsilon_0\varepsilon_r}{\varepsilon_r d+(1-\varepsilon_r)a}$,$P=\dfrac{U\varepsilon_0(\varepsilon_r-1)}{\varepsilon_r d+(1-\varepsilon_r)a}$;

(2)$Q=\dfrac{U\varepsilon_0\varepsilon_r S}{\varepsilon_r d+(1-\varepsilon_r)a}$;

(3)$E_0=\dfrac{U\varepsilon_r}{\varepsilon_r d+(1-\varepsilon_r)a}$;

(4)$C=\dfrac{\varepsilon_0\varepsilon_r S}{\varepsilon_r d+(1-\varepsilon_r)a}$

7-20

(1)当$0<r<R_1$时,$E_1=0$;

当$R_1<r<R_2$时,$E_2=\dfrac{Q_1}{4\pi\varepsilon_0\varepsilon_r r^2}$;

当$R_2<r<R_3$时,$E_3=0$;

当$r>R_3$时,$E_4=\dfrac{Q_1+Q_2}{4\pi\varepsilon_0 r^2}$;

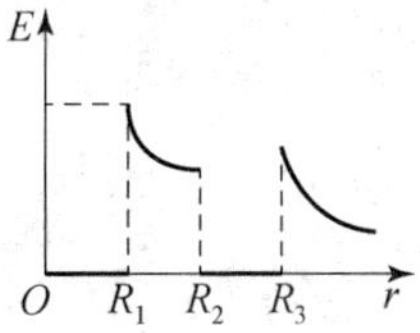

(2)$W_e=\dfrac{Q_1{}^2}{8\pi\varepsilon_0}\left(\dfrac{1}{R_1}-\dfrac{1}{R_2}\right)$

7-21

当$0<r<R$时,$E=0$;

当$r>R$时,$E=\dfrac{Q}{4\pi\varepsilon_0 r^2}$;

$W_e=\dfrac{Q_1^2}{4\pi\varepsilon_0 R_1}$

7-22

$R_1=6.07\times10^{-3}$ m

第 8 章 稳恒磁场

8-1

$B_O=\frac{\mu_0 I}{2\pi R}\left(1-\frac{\sqrt{3}}{2}+\frac{\pi}{6}\right)$

8-2

$B_O=\frac{\mu_0 I}{8R}+\frac{\sqrt{3}\mu_0 I}{4\pi R}$,方向为垂直于纸面向内

8-3

$B_O=\frac{\mu_0 I}{8R}+\frac{\mu_0 I}{2\pi R}(\sqrt{2}-1)$,方向为垂直于纸面向内

8-4

$B=0$

8-5

$B_O=\frac{\mu_0 I}{4\pi l}\sqrt{3}(\sqrt{3}-1)$,方向为垂直于纸面向内

8-6

$B_P=5\times10^{-5}$ T,方向为垂直于纸面向内;$B_R=1.71\times10^{-4}$ T,方向为垂直于纸面向外;$B_S=7.07\times10^{-5}$ T,方向为垂直于纸面向内;$B_T=2.94\times10^{-5}$ T,方向为垂直于纸面向内

8-7

$B=\int_a^{a+b}\frac{\mu_0\omega\lambda\,\mathrm{d}r}{4\pi r}=\frac{\mu_0\omega\lambda}{4\pi}\ln\frac{a+b}{a}$,方向为垂直于纸面向内

8-8

(1)$\Phi_\mathrm{m}=0.135$ Wb;

(2)$\Phi_\mathrm{m}=0$

8-9

当 $r<a$ 时,$B=0$;

当 $a<r<b$ 时,$B=\frac{\mu_0 I(r^2-a^2)}{2\pi r(b^2-a^2)}$;

当 $r>b$ 时,$B=\frac{\mu_0 I}{2\pi r}$

8-10

$$B=\begin{cases}\frac{\mu_0 Ir}{2\pi R^2}(r<a)\\ \frac{\mu_0 I}{2\pi r}(a<r<b),\\ \frac{\mu_0 I(c^2-r^2)}{2\pi r(c^2-b^2)}(b<r<c),\\ 0(r>c)\end{cases}$$

8-11

(1)$B_A=4\times10^{-5}$ T，方向垂直于纸面向外；

(2)$\Phi=2.2\times10^{-6}$ Wb

8-12

$B=4\ 000\mu_0$

8-13

$B=1\ 592\mu_0$

8-14

(1)$B=\dfrac{\mu_0 NI}{2\pi r},H=\dfrac{NI}{2\pi r}$；

(2)$\Phi=\dfrac{\mu NIb}{2\pi}\ln\dfrac{R_2}{R_1}$；

(3)$B=\dfrac{\mu NI}{2\pi r}=\dfrac{\mu_0\mu_r NI}{2\pi r}=\mu_r B_0,H=\dfrac{NI}{2\pi r}$

8-15

$\Phi=\dfrac{\mu_0 I}{4\pi}+\dfrac{\mu_0 I}{2\pi}\ln 2$

8-16

$\dfrac{\mu_0 Ic}{2\pi}\left(1-\dfrac{a}{b}\ln\dfrac{a+b}{a}\right)$

8-17

$F=1$ N

8-18

$F=2BIR$

8-19

$F=\dfrac{\mu_0 I_1 I_2}{\pi}\ln\dfrac{(2a+b)}{2a}$,方向为垂直于 AB 向上

8-20

$F_{CD}=I_2 b\dfrac{\mu_0 I_1}{2\pi d},F_{FE}=I_2 b\dfrac{\mu_0 I_1}{2\pi(d+a)},F_{CF}=\dfrac{\mu_0 I_1 I_2}{2\pi}\ln\dfrac{d+a}{d},F_{ED}=F_{CF}$

8-21

(1)$p_m=\pi\times10^{-4}$ A・m^2；

(2)$M_{max}=4.7\times10^{-4}$ N・m

8-22

$M=7.85\times10^{-2}$ N・m

第9章 变化的电磁场

9-1

$\varepsilon=-B_0S\omega\cos(2\omega t)$

9-2

(1)$\varepsilon=1.1\times10^{-8}$ V;

(2)$q=1.1\times10^{-8}$ C

9-3

$\varepsilon=-\dfrac{\mu_0 NlI_0\omega}{2\pi}\ln\dfrac{d+a}{d}\cos\omega t$

9-4

$\varepsilon=\dfrac{\mu_0 Il}{2\pi}\left(\dfrac{1}{d}-\dfrac{1}{d+a}\right)\cdot v$

9-5

$\varepsilon_{AB}=\dfrac{\mu_0 Iv}{2\pi}\ln\dfrac{R_B}{R_A}$,点 A 的电势高

9-6

$\varepsilon_{ab}=\dfrac{1}{6}B\omega l^2$,点 b 的电势高

9-7

$\varepsilon_{MN}=\dfrac{\mu_0 Iv}{2\pi}\ln\dfrac{d+2R}{d}$,点 M 的电势高

9-8

(1)$\Phi=\dfrac{\mu_0 Ic}{2\pi}\left(1-\dfrac{a}{b}\ln\dfrac{a+b}{a}\right)$;

(2)$\varepsilon=\dfrac{\mu_0 c}{2\pi}\left(1-\dfrac{a}{b}\ln\dfrac{a+b}{a}\right)\dfrac{\mathrm{d}I}{\mathrm{d}t}$,顺时针方向

9-9

$\dfrac{\sqrt{3}a^2}{4}\dfrac{\mathrm{d}B}{\mathrm{d}t}$,$D\to A$;$\dfrac{\pi a^2}{6}\dfrac{\mathrm{d}B}{\mathrm{d}t}$,$C\to B$;$\left(\dfrac{\pi}{6}-\dfrac{\sqrt{3}}{4}\right)a^2\dfrac{\mathrm{d}B}{\mathrm{d}t}$,逆时针方向

9-10

(1)$E_{k1}=-\dfrac{r}{2}\dfrac{\mathrm{d}B}{\mathrm{d}t}(0<r\leqslant R)$,$E_{k2}=-\dfrac{R^2}{2r}\dfrac{\mathrm{d}B}{\mathrm{d}t}(r>R)$,感生电场的方向为逆时针方向;

(2)$E_{k2}=-4\times10^{-5}$ V/m,方向为逆时针方向

9-11

0.40 V

9-12

$$L=\frac{\mu_1}{8\pi}+\frac{\mu_2}{2\pi}\ln\frac{R_2}{R_1}$$

9-13

$$M=\frac{\mu_0 N_1 N_2 \pi b^2}{L}$$

9-14

(1)$L=\frac{\Psi}{I}=\frac{\mu_0 N^2 h}{2\pi}\ln\frac{b}{a}$；

(2)$W_m=\frac{\mu_0 N^2 I^2 h}{4\pi}\ln\frac{b}{a}$

9-15

$$\frac{\mu_0 I^2}{16\pi}$$

第 10 章　波动光学

10-1

(1)8.326×10^{-4} m；

(2)6.26×10^{-4} m

10-2

(1)600 nm；

(2)3.0 mm

10-3

8.534×10^{-6} m

10-4

6.73×10^{-4} m

10-5

1.058×10^{-7} m

10-6

70 nm

10-7

3.877×10^{-5} rad

10-8

2.257×10^{-5} m

10-9

(1)0.123 m；

(2)0.607 mm,1.909 mm

10-10

(1)3;

(2)7

10-11

1.525×10^{-3} m

10-12

409.8 m

10-13

1.342×10^{-6} m

10-14

(1)1.028×10^{-6} m;

(2)9 728

10-15

(1)570 nm;

(2)30.9°

10-16

3.05×10^{-6} m

10-17

(1)6.00×10^{-6} m;

(2)1.50×10^{-6} m;

(3)38

10-18

2∶5

10-19

1.60

10-20

0.051 g/cm^3

第 11 章　量子物理基础

11-1

257 nm

11-2

T=5 680 K

11-3

2.23 eV,0.88 eV,0.88 V

11-4

(1)3.23×10^{-19} J;

(2)2.0 V;

(3)2.96×10^{-7} m

11-5

红光:2.84×10^{-19} J,9.47×10^{-25} kg·m·s^{-1},3.16×10^{-36} kg;

X射线:7.956×10^{-15} J,2.652×10^{-23} kg·m·s^{-1},8.84×10^{-32} kg

11-6

4.35×10^{-3} nm,63°36′

11-7

0.25

11-8

$\frac{\pi}{2}$方向,$\lambda=0.0732$ nm;π方向,$\lambda=0.0756$ nm

11-9

3.4 eV

11-10

9

11-11

150 V

11-12

(1)$\Delta x=5.276\times10^{-30}$ m;

(2)$\Delta x=2.57\times10^{-10}$ m

11-13

$\frac{h^2}{2mL^2}$

参 考 文 献

[1]梁灿彬,秦光戎,梁竹健.电磁学[M].4版.北京:高等教育出版社,2018.
[2]李洪才.电动力学基础[M].福州:福建教育出版社,1999.
[3]姚启钧.光学教程[M].6版.北京:高等教育出版社,2019.
[4]华金龙,王少杰,冯伟国.大学物理学[M].上海:同济大学出版社,1996.
[5]程守洙,江之永.普通物理学[M].5版.北京:高等教育出版社,1998.
[6]李元杰,陆果.大学物理学[M].2版.北京:高等教育出版社,2008.
[7]李桦,郑倚萝.大学物理基础知识与训练[M].上海:华东理工大学出版社,2005.